HENRY DRUMMOND

L'ÉVOLUTION DE L'HOMME

TRADUCTION DE « THE ASCENT OF MAN »

PAR

JOHN JAQUES

PRÉFACE DE M. F. LEENHARDT

DOCTEUR ÈS SCIENCES, DOCTEUR EN THÉOLOGIE

SAINT-BLAISE
FOYER SOLIDARISTE
PARIS-LIBRAIRIE FISCHBACHER
1909

FOYER SOLIDARISTE — ÉDITION ET LIBRAIRIE

SAINT-BLAISE près Neuchâtel (Suisse)

ROUBAIX 123, Bd. de Belfort (France)

GASTON FROMMEL. Études littéraires et morales . 3 50
(2me édition.)
— Études morales et religieuses. 3 50
(2me édition.)
— Études religieuses et sociales . 3 50
(2me mil e.)
SAINTE-CROIX 1906. A la mémoire de G. Frommel. 1 —
SAINTE-CROIX 1907 . . . . 1 50
FÉLIX BOVET. Pensées, br. 3 50, relié toile 5 —, demi-maroquin 7 —
Dr LIENGME. Un hôpital sud-africain, 4 —, relié 5 50
H. KUTTER. Dieu les mène 3 50
— Nous les pasteurs . . . . . . 3 —
JOSÉPHINE E. BUTLER. Souvenirs et pensées, 3 50, relié 5 —
FRANK THOMAS. Préjugés d'hier, vérités de demain 3 50
PAUL SCHMIDT. Court de Gébelin à Paris . . . 3 50
PIERRE. C'est la vie. 2 50
Les étapes de la révélation en Israël 1 20
(2me édition.)
CH. CLERC. Jésus et Marc-Aurèle . . . . . épuisé
A. DE MORSIER. Le rôle de l'acheteur... . . . 0 80
TH. FLOURNOY. Le génie religieux. 0 60
(3me mille.)
WILLIAM JAMES. La volonté de croire. . . . 0 60
PAUL SABATIER. Du renouveau catholique... . 0 40
RAOUL ALLIER. Que retirer de l'étude des missions.... . . . . 0 40
WILFRED MONOD. Une question actuelle . . . 0 40
(2me édition.)
A. PERROCHET. L'évolution religieuse en Israël . 0 40
W. VIOLLIER. L'Art social. 0 40

BIBLIOTHÈQUE D'ÉTUDES RELIGIEUSES

CH. MERCIER. Les prophètes d'Israël 1 60
EUGÈNE DE FAYE. Saint Paul. Problèmes de la vie chrétienne. 1 60

ATTINGER, NEUCHATEL.

L'ÉVOLUTION DE L'HOMME

OUVRAGES DU TRADUCTEUR

HISTOIRE DES UNIONS CHRÉTIENNES DE JEUNES GENS DE LA SUISSE ROMANDE, petit in-8°, illustré, 1902, Genève, Ch. Eggimann et Cie . . . . fr. 4.—

CONNAIS-TU LE PAYS? — Traduit de l'allemand de L.-L. Schneller, in-12, deuxième édition, 1906, Genève, Atar. fr. 3.50

LE CHRISTIANISME DE L'AVENIR. — Traduit de l'allemand de Hans Faber, in-12, 1905, Genève, Atar . . . fr. 3.50

HENRY DRUMMOND

L'ÉVOLUTION DE L'HOMME

TRADUCTION DE « THE ASCENT OF MAN »

PAR

JOHN JAQUES

PRÉFACE DE M. F. LEENHARDT

DOCTEUR ÈS SCIENCES, DOCTEUR EN THÉOLOGIE

SAINT-BLAISE
FOYER SOLIDARISTE
PARIS_LIBRAIRIE-FISCHBACHER
1909

AUX LECTEURS FRANÇAIS

L'Évolution de l'homme ! Voilà un sujet qui n'a pas une bonne presse dans certains milieux. Ceux qui chez nous se considèrent comme les représentants de la religion et d'une saine philosophie ont dès son apparition jeté l'anathème sur l'évolution, tandis que les adeptes du matérialisme entonnaient en son honneur un chant de triomphe. Attitude aussi funeste d'un côté que de l'autre, en ce qu'elle rend la religion solidaire d'un passé condamné et prive la science des horizons directeurs qui ne sauraient lui faire entièrement défaut.

Il y a heureusement des penseurs placés à un autre point de vue et plus dégagés des préjugés de droite et de gauche, mais ils sont encore peu nombreux parmi nous. Les éditeurs de L'Évolution de l'homme, *ont donc droit à notre vive reconnaissance pour avoir eu la bonne pensée de nous offrir une traduction française du dernier grand ouvrage u célèbre Henry Drummond*[1].

[1] *Henry Drummond naquit à Stirling (Écosse), le 17 août 1851 et mourut le 11 mars 1897, après une vie très remplie, malgré*

Je suis tout particulièrement heureux de l'occasion qui m'est offerte de rendre ici un hommage public à cet homme de bien qui a été pleuré par les étudiants de toutes les parties du monde où il a laissé d'ineffaçables souvenirs, et dont son biographe a pu dire que la vue de la saine et vaillante jeunesse qui l'accompagnait à sa dernière demeure, témoignait non seulement de l'œuvre accomplie, mais encore de celle qui devait lui survivre.

L'Évolution de l'homme *n'est pas un traité sur la matière, l'auteur nous en avertit dans sa préface, et nous savons d'ailleurs qu'il s'agit simplement de conférences prématurément publiées en volume par suite de circonstances imprévues ; mais pour n'être pas un traité, c'est peut-être mieux encore, c'est un hymne enthousiaste à l'évolution ascendante de l'homme entonné à pleins poumons par un chrétien convaincu.*

La chose est assez rare dans nos milieux français pour qu'il vaille la peine de s'y arrêter et de conseiller la lecture d'un ouvrage de cette inspiration, aussi bien à ceux que son titre seul inquiète visiblement qu'à ceux pour lesquels l'évolution clôt l'ère des religions.

Les premiers y verront comment on peut être un chrétien très authentique et très pratiquant — on sait que Drummond a été le collaborateur du grand évangéliste Moody et l'un des promoteurs du mouvement dit des étu-

une santé délicate, par une activité dépensée dans le professorat, dans l'évangélisation, celle des étudiants en particulier, dans de nombreux et grands voyages.

Nature d'élite, il a exercé une profonde influence et sa renommée fut universelle. Une vie de Drummond publiée dès 1898 par son ami G.-A. Smith a eu un très grand succès.

diants chrétiens — et ne reculer devant aucune des conséquences de l'évolution appliquée à l'homme. Les seconds se rendront peut-être compte, non sans quelque surprise, que l'évolution ne perd rien, au contraire, à être comprise beaucoup plus largement qu'on ne le fait d'ordinaire dans les écoles qui croient en être les représentants seuls authentiques.

Le but de Drummond était de faire pénétrer dans l'esprit de ses auditeurs la conviction que l'acceptation de l'évolution de l'homme est une source inépuisable et précieuse d'aperçus nouveaux et pleins de promesses pour toujours mieux comprendre la création et mieux entrevoir l'avenir social de l'humanité. Dans son enthousiasme il s'écrie : « L'évolution a fait pour le temps ce que l'astronomie a fait pour l'espace. Aussi élevée pour la raison que la science des astres, aussi merveilleuse pour l'imagination, elle a placé l'univers dans une perspective nouvelle et donné à l'esprit humain une envergure insoupçonnée. L'évolution marque moins un changement d'opinion qu'une transformation complète des vues de l'homme sur le monde et sur la vie. Ce n'est pas l'exposé d'une proposition mathématique que nous soyons appelés à déclarer vraie ou fausse, c'est une autre méthode pour regarder la nature.»

Faisons la part du lyrisme, les mots qui terminent la citation n'en caractérisent pas moins bien ce que l'évolution est pour Drummond : « Une autre méthode pour regarder la nature » ; plus que d'autres, il devait être ébloui par les nouveaux horizons qui s'ouvraient à ses regards, puisque dans l'ouvrage qui lui a valu une renommée universelle, La loi physique dans le monde spirituel, *il était encore dominé par la vue classique et dualiste de la na-*

ture; maintenant il entrevoit l'unité qu'il avait cherchée en tâtonnant, la vue d'ensemble qui relie toute la nature, y compris l'homme, en un tout organique, et il entonne un hymne à la gloire du Créateur.

« L'évolution n'est ni plus ni moins que l'histoire de la création racontée par ceux qui la connaissent le mieux », il aurait pu dire plus exactement : le moins mal, et sans se faire illusion sur nos ignorances, il essaie de mettre en relief les principaux facteurs de l'évolution ascendante de l'homme.

Il remarque avec raison que le darwinisme en enfermant l'évolution dans la loi d'airain de la concurrence vitale, l'a maintenue dans un étroit et cruel naturisme qui aboutit à des impasses dès qu'il s'agit de l'homme, et l'observation ne le prouve qu'avec trop d'évidence aujourd'hui.

Sans méconnaître le rôle de la lutte pour l'existence, Drummond montre qu'il y a d'autres facteurs de l'évolution tout aussi importants, en particulier celui qu'il appelle, par homologie, la lutte pour l'existence d'autrui. Cette nouvelle puissance fait son apparition dans l'histoire du passé avec les premiers soins donnés à la progéniture, et son développement suit celui de la maternité. Combinée et alternant d'abord avec la concurrence vitale, elle tend à s'y substituer dans les sphères élevées de l'évolution. Avec l'enfant fait son entrée dans le monde tout le cortège des facteurs altruistes de l'évolution qui iront se précisant et s'enrichissant par le développement de la famille et des divers groupements sociaux dont elle est la base.

Drummond fait ressortir avec bonheur et dans des pages qu'il faut lire dans son style si vivant et si entraînant, l'importance de ces facteurs altruistes de l'évolution qui atteignent leur perfection dans l'amour; l'amour est la plus grande puissance d'ici-bas, il « est le résultat final de l'évolution »!

S'il en est la fin, il doit aussi en être la cause, et nous sommes ramenés à une sorte d'idéalisme théiste que Drummond d'ailleurs ne fait qu'indiquer; il insiste davantage dans les dernières pages de son livre sur les rapports du christianisme et de l'évolution qu'il avait jusqu'ici passés sous silence. Les deux, dit-il, ne font qu'un, « ils ont le même auteur, la même fin, le même esprit ».

Une telle conclusion étonnera probablement plus d'un lecteur, il n'y verra qu'une affirmation gratuite ou un a priori *regrettable. Qu'on ne se hâte pas de juger; il se pourrait, au contraire, que la voie dans laquelle s'est engagé Drummond fût de beaucoup la meilleure.*

Prendre la nature tout entière, l'homme tout entier dans cette nature, l'humanité avec tout ce que son développement a révélé de virtualités supérieures à cette nature; rechercher dans l'inférieur, non la cause, mais la préparation des conditions, — les organismes et leur environnement, comme dit Drummond, — qui permettent les merveilleux épanouissements de la vie supérieure jusques et y compris la vie religieuse; arriver par là à toujours mieux comprendre ces derniers et relier le tout en un ensemble organique et génétique, c'est-à-dire dans une évolution, semble bien être la voie qui nous conduira avec Drummond hors des impasses dans lesquelles s'embourbent et l'évolution matérialiste et le spiritualisme dualiste classique.

Le temps a manqué à Drummond pour mûrir ses idées;

s'il ne nous avait pas été prématurément enlevé, il aurait certainement repris ces questions, les aurait précisées et développées avec tout ce que les sciences nous ont apporté de données nouvelles. Ses conférences datent de 1893 et quinze années dans ce domaine apportent bien des éléments nouveaux rectificateurs ou inspirateurs. A leur lumière, il aurait dégagé plus nettement encore la notion d'évolution qu'il avait entrevue, il l'aurait libérée plus complètement des adhérences matérialistes et fatalistes qui l'accompagnent encore dans la plupart des esprits, adhérences qui la rendent suspecte à beaucoup et très évidemment impuissante dès qu'il s'agit des manifestations supérieures de la vie ; avec ce que les récentes données paléontologiques et biologiques nous laissent déjà entrevoir sur les rapports de l'organisme et du cerveau, il aurait montré que l'évolution est un procédé, le seul que nous puissions concevoir, pour préparer dans l'organisme merveilleux qu'est le cerveau humain, les conditions nécessaires à l'apparition d'une créature indépendante et maîtresse d'elle-même, vraiment « faite à l'image du Créateur » ; il nous aurait ainsi donné une notion d'évolution qui aurait fait de celle-ci une doctrine de liberté et qui par là serait venue se fondre tout naturellement dans la doctrine de liberté par excellence : le christianisme. Il aurait ainsi évité autant que faire se peut l'objection que le fait de l'existence du péché dans notre monde élève contre toutes les conceptions courantes de l'évolution.

J'ai dit : se fondre tout naturellement dans le christianisme ; la raison en est fort simple. Le christianisme est, dans la personne de son fondateur, l'achèvement logique de l'évolution. Nul, sur notre planète, n'a été plus indépen-

dant et plus maître de lui que le condamné du Sanhédrin, et cela dans les circonstances où il est le plus difficile à un homme de rester jusqu'au bout entièrement maître de soi. Par là, il s'est montré l'homme type, l'homme vers lequel tendait tout l'effort de l'évolution au travers de ses étapes toujours plus riches et d'ordre plus élevé.

On peut donc dire avec Drummond que le christianisme est bien l'épanouissement de l'évolution ascendante de l'homme, non certes d'une évolution matérialiste ou naturiste, ou fataliste, ou philosophique, mais de l'évolution telle que l'a entrevue Drummond, et j'ajoute telle que la marche générale de la philosophie naturelle tend à la déterminer de plus en plus.

Fonfroide-le-Haut, 22 octobre 1908.

F. LEENHARDT

PRÉFACE DE L'AUTEUR

« Plus j'y pense, dit Ruskin, plus s'impose à mon esprit cette conclusion : la plus grande chose qu'une âme humaine puisse accomplir en ce monde, c'est de voir quelque chose et de dire, clairement et simplement, ce qu'elle *a vu.* » Ces pages sont un essai de dire « clairement et simplement » ce que la science est en train de voir touchant l'évolution, l'ascension de l'homme. Que ce qu'elle croit discerner soit bien là, c'est une autre affaire. Mais même si ce sont des visions, tout être pensant doit s'efforcer de les voir. Ce que la science dit de lui est d'un intérêt transcendant pour l'homme, et ses conséquences pratiques sont d'un caractère plus vital que celles de tout autre sujet dans le domaine des connaissances. Le fil qui relie les faits n'est, à vrai dire, qu'une hypothèse. On verra, néanmoins, dans toutes les pages qui suivent, que, pour le présent, toute l'œuvre scientifique repose sur cette théorie.

Bien que l'évolution soit son point de vue et l'homme son sujet, ce livre est loin d'avoir pour but de prouver la parenté de l'homme, compromettante ou non, avec des animaux inférieurs. Il parle d'ascension et non pas de descendance. Il raconte une histoire, il ne présente pas un argument. L'évolution, au sens restreint où on l'applique souvent à l'homme, ne joue, dans le drame esquissé dans ces pages, qu'un rôle effacé. Partout où le plan général de l'évolution est exposé — et il l'est longuement dans l'introduction et ailleurs — je me suis efforcé de montrer combien sa nature a été mal comprise et son facteur principal négligé dans la pensée scientifique contemporaine. L'évolution a été présentée au monde moderne séparée de son foyer ; elle a été vue dès l'abord loin de lui, et elle est restée loin de lui jusqu'à cette heure. Sa base générale n'a pas été vérifiée depuis le temps de Darwin, et non seulement des sciences spéculatives comme la téléologie, mais des sciences pratiques comme la sociologie se sont laissé égarer par une omission fondamentale.

Nous avons besoin maintenant, pour servir de drapeau à la pensée moderne, d'une théorie de l'évolution dessinée à l'échelle juste, avec des lumières et des ombres donnant le relief exact de toute la vérité et de la réalité entière de la nature et de l'homme. Si je n'ai pas la présomption de présenter au public une œuvre aussi grandiose, le premier objet de ces pages est pourtant de fournir quelques traits au moins pour sa réalisation.

Le spécialiste ne trouvera pas autre chose ici que le reflet de son propre travail, si ce n'est une tentative d'accentuer les points principaux ; et sauf ce qui touche à la téléologie, il en sera de même pour le théologien. Les limites d'un cours tel que celui-ci rendent impossible une tractation digne du sujet, et sa brièveté m'a interdit de dépasser le point où l'évolution commence d'éveiller l'intérêt le plus palpitant. Le présent volume ne parle de l'ascension de l'homme, de l'individu, qu'aux premiers stades de son évolution. C'est une étude d'embryons, de rudiments, d'installations ; la scène, c'est la forêt primitive ; l'époque, c'est l'aube du monde. Retraçant la course de l'homme jusqu'à la vie de famille, cette histoire ne peut pas même le suivre dans la tribu ; et, comme c'est là seulement que commence sérieusement la vie sociale et morale, on n'y trouvera pas de discussion formelle de ces grands sujets. Toutes les forces supérieures et tous les phénomènes qui rentrent dans les domaines de la psychologie, de la morale et de la théologie faisant leur apparition dans le monde postérieurement, on ne sera pas surpris si le demi sauvage que nous quittons à la fin du volume manque à un si haut degré des potentialités de l'être humain.

En tant que distincte de celle de l'individu, l'ascension de l'humanité avait été résumée tout d'abord dans une ou deux conférences finales ; mais ce merveilleux sujet demanderait un volume à lui seul, et ces fragments sont maintenant supprimés. Sans doute, plusieurs seront désappointés de voir l'homme, après toutes les vicissitudes relatées ici, apparaître comme une créature aussi pauvre. Mais les grandes lignes de sa jeunesse sont celles de sa maturité, et ce n'est qu'en étudiant celles-ci, en elles-mêmes et dans leur action, qu'on peut percevoir la nature de l'évolution et la qualité du progrès humain.

L'ÉVOLUTION DE L'HOMME

INTRODUCTION

I. L'ÉVOLUTION EN GÉNÉRAL

Le dernier roman que les savants aient écrit, le plus audacieux peut-être, c'est l'histoire de l'ascension de l'homme, de l'évolution humaine. Scellé pour ceux qui passèrent, et que leur ignorance respectueuse des grands mystères empêcha de chercher, ce dernier volume de l'histoire naturelle ne s'est ouvert qu'à la fin du XIXe siècle.

L'embryologie humaine a déjà été décrite dans les monographies de His et de Minot ; Darwin et Haeckel ont retracé les origines du corps animal ; les recherches de Romanes marquent un début pour l'évolution de l'esprit ; Herbert Spencer a exposé ses théories sur le développement de la morale, Edward Caird sur l'évolution de la religion. Une foule d'autres sont venus, qui consacrèrent leur vie à la recherche d'une solution de ces problèmes sublimes, complétant les travaux de ces maîtres, vérifiant, critiquant, combattant, et tous les chapitres de cette étonnante histoire ont déjà trouvé leurs rédacteurs.

Or, quelque singulière que cette omission paraisse, aucune esquisse complète de ce grand drame ne nous a été donnée jusqu'ici. Et pourtant le résultat de ces recherches est assez remarquable pour être présenté dans un tableau d'ensemble, encore qu'il ne s'agisse que d'études préliminaires. Personne ne saurait dire que cette multitude d'observateurs ne soient pas sérieux, que leur travail ne soit pas honnête, que leurs méthodes ne soient pas celles qu'exige l'esprit scientifique de notre temps. En dépit donc des incertitudes qui demeurent, il est juste de traiter avec respect le travail de ces ardents pionniers.

Ce qu'ils ont vu dans les contrées inexplorées qu'ils traversèrent appartient au monde. C'est par de tels hommes et par de telles méthodes que la carte du monde de la pensée se couvre de signes : c'est le tracé de quelque grand fleuve au cours enfin connu ; une forme fugitive dérobée au ciel couvert de nuées; la silhouette d'un pic éloigné éclairé d'une lueur soudaine ; l'induction d'un esprit aventureux, tirée du rapide éclair d'une loi naturelle entrevue.

C'est ainsi que croît la connaissance des choses ; et dans un siècle qui ajouta au savoir humain plus que tous les siècles antérieurs, on ne peut admettre qu'une nouvelle révélation manque sur les questions les plus graves.

Le jour est définitivement passé où la science avait besoin de s'excuser de traiter l'homme comme un sujet d'observations et d'expériences. L'être de Hamlet, « aimant les savants entretiens, scrutant le passé et l'avenir », est aussi une part de la nature : il ne peut être agrandi ni amoindri parce que nous cherchons le secret de son passé, ni même parce que nous le découvrons. Et s'il est prouvé que ce passé se confond d'une manière que nous n'aurions pas rêvée avec celui des autres êtres, tout ce qui fait partie intégrante de la nature, « toutes les autres choses » ne peuvent que gagner à cette alliance dont, pendant des siècles, la philosophie et la théologie ont cherché la formule.

Tout progrès dans la preuve de l'unité d'un processus évolutionniste universel de notre divine humanité en est un, du même coup, dans la preuve de la divinité des choses inférieures. Et ce qui est d'une importance plus grande encore, toute empreinte relevée dans l'ascension de l'homme est un guide pour arriver à l'empreinte supérieure.

L'ambition de notre époque est de trouver la raison du progrès social. Un intérêt extraordinaire se manifeste partout à propos de notre monde, un désir intense de découvertes ; non par simple curiosité, mais pour une raison pratique : voir mieux le cours des choses. Et comme le but se rapproche, une sorte d'angoisse étreint l'homme qui veut trouver le chemin le plus court pour l'atteindre.

Ainsi l'évolution de l'homme n'est pas seulement le plus noble problème que la science ait jamais étudié : les données pratiques qui en découlent sont encore précieuses par dessus toutes au Grand Livre du savoir humain.

Maintenant que le torrent impétueux de l'invasion évolutionniste est endigué, que les péchés de jeunesse des évolutionnistes impénitents sont couverts par des concessions raisonnables, on peut voir que l'évolution n'est ni plus ni moins que l'histoire de la création racontée par ceux qui la connaissent le mieux. « L'évolution, dit Huxley, c'est le terme biologique résumant, sous un vocable général, l'histoire des étapes successives de tout être vivant dans l'acquisition des caractères morphologiques et physiologiques qui le distinguent[1]. » Bien qu'appliquée spécifiquement aux plantes et aux animaux, cette définition exprime le sens principal du mot *évolution* dans la langue scientifique contemporaine. Nous l'emploierons évidemment dans d'autres de ses nombreuses acceptions ; mais, en dernière analyse, l'évolution est simplement une histoire, une « histoire d'étapes », un « nom général » donné à

[1] *Encyclopædia Britannica*, 9me édition.

l'histoire des pas qu'a dû faire le monde pour devenir ce qu'il est. D'après cette définition, l'histoire de l'évolution est une narration qui peut être inexacte, trop haute en couleur ou sans trait saillant, comme le récit de tout autre ensemble de faits ; on peut la dire avec une arrière-pensée théologique d'apologie ou d'attaque ; tel penseur peut y ajouter des théories personnelles sur le processus ; mais tout cela ne touche en rien à la substance même des choses.

Que l'histoire soit racontée par un Gibbon ou un Green, les faits demeurent ; que celle de l'évolution soit dite par un Haeckel ou un Wallace, nous acceptons leur narration en tant que tableau vrai du développement de la nature, mais sans nous croire obligés d'adopter leur interprétation.

Il est vrai que des siècles passeront avant que cette histoire puisse être racontée dans sa plénitude. A l'heure présente aucun de ses chapitres n'est achevé. Le manuscrit est déjà couvert de ratures ; l'écriture en est effacée et son langage laisse l'impression d'un bégaiement enfantin ; néanmoins l'esquisse d'une histoire complète se dessine déjà, une histoire dont les lettres de créance se trouvent dans le fait qu'aucune imagination d'homme n'aurait conçu spectacle si merveilleux, ni plan si complexe et si étonnamment simple à la fois.

Cette histoire sera esquissée ici, pour elle-même d'abord, puis pour un dessein précis. Un historien n'a pas le droit de nourrir des préjugés ni de garder un parti-pris ; mais il ne peut éviter d'avoir le but, conscient ou inconscient, d'exposer le plan qu'il croit voir derrière les faits qu'il raconte. La question d'auteur mise à part, l'intérêt d'un drame est dans les personnages, leurs caractères, les motifs et les tendances de leur conduite. Il est impossible de les regarder comme des automates, et même le seraient-ils que les spectateurs se refuseraient à le croire et chercheraient toujours l'intention des acteurs derrière leur jeu.

Raconter l'évolution — est-il besoin de le dire ? — ce n'est pas l'expliquer. Jusqu'ici aucun penseur vivant n'a cru possible de le faire. Herbert Spencer essayant d'une définition, écrivit de l'évolution qu'elle est « le passage d'une homogénéité incohérente et indéfinie à une hétérogénéité cohérente et définie, au travers de différenciations et d'intégrations continues »[1], une formule dont le *Contemporary Reviewer* disait « que l'Univers dut pousser un soupir de soulagement quand, avec l'aide d'un éminent penseur, il comprit enfin le comment de son être ». En effet, il n'y a là que le sommaire des constatations faites, et aucune lumière n'en jaillit pour éclairer les causes premières.

S'il est vrai, comme l'affirme Wallace dans son dernier ouvrage, que « la descendance, avec des modifications de détails, est universellement reconnue comme l'ordre naturel dans le monde organique », il y a néanmoins une incertitude troublante sur le mode de développement progressif des espèces elles-mêmes. Les attaques du dehors contre la théorie darwinienne ne furent jamais plus vives que ne le sont aujourd'hui les controverses au sein des cercles scientifiques sur les principes fondamentaux du darwinisme. C'est ainsi qu'Alfred Russel Wallace, qui établit avec Darwin le principe de la sélection naturelle, est en désaccord avec son collègue sur deux des points principaux au moins, la sélection sexuelle et l'origine des caractères supérieurs de l'intelligence de l'homme. La virulente attaque de Weismann contre l'hypothèse darwinienne de la transmission des caractères acquis a ouvert une des controverses les plus vives des dernières années, et il en est ainsi d'un bout à l'autre du vaste champ que les hommes de science cultivent.

Le savant allemand croit avoir trouvé finalement dans son

[1] *Data of Ethics*, p. 65.

plasma-germe tout ce qui se trouve dans les *gemmules* de Darwin et les unités primordiales d'Herbert Spencer. Eimer rompt une lance contre lui en faveur de Darwin ; Herbert Spencer répond pour lui-même « qu'il y a transmission des caractères acquis ou qu'il n'y a pas d'évolution ».

Le plus grand compliment qu'on puisse faire au darwinisme c'est d'avoir vécu assez longtemps pour mériter cette avalanche de critiques. Mais en attendant plus de lumière, les hommes prudents doivent suspendre leur jugement sur cette théorie spécifique d'une branche de l'évolution que nous appelons darwinisme, aussi bien que sur les facteurs et les causes de l'évolution elle-même. Personne ne demande de celle-ci maintenant que l'autorisation d'en user comme on le fait d'une théorie commode, bien qu'il y ait des cas où elle soit incontestablement plus qu'une théorie, ainsi la démonstration de l'évolution du cheval faite par l'université d'Yale, et celle de Steinheim sur la transmutation des Planorbis. Dans les deux cas, les anneaux manquant se sont trouvés, l'un après l'autre, et en séries si complètes, que l'évidence de leur évolution est absolue.

Dans l'*Encyclopædia Britannica*, Huxley dit que « grâce aux preuves fournies par la paléontologie, l'évolution de plusieurs formes actuelles de vie animale n'est plus une hypothèse, mais un fait historique ». Même en ce qui touche l'homme, la plupart des naturalistes sont d'accord avec Wallace, qui « accepte pleinement les conclusions de Darwin, en ce qui touche l'identité essentielle de la structure physique du corps humain et de celle des mammifères supérieurs, et la descendance d'une forme ancestrale commune de l'homme et du singe anthropoïde », car, dit-il, « cette descendance apparait avec une évidence accablante et décisive [1] ».

[1] *Darwinisme*, p. 461.

Quant au développement de *l'homme complet*, il suffit pourtant d'accepter l'évolution comme une théorie, quelle que soit l'impression faite sur nous par les preuves qu'on nous donne de sa réalité historique. Sans hypothèse préalable, aucune œuvre ne peut être accomplie, et — nous le savons tous — beaucoup des plus belles contributions à la science sont le fruit de théories imparfaites ou manifestement fausses.

Nous sommes dans un temps où l'évolution évolue elle-même. Toutes les idées sur lesquelles les évolutionnistes travaillent, toutes leurs théories et leurs généralisations ont évolué ou sont encore en état d'évolution. Et même la théorie en serait-elle perfectionnée à l'extrême que sa première leçon devrait être encore qu'elle n'est qu'une phase évolutive d'une opinion future, aussi peu fixe qu'une espèce, aussi peu définitive que la théorie dont elle prit la place. Par la nature même de sa vocation et ses méthodes d'investigation, par la connaissance de sa constante instabilité dans un monde perpétuellement mouvant et toujours plus mystérieux, l'évolutionniste doit être, au-dessus de tout autre homme, humble, tolérant et adogmatique.

Mais que ces mots sont froids pour parler d'une vision — car après tout l'évolution est une vision — qui est en train de révolutionner le monde de la nature et de la pensée, et qui nous a ouvert sur le passé et sur l'avenir des perspectives telles que la science jusqu'ici n'en avait point connu de semblables. Au moment où les détails de la théorie évolutionniste passent au creuset de la critique, alors que le champ de la science moderne change avec une rapidité qui rend surannés les livres vieux de dix ans, il est juste d'ajouter qu'aucun de ces changements, ni leur ensemble, n'ont atteint la théorie générale, sinon pour en établir plus fortement la force, la valeur et l'universalité.

L'autorité avec laquelle la notion du développement s'est imposée aux esprits les plus élevés de notre temps paraît plus remarquable encore que la rapidité de ses conquêtes. Parmi ceux qui occupent le premier rang, qui, du consentement universel, ont le droit de parler, en est-il qui ne l'emploient de quelque manière pour travailler et pour penser? Mais qui dit autorité prononce un mot suspect : le monde a été trompé si souvent. Et pourtant quand des esprits aussi différents que ceux de Charles Darwin et de T. H. Green, de Herbert Spencer et de Robert Browning, font reposer la moitié du labeur de leur vie sur cette seule loi, il est impossible de n'y voir qu'une rêverie sans fondement, alors surtout que nul grand principe ne peut entrer présentement en compétition avec elle.

La nature spéciale de cette grandiose généralisation peut seule faire comprendre l'enthousiasme extraordinaire avec lequel les savants l'accueillirent. L'évolution a fait pour le temps ce que l'astronomie fit pour l'espace. Aussi élevée pour la raison que la science des astres, aussi merveilleuse pour l'imagination, elle a placé l'univers dans une perspective nouvelle et donné à l'esprit humain une envergure insoupçonnée. L'évolution marque moins un changement d'opinion qu'une transformation complète des vues de l'homme sur le monde et sur la vie. Ce n'est pas l'exposé d'une proposition mathématique que nous soyons appelés à déclarer juste ou fausse ; c'est une autre méthode pour regarder la nature. Pendant des siècles, la science s'est consacrée à la classification des faits et à la découverte des lois. Chaque savant peinait dans le petit enclos qu'il s'était réservé : le géologue dans sa carrière, le botaniste dans son jardin, le biologiste dans son laboratoire, l'astronome dans son observatoire, l'historien dans sa bibliothèque, l'archéologue dans son musée. Et voici, ces hommes ont levé les yeux ; ils se sont parlé l'un à l'autre ; chacun d'eux avait découvert une loi, dont ils murmuraient tout bas le nom : évolution. Leurs labeurs étaient ramenés à l'unité ; la science était une, le monde était un et l'esprit qui le découvrait était un lui-même.

Telle étant l'amplitude de la théorie, il est essentiel pour son application que son caractère général lui soit reconnu, que nul phénomène dans la nature et dans l'humanité ne soit oublié dans le compte de récapitulation. Il est clair également que, pour cette application, nous devons commencer par l'homme, le dernier venu.

S'il est prouvé que l'évolution s'étend à l'homme, son cours et le plan tout entier de la nature prennent une nouvelle signification. C'est la fin qui donnera la clé des origines et non pas le commencement celle de la fin. Un atelier mécanique ne devient intelligible au visiteur qu'au moment où celui-ci pénètre dans la salle de montage et y voit la machine prête à fonctionner. Tout tend là au produit final, tout s'y adapte et y trouve son explication.

L'évolution de l'homme est de même le complément et le correctif de toutes les autres formes de l'évolution. C'est de cette hauteur seulement que la vue est complète, la perspective juste et que le monde devient un tout cohérent. La grande erreur du naturalisme a été d'interpréter le monde du point de vue de l'atome, d'étudier les moteurs de sa marche grandiose comme on le ferait d'un simple mécanisme, en oubliant que le navire a des passagers, un capitaine, et celui-ci son ordre de navigation. D'ailleurs, le théologien commet une erreur tout aussi grande en ne s'occupant que des passagers sans tenir compte du bateau.

Celui qui ne fait pas rentrer l'homme dans les cadres de l'évolution a tout lieu de craindre la théorie du développement. Dans son zèle jaloux pour cette religion qu'il estime infiniment plus élevée que la science, il enlève tout à la fois la base rationnelle de la religion et le couronnement légitime de la science, et offre au monde une religion hors nature et une science hors humanité.

Le remède au désordre intellectuel que provoquent les restrictions aux applications de la théorie évolutionniste se trouvera dans une extension indéfinie de celle-ci, aussi loin que l'esprit peut aller et que les faits le permettent, jusqu'à ce que tout travailleur soit forcé dans sa retraite, obligé d'embrasser l'ensemble des phénomènes et d'y trouver la place de ceux qu'il observe.

Si l'esprit du théologien est appelé à s'élargir ainsi, celui du naturaliste est sollicité de même façon, mais dans une direction contraire. S'il insiste pour faire entrer l'homme dans son plan d'évolution, il doit veiller à l'y mettre tout entier, car pour lui toute forme d'évolution qui n'englobcrait pas l'homme intégral, avec son travail, sa pensée, sa vie, ses aspirations, ne saurait être scientifique ni l'arrêter une heure. Les grands faits moraux, les forces morales en tant que leur réalité est prouvée, la conscience morale, là où elle existe, doivent rentrer dans son dessein. L'histoire humaine en fait partie aussi bien que l'histoire naturelle ; les forces religieuses et sociales n'en peuvent être exclues, pas plus que celles de la gravitation et de la vie.

La raison pour laquelle le naturaliste les néglige généralement comme facteurs d'évolution, c'est qu'il ne les voit pas. Sans doute il prend parfois au mot ceux qui lui disent que l'évolution n'a rien de commun avec ces choses transcendantes ; mais c'est parce qu'il ne travaille pas sur le plan où ces forces entrent en jeu. Le spécialiste ne doit pas être blâmé pour cela : la spécialisation fait sa puissance ; mais quand il reconstruit l'univers de son coin reculé et sans changer de niveau, non seulement il fait tort à la science et à la philosophie, mais il risque encore de fourvoyer ses voisins.

L'homme qui s'occupe des étoiles n'aura jamais l'occasion

d'étudier la sélection naturelle, et pourtant il devra lui faire sa place dans sa cosmogonie. Celui qui observe les étoiles de mer verra peu de chose de l'évolution cérébrale, et cependant il n'en pourra nier la réalité. Les astres ont leurs voix, mais ce sont d'autres voix ; les étoiles de mer ont leurs activités, mais ce sont d'autres activités. L'homme, son corps, son âme et son esprit ont non seulement une place dans une théorie du monde, ils y ont encore la première. On ne peut décrire la vie des rois, ni organiser leurs empires, de la cave creusée sous le palais. Browning nous rappelle que l'Art aspire à reconstruire l'ensemble des choses. Après avoir posé un fragment, même chétif, il s'en sert comme d'une base forte pour s'élancer infiniment au delà.

II. UNE LACUNE DANS LES THÉORIES COURANTES

Ce n'est pas avant tout pour avoir ignoré l'homme que la philosophie évolutionniste s'est égarée ; d'ailleurs elle commence à voir son erreur et à s'en repentir. Ce que nous lui reprochons et ce qui doit être signalé dans ces pages, c'est d'avoir mal vu la nature elle-même. En cherchant une part d'assise pour édifier le monument entier, elle n'a pas trouvé la plus importante et la construction manque d'aplomb ; c'était fatal.

Aussi, bien que reconstruire l'univers à la lumière de l'évolution soit la tâche principale de la science d'aujourd'hui, à peine peut-on voir dans quelques rares occasions un léger indice du vrai point de vue scientifique. Nous aurions préféré n'aborder ce sujet qu'au moment où il se présentera tout naturellement à notre observation ; mais la gravité des conséquences nous paraît exiger dès maintenant un tableau sommaire de la situation.

L'erreur initiale remonte à Darwin, indirectement plutôt

que directement, par la publication de l'*Origine des espèces* en 1859. Il offrit alors au monde ce que l'on put croire le dernier mot de l'histoire de la nature vivante, le principe de la lutte pour l'existence. Après les années de bouillonnement qui suivent toujours l'invasion des grandes idées, ce principe fut admis universellement comme la clé de toutes les sciences qui s'occupent de la vie. Darwin le proclama avec tant de persévérance et son influence fut si forte, qu'après la première grande bataille, l'opposition se vit réduite à merci. Presque sans coup férir, la lutte pour l'existence était acceptée par le monde scientifique comme le facteur principal du développement, et l'on vit le drame de l'évolution se dérouler d'un bout à l'autre sous son action. Elle devint cette « part d'assise » sur laquelle la science voulut dorénavant « reconstruire le tout », et la biologie, la sociologie, la téléologie furent renouvelées sur ce fondement.

Que la lutte pour l'existence ait joué un rôle éminent dans le drame, c'est certain. Les recherches ultérieures n'ont fait que renforcer l'impression qu'on avait de l'importance et de l'universalité de cette grande loi ; mais on peut nier qu'elle ait été le seul ou même le principal agent dans la marche de l'évolution. La création est un drame, et aucun drame ne peut être porté sur la scène avec un seul acteur. La concurrence vitale est le scélérat de la pièce, rien de plus ; comme au spectacle, sa fonction est de réagir sur les autres personnages pour une fin plus haute.

Il y a en réalité un second facteur, qu'on peut appeler *la lutte pour l'existence d'autrui*, et qui joue un rôle tout aussi important. Aux premiers degrés de l'évolution, son influence est déjà sensible ; aux plus élevés du progrès universel, on le retrouve sous le nom d'altruisme, occupant une place souveraine, devant laquelle la lutte primitive s'efface.

Il est étrange que son action ait échappé à l'attention des

évolutionnistes ; car cette seconde forme de lutte procède, comme la première, des fonctions fondamentales des organismes vivants, dont l'étude est l'affaire principale de la science biologique.

Les êtres vivants, plantes ou animaux, exercent deux fonctions, celles de la nutrition et de la reproduction[1]. La première est à la base de la lutte pour l'existence, la seconde à celle de la lutte pour la vie d'autrui. Ces deux fonctions poursuivent leur cours parallèle — ou plutôt en spirale, puisqu'elles s'entrecroisent constamment — dès l'aube de la vie. Elles font partie de la nature fondamentale du protoplasme, elles influencent le cours entier de la vie ; elles déterminent la morphologie des êtres vivants ; dans un sens, elles sont la vie, et pourtant au tableau de l'évolution, l'une fut prise et l'autre laissée.

La fonction de reproduction mérite d'être présentée en détail au lecteur : elle est peu connue, en raison de l'idée purement physique qu'en donne son nom et du fait aussi qu'elle n'a pas été considérée comme force d'évolution. Pour se rendre compte de son importance, ou même pour la comprendre, il est nécessaire de se rappeler la place élevée qu'occupe généralement la fonction proprement dite dans l'économie de la vie. Chez l'animal ou chez l'homme, la vie n'est pas une série d'efforts faits au hasard. Son cours est réglé aussi exactement que celui des astres : tous ses mouvements et ses modifications, ses perturbations et ses écarts apparents sont guidés par des motifs immuables, ses énergies et ses caprices contrôlés soigneusement. Ce contrôle est exercé par les fonctions ; ce sont elles qui déterminent la vie ; vivre, c'est mettre en œuvre ces fonctions.

Qu'on suive les traces de quelques-unes ou de toutes les

[1] Il y en a une troisième, celle de la coopération (co-relation) ; celle-ci peut rester au second plan pour le moment, afin d'éviter toute confusion.

innombrables activités d'une vie animale et on trouvera au bout une correspondance avec l'une des deux grandes fonctions qui se manifestent dans le protoplasme ; qu'on prenne un organe du corps, la main ou le pied, l'œil ou l'oreille, le cœur ou les poumons, ou encore un tissu quelconque, muscle, nerf, os, cartilage, et on trouvera la même correspondance avec la nutrition ou la reproduction.

Dans une machine, toutes les parties, grandes et petites, verroux, barres, valves, manivelles, leviers et roues, sont en rapport avec le travail de cette machine et concourent au résultat final ; ainsi en est-il dans le corps, où tout collabore au travail déterminé par les deux fonctions. Un animal, ou un homme, est un tout cohérent, un produit rationnel du protoplasme, dont la tâche est de produire la vie et d'en fixer la ligne de développement. C'est de lui que partent les canaux où coulera la vie et, bien que ces canaux bifurquent sans fin et qu'une vie plus abondante s'y précipite à mesure que le réseau s'étend, ses flots ne déborderont jamais par dessus les digues élevées dès la première heure.

Mais ce n'est pas tout. Les activités de la vie supérieure bien que non limitées qualitativement par celles de la vie inférieure sont néanmoins déterminées par les mêmes lignes.

Si ces faits ne relevaient que du domaine de la physiologie, ils entreraient à peine en ligne de compte dans une étude de l'évolution humaine. Mais plus on en a sondé le mystère, mieux on a vu que tout le cours du développement de l'homme s'est fait sur cette base fondamentale. La vie, toute la vie, supérieure et inférieure, est une unité organique. La nature peut varier ses effets, elle peut introduire des modifications qualitatives assez surprenantes pour ôter toute idée d'affinité avec les choses inférieures, mais elle n'a jamais posé à nouveau les fondations du monde.

L'évolution commence avec le protoplasme et s'achève avec

l'homme, et tout le chemin parcouru offre une symétrie dont le secret tient dans les deux ou trois grandes forces de cristallisation qui nous sont révélées en cette base primitive.

Ayant compris l'importance des fonctions physiologiques, voyons ce qu'elles impliquent. La première, celle de nutrition, dont dépend la lutte pour l'existence, n'a pas besoin de longues explications. Darwin a eu soin de donner à sa phrase favorite, la lutte pour l'existence, un sens plus étendu que celui qu'on attache au mot de nutrition ; mais on l'a perdu de vue — Darwin lui-même l'a oublié jusqu'à un certain point — et le principe est devenu, dans la langue scientifique et philosophique, synonyme de lutte pour la nourriture. A l'origine, la lutte se bornait à un conflit avec la nature et les éléments, soutenu par la faim, rendu plus aigu par la concurrence ; puis, à travers une série de transformations, elle est devenue ce que le monde moderne connaît sous les noms de guerre et d'industrie. Dans cette dernière phase, les fonctions primitives du protoplasme semblent disparues, et pourtant, en y regardant de près, on trouve que la guerre et l'industrie, dans lesquelles la moitié du monde est engagée, en sont bien le développement naturel.

On voit moins ce que renferme la fonction de reproduction. Dire qu'elle est synonyme de lutte pour l'existence d'autrui ne jette que peu de lumière sur le sujet, car le côté physiologique de la fonction reste seul perçu par l'esprit, ce qui rend difficile la compréhension de son vrai caractère. Ce qu'elle implique sera développé suffisamment dans deux ou trois chapitres d'une autre partie, et le lecteur que ce problème intéresse fera bien de les lire dès maintenant. Il suffira de dire ici qu'aux plus hauts degrés du règne animal le côté physiologique de la lutte pour l'existence d'autrui s'efface si bien, sous l'action psychique et éthique, qu'il est à peine besoin d'en rappeler le souvenir.

L'idée qui s'associe tout naturellement à la lutte pour la vie d'autrui, est celle de postérité : dans la plante l'effort pour produire la semence, chez l'animal le travail de la génération. Mais ce ne sont que des préliminaires, lesquels, comparés à ce qui en procède directement ou indirectement, méritent à peine une mention : le trait significatif est du domaine de la morale, le développement de l'altruisme, son produit inévitable et immédiat.

Observons un animal supérieur à l'heure critique entre toutes, pour lui-même et pour son espèce, où il donne naissance à une créature semblable à lui. Ne nous arrêtons pas au travail purement physiologique, mais voyons l'attitude de la mère en présence de cette nouvelle vie qui, dans une dépendance absolue, palpite devant elle. Le petit être est là, suspendu entre la vie et la mort ; la faim le torture ; le froid le menace ; des dangers le guettent ; sa chétive existence tient à un fil. Une occasion favorable se présente pour l'évolution ; une porte est ouverte dans l'ordre physique pour l'introduction d'un élément moral. S'il y a dans la nature quelque chose de plus que la lutte égoïste pour la vie, le secret peut s'en révéler ici. Jusqu'alors le monde appartenait au mâle, au batailleur, au pourvoyeur, au père ; c'est maintenant le jour de la mère. Bien qu'elle vive encore dans les limites étroites de l'animalité, elle se montre à la hauteur de sa tâche, et cette heure où elle se consacre à ses petits pour les soigner et les servir, devient pour le monde lui-même l'heure d'un enfantement sacré.

La sympathie, la tendresse, le désintéressement et toutes les vertus qui font l'altruisme, sont le résultat direct et l'accompagnement obligé du processus de reproduction. Sans un rudiment de sollicitude maternelle pour l'œuf, dans les formes de vie les plus humbles, pour le jeune, dans les formes supérieures, le monde vivant aurait non seulement souffert, mais cessé d'être. Dans la vie de tout animal supérieur, l'aide momentanée d'une autre créature, aide directe, personnelle et gratuite, est une condition d'existence. Les travaux de la maternité commencent dans le monde des plantes les plus infimes, et le règne animal s'achève avec la création d'une classe d'êtres où cette fonction est poussée à la dernière perfection. Le principe du sacrifice forme la trame entière du tissu de la nature, et si quelque acteur a joué un rôle en vue dans le drame du passé, c'est bien le sacrifice de soi.

Nous verrons plus loin ce que la lutte pour l'existence apporte en outre à l'humanité ; mais il est certain que toutes les choses qui travaillent au bien de l'homme et à son bien-être, qui apportent au monde sa variété et sa fécondité, qui font la société solide et intéressante, la vie belle, heureuse et digne d'être vécue, nous viennent avant tout des activités inhérentes à la lutte pour la vie d'autrui.

On voit maintenant combien il est grave de ne pas tenir compte de ce facteur suprême et les conséquences qui en résultent pour notre manière de considérer la nature. Jadis, la science géologique ne voyait dans la formation de la terre que les effets d'une force unique, le feu ; plus tard, les théories opposées d'une autre école exaltèrent les effets de l'eau, seule force en jeu. Toute biologie, ou sociologie, ou évolution, basée sur un facteur unique, se trompe comme la géologie d'autrefois. Ce n'est qu'en tenant compte à la fois de la lutte pour l'existence et de la lutte pour la vie d'autrui, qu'il est possible de formuler une théorie vraiment scientifique de l'évolution. Permettre de les combiner, d'en signaler les contrastes, d'assigner à chacune sa place, d'admettre les incursions de l'une dans le domaine de l'autre, c'est rendre possible la reconstitution du plan de la nature jusque dans ses moindres détails. D'un bout à l'autre du développement, ces deux fonctions agissent et réagissent l'une sur l'autre, et cependant leurs différences spécifiques ne s'effacent jamais, même quand elles collaborent à un produit unique.

La première demeure la fonction égoïste, l'autre la fonction altruiste. L'une, agissant dans la nature inférieure et obéissant à la loi de la conservation personnelle, déploie ses énergies dans la recherche de la nourriture pour soi ; la seconde, soumise à la loi de la conservation de l'espèce, les utilise toutes pour l'alimentation de la progéniture. Tandis que la première développe les vertus actives de la force et du courage, la seconde pose les bases des vertus passives, la sympathie et l'amour. L'une cherche sa fin dans l'agrandissement du moi, l'autre dans le service. L'une engendre les compétitions, l'affirmation du moi, la guerre ; l'autre le désintéressement, l'effacement du moi, la paix. L'une est l'individualisme, l'autre l'altruisme.

Il va sans dire qu'il n'entre aucun élément moral dans l'accomplissement de ces fonctions à l'aube de la vie ; mais dès qu'on atteint à un certain degré de développement, l'élément éthique s'introduit. Ces conditions des débuts ont été proclamées avec une exagération et une malveillance impitoyables, puis appliquées à tous les degrés du processus d'évolution, pendant que leurs modifications ultérieures étaient absolument négligées. Le résultat final est un tableau de la nature où les ombres seules sont marquées, un tableau si noir qu'il semble jeter un défi à son créateur et devient un problème insoluble pour la philosophie. On peut dire même qu'il constitue une offense permanente à la nature morale de l'homme. Le monde nous a été montré comme un vaste champ de bataille couvert de cadavres affreux, comme un enfer d'éternels damnés, comme un abattoir où retentissent les cris lugubres d'une agonie sans fin.

Devant cette version de la grande tragédie, signée des noms les plus illustres du monde savant, et qui n'en était pas moins une mystification, l'humanité resta muette; la morale fut bouleversée et la théologie stupéfaite ne donna pas signe de vie. Un examen plus attentif des choses ne rendra pas à l'humanité, à la morale et à la théologie, tout ce qui leur fut ravi, mais il rouvre au moins l'enquête et fera que la lumière, projetée sur le champ de la nature par le second facteur, impressionnera plus vivement la raison que ne l'a fait l'ombre apparente répandue par le premier.

Des efforts héroïques ont été tentés pour délivrer la morale de la situation intolérable qui lui était faite par l'exposé incomplet du processus d'évolution. Quelques-uns ont essayé de réduire la somme de souffrances qu'il comporte et nous assurent que la lutte n'existe guère, après tout, que comme métaphore. « Il y a de fortes raisons de croire, dit Alf. Russel Wallace, que les souffrances que nous supposons chez les animaux sont surtout imaginaires ; c'est le reflet dans la conscience d'hommes et de femmes civilisés des sensations qu'ils éprouvent dans des circonstances analogues ; la somme des souffrances réelles causées par la lutte pour l'existence chez les animaux est, à tout prendre, insignifiante [1]. »

En revanche, Huxley n'accepte aucun compromis. Pour lui, cette lutte est un fait inexplicable, c'est vrai, mais impitoyable. Il n'a pas de mots assez expressifs pour décrire son implacable pouvoir. « L'indifférence morale de la nature », « l'injustice insondable de la nature des choses », lui sautent aux yeux de toutes parts. « L'homme dut infiniment à ces qualités, qu'il partage avec le singe et le tigre, dans les succès qu'il eut à l'état sauvage [2]. »

A ce degré, « les hommes furent des sauvages du type le plus grossier, pendant des milliers d'années, avant l'aurore des

[1] *Darwinisme*, p. 37.

[2] *Evolution and Ethics*, p. 6.

plus anciennes civilisations connues. Ils combattirent leurs ennemis et leurs rivaux ; ils firent leur proie des êtres plus faibles ou moins rusés qu'eux-mêmes. Ils naquirent, se multiplièrent et moururent pendant des milliers de générations, côte à côte avec les mammouths, les urus, les lions, les hyènes, dont la vie se passait de la même façon ; et ils n'étaient pas plus à louer ou à blâmer, moralement parlant, que leurs compagnons moins élancés ou plus poilus... La vie était une lutte incessante, et en dehors des limites étroites et temporaires de la famille, la guerre de Hobbes de chacun contre tous devait être l'état normal de l'existence. L'espèce humaine, comme les autres, se débattait dans le marécage de l'évolution générale, levant la tête au-dessus de l'eau du mieux qu'elle pouvait, sans penser à son origine ni à sa fin [1] ».

Il est instructif de suivre les conséquences d'une erreur initiale. Voyons donc l'attitude de Huxley en face de cet angoissant problème. Il renonce simplement à chercher. Mais ce n'est point une solution, car la nature est inexcusable. Après l'avoir condamnée en termes sévères, il lui tourne le dos — au moins à la nature infrahumaine — et laisse la téléologie régler le compte aussi bien qu'elle pourra. « L'histoire de la civilisation, nous dit-il, est le récit des efforts de la race humaine pour échapper à cette situation. » Mais où doit-il se réfugier lui-même ? N'est-il pas une part de la nature, un complice de son crime par conséquent ? D'aucune façon. Car par un étonnant tour de force, — le dernier qu'on eût attendu de lui, comme ses anciens collègues évolutionnistes n'ont pas manqué de le lui reprocher — il s'abstrait lui-même de l'ordre universel et se lave les mains de sa cruelle injustice, au nom de l'homme moral. Après avoir partagé la fortune de l'évolution toute sa vie, portant ses fardeaux et résolvant ses doutes, il l'aban-

[1] *Nineteenth Century*, fév. 1888.

donne sans remords pour établir un état dans l'État, où, en tant qu'être moral, la lutte « cosmique » lui devient indifférente. « La nature cosmique, dit-il dans une dernière charge contre sa citadelle délaissée, n'est pas une école de vertu, mais le quartier général de l'ennemi de la nature éthique[1]. »

S'écartant de l'ancienne doctrine de l'évolution humaine, « le progrès social, dit-il, signifie un arrêt du processus cosmique à chaque pas en avant, et sa substitution par un autre qu'on pourrait appeler le processus éthique. La fin de celui-ci n'est pas la survivance du plus apte, par rapport à la somme des conditions existantes, mais la survivance des meilleurs, moralement parlant[2] ».

Ce changement de front était une nécessité : sa conception de la nature ne lui permettait pas d'autre alternative. Le « processus cosmique », signifiant pour lui la lutte pour l'existence, il n'y avait pas d'autre moyen d'échapper à celle-ci que de tourner le dos à l'ordre de la nature qui lui doit son être. Ce faisant, Huxley est arrivé inopinément à la solution juste, mais par une méthode radicalement fausse.

La conséquence déplorable de cette erreur de méthode se montre en ceci, que toute la nature inférieure est abandonnée à son malheureux sort. Par un singulier oubli du principe de continuité, auquel ses œuvres précédentes rendirent pourtant un si bel hommage, il partage l'ordre du monde en deux moitiés parfaitement distinctes. La première est dominée par le principe « cosmique », la lutte pour l'existence, l'autre par le principe « éthique », qui y est en puissance, la lutte pour l'existence d'autrui. La concurrence vitale cesse où le processus éthique entre en jeu, c'est-à-dire à l'heure où commence la lutte pour l'existence d'autrui. Or les faits ne correspondent

[1] *Evolution and Ethics*, p. 27.
[2] *Evolution and Ethics*, p. 33.

pas à la doctrine, car la lutte pour la vie d'autrui prend sa source — nous l'avons vu — dans le même protoplasme que la lutte pour l'existence, et celle-ci se rencontre autant que l'autre dans la sphère éthique. Il suffit de voir d'où Huxley tire ce monde éthique pour se rendre compte de l'énormité de l'anomalie. Quelle sorte de monde est-ce donc, et d'où le fait-il sortir? « L'histoire de la civilisation raconte en détail les étapes par lesquelles l'homme réussit à édifier un monde artificiel au sein du cosmos [1]. »

Un monde *artificiel* au sein du cosmos! L'existence d'une rupture entre le premier processus et le dernier, si nous la prenions au sérieux, ne se soutient pas scientifiquement, et d'autant moins que le même résultat, ou un meilleur, peut être obtenu sans elle. Il n'y a pas de solution de continuité entre deux processus dont l'un succède à l'autre ; ce sont deux processus parallèles, collaborant dès la première heure à une œuvre commune, et dont les caractères éthiques apparurent au même moment dans le temps. La lutte pour la vie d'autrui remonte aussi loin dans le « processus cosmique » que la lutte pour l'existence, et celle-ci a sa part dans le « processus éthique » aussi bien que l'autre. Toutes deux sont dans le processus cosmique ; toutes deux sont dans le processus éthique ; toutes deux sont à la fois processus cosmique et éthique. Une classification qui ne rend pas pleine justice à l'une et à l'autre n'engendre que confusion.

La consternation provoquée par le changement de front de Huxley — ou ce que l'on appela de ce nom — est de l'histoire récente. Leslie Stephen et Herbert Spencer se hâtèrent de protester ; mais l'ancienne école de moralistes applaudit, comme s'il se fût agi d'une sorte de conversion. Cependant la seule chose qui ressorte clairement de la discussion, c'est que ni les

[1] *Evolution and Ethics*, p. 35.

uns ni les autres n'ont saisi la nature ultime et la vraie solution du problème. Le siège de l'erreur est le même dans les deux camps : il consiste à ne voir la nature que d'un seul côté. En tant que monde des plantes, des animaux et de l'homme à l'état sauvage, la nature est universellement considérée comme synonyme de la lutte pour l'existence. Le darwinisme a monopolisé ces régions inférieures, et il y prend sa revanche d'une manière qui montre, à tout le moins, l'insuffisance des prémisses le plus généralement admises de la science de fraîche date.

Les notes de Huxley trahissent d'ailleurs ses doutes sur l'exactitude du fait lui-même : « Naturellement, remarque-t-il à propos de la question technique, à parler proprement, la vie sociale et le processus éthique font partie intégrante du processus général d'évolution, et c'est à eux que l'on doit sa marche progressive vers la perfection [1]. » Et il a une rapide vision du « processus éthique » dans le Cosmos, dont un examen plus approfondi eût suffi pour modifier complètement son point de vue. « Même dans ces formes rudimentaires de la vie sociale, l'amour et la crainte entrent en jeu et obligent l'individu à renoncer plus ou moins à sa volonté propre. Le processus cosmique général commence alors d'être mis en échec par un processus éthique rudimentaire, lequel est en réalité une part du premier, au même titre que l'ouvrier qui dirige une machine à vapeur fait partie de son mécanisme [2]. »

La vraie situation tout entière est virtuellement reconnue par ces mots. Seuls les préjugés darwinistes et le défaut d'une étude suffisante de la nature et de l'étendue du « processus éthique rudimentaire » ont pu empêcher de la proclamer nettement après une concession si considérable. Pressons la métaphore de l'ouvrier mécanicien, et, avec une modification

[1] *Evolution and Ethics*, note 19.
[2] *Evolution and Ethics*, note 19.

importante, la situation exacte nous sera dévoilée. Ce qui apparaît comme le « mécanicien » dans le processus éthique rudimentaire devient la « machine à vapeur » dans le processus ultérieur. Le simple fait qu'il existe dans le « processus cosmique général », altère profondément la qualité de celui-ci ; et le fait qu'il devient — comme nous espérons le montrer — le principal moteur dans le processus subséquent, change du tout au tout la conception que nous en devons avoir. L'histoire d'un processus doit être lue en remontant des dernières lignes aux premières, et si un rudiment d'ordre moral s'y perçoit au début, on peut tenir pour certain que ses relations avec le processus sont assez étroites pour concourir avec lui à une fin commune dans l'unité finale.

Une nécessité de raison pousse la philosophie à voir une fin dans le processus initial. Mais combien plus forte serait sa position si elle pouvait y joindre l'évidence des faits. « Je demande, dit pertinemment un critique de Huxley, je demande à l'évolutionniste, qui n'a d'autre base que la concurrence vitale, comment il rend compte de l'apparition des idées morales, qui ont la prétention d'intervenir dans le processus cosmique et de juger de ses résultats [1]. » Ne pouvons-nous pas, à notre tour, demander au philosophe comment il en rend compte lui-même ? Il ne le peut pas plus que celui qui ne connaît que « la lutte pour l'existence ». Il est vrai que l'écrivain continue en disant : « La question ne saurait être résolue aussi longtemps que nous regardons la moralité comme un résultat fortuit du système cosmique, un produit de hasard. » Mais en admettant que la moralité est le produit principal du système cosmique, en serons-nous plus avancés ? Le serons-nous si l'on peut montrer qu'elle est un produit essentiel et non fortuit, et que bien loin d'être un produit de hasard, c'est l'immoralité qui porte ce caractère ?

[1] Prof. Seth, dans *Blackwood's Magazine*, déc. 1893.

Ces questions ne sont peut-être pas exactement posées. Au lieu de « produits » du système cosmique, on pourrait parler de « phénomènes qui l'accompagnent » ; on serait même, semble-t-il, plus près de la vérité, en parlant des choses « révélées par ce processus » que de ses « résultats ».

Mais ce qu'il faut montrer, c'est que l'ordre moral forme une ligne constante dès le commencement, c'est qu'il a, d'un bout à l'autre — pour ainsi dire — un fondement dans le cosmos, d'où il s'est élevé jusqu'au sommet, en s'appuyant sur lui comme sur un échafaudage. Celui-ci doit être conçu comme une incarnation ; l'autre, la manifestation d'ordre moral, comme une révélation ; la première est une évolution d'en bas, la seconde une « involution » d'en haut.

Depuis longtemps la philosophie a proclamé la dernière ; mais comme elle ne pouvait nous montrer son complément dans la première, la science refusa de prêter l'oreille. Elle eut tort, bien plus que la philosophie. Son affaire, c'était l'échafaudage, et elle nous offrait un échafaudage tronqué, une échelle avec un seul montant et dont les échelons reposaient d'un côté sur le vide. Quand la science essayait d'y monter, elle tombait : les échelons ne supportaient aucun poids. Que firent alors les savants ? Ils condamnèrent simplement l'échelle, et se balançant sur le côté solide, ils proclamèrent leur agnosticisme à la face de la philosophie. Et les philosophes ? Ils se tinrent sur l'autre moitié de l'échelle, *sur celle qui manquait*, et gourmandèrent de là les savants. Pour eux, en effet, il importait peu que cette moitié fît défaut. Elle était en eux-mêmes. Elle devait être là, donc elle y était. Et ils ne se trompaient pas, elle est là.

La philosophie est prophète, comme la poésie. « C'est le sens du tout, dit-elle, qui naît premièrement[1]. »

[1] Prof. H. Jones, *Browning*, p. 28.

Mais la science ne pouvait accepter cette alternative. Elle avait regardé et n'avait rien vu. A son point de vue, l'agnosticisme était le seul refuge qui s'offrît ; les *faits* manquaient jusqu'à ce qu'ils fussent constatés, la philosophie était impuissante à secourir son alliée. La science regardait à la nature pour lui imposer ses propres fins, et non pas à la philosophie pour les exposer à son usage. La philosophie aurait pu les interpréter, si on les lui avait offerts, mais elle devait avoir un point de départ, et tout ce que la science lui donnait, c'était la lutte pour l'existence. Travaillant du point de vue de la nature supérieure, de la nature humaine, la philosophie pouvait arriver à d'autres conclusions; mais elle ne trouvait pas dans les faits de quoi les justifier et la science ne pouvait se déclarer satisfaite. La situation donc était claire. En posant ses conclusions, la philosophie courait le risque de ne pouvoir convaincre tout le monde de leur exactitude.

Quelle est alors la vraie réponse? C'est que la nature a ses propres fins, et que nous les reconnaîtrons pour peu que nous prenions la peine de les chercher.

Elle ne demande pas qu'elles soient manufacturées secrètement à l'étage supérieur et portées ainsi à son crédit; le procédé risquerait de provoquer quelque erreur dans le compte. Les philosophes du premier pourraient différer sur les chiffres ou tout au moins dans leur manière de poser l'équation. Ils ont besoin de trouver à chaque tournant, pour les tenir dans la voie droite, un fait, un phénomène, une loi naturelle, et ils peuvent se fourvoyer misérablement s'ils n'ont pas au moins la vision rapide de l'un ou de l'autre.

Aussi longtemps que Schopenhauer verra d'une certaine façon le cours de la nature et Rousseau d'une autre, il faudra recourir à la nature elle-même pour décider entre eux. La fin connue par la nature peut différer beaucoup de celle qui fut reconnue et interprétée par la nature supérieure de l'homme;

et rien n'y peut remédier tant que la fin vue au travers du phénomène n'aura pas frayé la voie à la fin vue en elle-même, jusqu'à ce que la science accable la philosophie sous des faits constatés. Dès lors, tout devient possible. Si l'autre moitié de l'échelle est trouvée, l'agnosticisme lui-même doit rendre les armes. La science ne peut pas persister dans ses déclarations d'ignorance, à moins qu'elle n'ait épuisé toutes les possibilités du savoir. Or, dans le cas particulier, l'agnosticisme était prématuré; il eût suffi à la science de regarder à nouveau pour trouver les faits manquant à l'appel.

On a rarement vu un exemple aussi typique d'erreur biologique troublant tout un système philosophique. L'aphorisme de Bacon ne fut jamais plus vrai qu'ici : « J'ose affirmer qu'en ce qui touche la connaissance de la nature, un peu de philosophie naturelle et quelques pas sur sa route seulement disposent à l'athéisme, tandis qu'une étude plus approfondie ramène l'esprit de l'homme à l'idée religieuse[1]. »

Jusqu'ici l'évolutionniste n'a pas eu, dans la pratique, d'autre base que la lutte pour l'existence. En admettant même que celle-ci demeure intégrale, l'addition d'une autre base, la lutte pour la vie d'autrui, ne laisse pas de modifier considérablement la première. En effet, si à cette question : sur laquelle de ces deux bases repose le processus? on doit répondre : sur les deux, on conçoit que ce processus ne peut être interprété par l'une ou l'autre prise isolément, mais seulement par une unité supérieure les embrassant et les absorbant toutes deux. Et comme chacune est indispensable à l'antinomie, celle qui paraît à première vue inconciliable avec des fins plus hautes est pourtant nécessaire. Considérée indépendamment de l'autre, la concurrence vitale semble ne pouvoir se concilier avec des fins éthiques ; elle apparaît comme une prodigieuse anomalie dans

[1] *Meditationes sacrae*, X.

un monde moral; mais vue dans ses constantes réactions sur la lutte pour la vie d'autrui, elle se manifeste comme un instrument de perfectionnement, le plus adroit et le plus pénétrant que la raison puisse concevoir.

Néanmoins si la présence du second facteur n'enlève rien au premier, elle en modifie au moins les conséquences. On n'a jamais nié que la lutte pour l'existence fût un instrument efficace de progrès : la seule difficulté c'est de justifier la nature de l'instrument. Si donc on peut montrer que celui-ci n'est que la moitié de l'outil complet, la téléologie y trouvera son compte.

Si une vue plus complète des choses n'ôte rien au processus de l'évolution, elle y fait percevoir en revanche un élément qui change du tout au tout son aspect. Car ce facteur nouveau est là dès l'origine. La lutte pour la vie d'autrui, nous l'avons vu, n'est pas une interpolation faite à la fin du processus; elle est à la racine de l'ordre universel, tout comme la lutte pour l'existence. De quel droit, par conséquent, a-t-on interprété la nature du point de vue unique de la concurrence vitale? La science l'aurait observée avec moins d'inconvénient à la seule lumière de la lutte pour la vie d'autrui, car le monde n'aurait pu exister sans ce second facteur: sans lutte pour autrui, apparemment point d' « autrui » dans le monde. Puis la lutte pour l'existence n'aurait pu se soutenir sans la lutte pour la vie d'autrui, la première — comme nous le montrerons plus tard — vivant presque entièrement des produits de la seconde. Enfin, sans la lutte pour autrui, la lutte pour l'existence — en ce qui touche ses énergies — serait tombée à l'entrée de la carrière: elle serait morte d'inanition. C'est la pression incessante d'une exubérante fécondité qui crée une lutte pour l'existence dont il vaut la peine de parler. A l'heure où « les autres » se multiplient, la lutte individuelle s'exaspère jusqu'au point où elle devient une discipline. C'est cela, vu au travers des pages de Malthus sur la surpopulation, qui dévoila à Darwin l'importance de la concurrence vitale. Dès ce moment, la loi de surpopulation devint la pierre angulaire de sa théorie, et des observations biologiques récentes ont établi cette base plus solidement que jamais.

La lutte pour autrui, dans le domaine de la plante et de l'animal, par le simple travail de la multiplication des existences, est une condition finale de progrès. Sans compétition il n'y a pas de lutte, et sans lutte il n'y a pas de victoire. En d'autres termes, sans la lutte pour autrui, il ne peut y avoir de lutte pour l'existence, par conséquent d'évolution. En dernier lieu, et toutes les raisons déjà données sont puériles en regard de celle-ci, s'il n'y avait pas eu d'altruisme, ce mot étant pris dans le sens défini de désintéressement, de sympathie pour autrui, de sacrifice, le monde vivant supérieur aurait péri aussitôt créé: dans la première enfance de tout animal supérieur, les soins et la sollicitude maternels pendant des heures, des jours ou des semaines, sont une condition d'existence. L'altruisme devait entrer dans le monde, et toute espèce qui le négligeait était condamnée à s'éteindre à la première génération.

Sans doute on pourrait faire état tout aussi bien de la valeur absolue de la lutte pour l'existence. En ce qui nous concerne, loin de mettre en doute la valeur de cette lutte, nous l'estimons également essentielle à la nature elle-même et au jugement que l'on doit porter sur le processus de l'évolution. Ce que nous contestons, c'est que la lutte pour l'existence soit la clé de l'intelligence de la nature, ou qu'elle soit plus importante que la lutte pour la vie d'autrui.

C'est faire œuvre pitoyable que d'opposer la main droite à la main gauche, le cœur à la tête, et si l'on arrive à prétendre qu'il n'y a ici ni main droite ni cœur, il faudra nécessairement répondre, non seulement qu'ils existent, mais qu'ils sont, au sens absolu, aussi importants, et relativement à l'homme moral, d'une importance infiniment plus grande que tout ce qui accomplit une fonction dans l'animal ou dans l'organisme social.

Si tout ce que nous disons de la lutte pour la vie d'autrui est vrai, pourquoi la science n'a-t-elle pas reconnu une prétention d'un caractère aussi impérieux? Qu'un phénomène pareil ait si peu attiré l'attention, cela ne doit-il pas éveiller nos soupçons? Est-il réel ? La base biologique en est-elle sûre? N'avons-nous pas du moins exagéré sa valeur ? Le biologiste en jugera. Bien que la fonction de reproduction soit, sans conteste, liée intimement, en physiologie, avec celle de nutrition, les faits rapportés ici sont des faits naturels, et les pages qui suivent jetteront assez de lumière sur ce second facteur pour permettre au lecteur peu versé lui-même en biologie d'en tirer des conclusions personnelles.

Quelque difficile qu'il soit de croire à l'ignorance d'un fait élémentaire chez ceux qui élaborèrent la doctrine évolutionniste, il y a pourtant des circonstances qui rendent cette omission plus compréhensible. En premier lieu, naturellement, il faut compter avec l'influence souveraine de Darwin. Bien que ce savant ait prévenu ses disciples contre elle, cette influence n'en a pas moins préparé l'issue du conflit. Ensuite il faut considérer l'effet rétrécissant de la spécialisation, que l'on a même accusée de rendre aveugles ceux qui s'y adonnent. Si le spécialisme est nécessaire aux progrès de la science, la première période de son règne est désastreuse pour la philosophie. Les hommes qui travaillent sur les faits, observant au dehors et dans les laboratoires, ne se livrent point à la spéculation. Contents d'additionner la somme des connaissances acquises dans quelque coin écarté et négligé jusqu'ici, ils sont trop absorbés pour prendre note des résultats obtenus par les chercheurs sur d'autres points. De là vient que, s'il y a beaucoup d'hommes de science, il y a peu de penseurs savants.

On se plaint souvent que la science spécule trop. Or c'est le contraire qui est vrai. Il suffit de lire un livre scientifique de valeur moyenne pour être étonné du trésor de connaissances qu'il révèle, de l'intérêt des observations et du vide des idées. D'autre part, si les experts en science ne pensent pas eux-mêmes, il y a une multitude d'amateurs qui ne demandent qu'à le faire à leur place, et l'on ne sait ce qu'il faut le plus admirer chez ceux-ci de l'ignorance des faits ou de l'audace des idées.

Dès qu'une grande demi-vérité est exhumée, ces praticiens incompétents se hâtent de généraliser, pendant que les observateurs à la recherche de l'autre moitié de la vérité sont trop occupés, ou trop indifférents à ce qui se passe, pour réfuter leurs hérésies. C'est pourquoi les brillantes généralisations gardent leur empire sur l'âme populaire longtemps après que leur base a été minée, et le mal est accompli avant qu'on ait publié les faits complémentaires, ceux qui qualifient ou neutralisent les premiers.

Mais si cela est vrai de beaucoup de ceux qui jouent avec l'instrument à deux tranchants qu'est la science, ce n'est plus exact d'une troisième classe d'écrivains. Quand nous lisons les pages des quelques-uns dont la science est sûre et dont le regard scrute en tous sens le vaste horizon, nous trouvons, comme nous pouvions l'attendre, une certaine reconnaissance du facteur altruiste. Herbert Spencer, à qui nous songeons évidemment, ne l'a pas méconnu, bien qu'il en fasse un usage différent. Non seulement il admet la fonction altruiste, mais il lui donne une place éminente dans son système. Il est également au clair sur sa portée morale : « Quelle est, dit-il, la valeur morale des principes altruistes? Premièrement la vie animale a été maintenue par eux dans toutes les classes, sauf dans les plus rudimentaires. A l'exception des protozoaires, chez lesquels leur action se discerne à peine, nous voyons que sans sacrifices en faveur des rejetons et sans services rendus aux adultes la vie n'aurait pu se soutenir. En second lieu, grâce à eux, la vie a graduellement évolué vers des formes plus hautes. Par les soins mieux entendus donnés aux rejetons dans une organisation plus avancée, par la survivance des plus aptes dans les compétitions entre adultes, devenue habituelle avec l'organisation meilleure, la supériorité fut constamment favorisée et les progrès ultérieurs furent préparés [1]. »

Fiske, Littré, Romanes, Le Conte et Büchner, Miss Buckley et le prince Kropotkine se sont exprimés d'une manière à peu près analogue, et Geddes et Thomson reconnaissent explicitement « la coexistence de deux courants jumeaux d'égoïsme et d'altruisme, qui souvent mêlent leurs eaux sans perdre leurs caractères distinctifs, et qui peuvent être ramenés à une origine commune dans les formes rudimentaires de la vie primitive [2] ».

Les deux derniers ont saisi la portée de ce fait plus fortement que les autres écrivains modernes — sans doute parce que leurs études les ont familiarisés avec la biologie pure et la bionomie — et, très audacieusement, ils édifient leur système sur le fondement de la physiologie du protoplasme. « Les activités égoïstes et altruistes des êtres supérieurs ont leur point de départ dans les besoins de nutrition et de reproduction des organismes les plus humbles. Bien qu'il y ait peut-être une vague conscience inhérente à la vie elle-même, nous ne pouvons parler avec assurance d'égoïsme et d'altruisme psychique qu'après l'établissement définitif d'un centre nerveux. A ce moment, les activités des organismes les plus rudi-

[1] *Principles of Ethics*, vol. II, p. 5.
[2] *The Evolution of Sex*, p. 279.

mentaires peuvent être souvent attribuées à l'une ou à l'autre des catégories... A peine discernables à l'origine, la faim et l'amour primitifs deviennent les points de départ des lignes divergentes d'émotions et d'activités égoïstes et altruistes [1]. »

Il est certain que le processus d'évolution fit son apparition sur le terrain de l'éthique rudimentaire beaucoup plus tôt qu'on ne le croit d'ordinaire, et nous espérons en esquisser la preuve. Mais même si la thèse ne se soutenait pas, il resterait à combattre l'idée assez générale que la lutte pour l'existence est tout, celle pour la vie d'autrui de nulle valeur. Reconnaissant non seulement que la seconde est la plus importante, mais aussi ce fait très significatif — et qui n'a pas encore été mentionné — qu'*elle croît à mesure que progresse l'évolution, tandis que la première diminue d'intensité*, ne serait-il pas plus sage d'étudier le drame plus près de son dénouement, avant de décider s'il était moral, amoral ou immoral ?

De peur que la mention d'une *diminution* de la lutte pour l'existence soit mal comprise, disons tout de suite que le mot doit être pris naturellement au sens qualitatif. La lutte en elle-même ne cessera jamais. Ce qui diminue, c'est ce que nous appelons son caractère immoral. Car rien n'est plus évident que les tempéraments graduels apportés à la lutte pour l'existence à mesure que nous gravissons les échelons de la vie. Sa lente amélioration est l'œuvre du temps, elle peut rester encore l'œuvre du temps ; mais son caractère brutal ne gâte plus la vie sociale de l'homme, et s'il y laisse quelque chose de son empreinte, il en doit pourtant disparaître complètement. Dans le nouvel ordre social que la force accumulatrice de l'esprit altruiste crée maintenant autour de nous, dans ce règne de l'amour qui doit être réalisé, si le cours de l'évolution tient ses promesses, les éléments vils trouveront le dissolvant

[1] *The Evolution of Sex*, p. 279.

préparé pour eux dès l'origine, en prévision d'une loi supérieure réglant la vie terrestre. Pour interpréter scientifiquement le cours de l'évolution, en partant des débuts dans le premier protoplasme, ou du point de jonction de ses deux grandes forces dans l'organisme social d'aujourd'hui, il devient de plus en plus évident que la vraie nature du processus ne peut être jugée qu'en tenant compte du produit commun des deux. Et en voyant un soleil se coucher et l'autre se lever dans une splendeur plus admirable à mesure que les siècles se déroulent, il est impossible de ne pas prononcer un verdict sur ce qui peut être considéré comme la réalité ultime de ce monde. La ligne du progrès et celle de l'altruisme se confondent. L'évolution n'est pas autre chose que l'involution de l'amour, la révélation de l'esprit infini, la vie éternelle retournant à elle-même. La grande ombre provoquée par l'égoïsme, et qui enténèbre le passé, ne se révèle à nous comme ombre qu'en raison de la lumière plus grande qui nous inonde de clarté. Au moment même où nous la qualifions d'ombre, nous affirmons et nous justifions la lumière, et dans toute vision de lumière, en revanche, nous déterminons l'ombre et nous percevons la fin pour laquelle ombre et lumière nous sont données.

Pour emprunter les paroles de Pope dans *The Ring and the Book* :

« Je puis croire que ce redoutable mécanisme de péché et de souffrances fut destiné à développer, au prix de douleurs infinies, les qualités morales de l'homme, à lui apprendre à aimer et à se rendre digne d'être aimé, à le faire à la fois créateur et victime volontaire, à l'élever ainsi à l'image de Dieu. »

III. POURQUOI L'ÉVOLUTION FUT-ELLE LA MÉTHODE CHOISIE ?

Rarement posée, cette question n'est pourtant pas de simple curiosité : pourquoi le processus devait-il être celui d'une évolution ? Si l'évolution est une simple méthode de création, pourquoi cette méthode très extraordinaire fut-elle choisie ? Une création instantanée aurait eu le même résultat ; elle nous aurait donné le monde tel qu'il est, aussi bien qu'un processus de développement tout au travers des âges.

La réponse de la théologie naturelle moderne, c'est que la méthode d'évolution est d'un dessein infiniment plus noble. Un acte magique trahit le thaumaturge qui, par une simple manifestation de puissance, en appelle à la partie la moins élevée de la nature, alors qu'un processus de développement suggère à la raison le labeur d'une intelligence. Il n'est pas douteux que le gain intellectuel soit réel. Tandis que « l'hypothèse catastrophique » place l'univers au départ en pleine confusion, une ascension graduelle rétablit l'harmonie entre l'aube de la nature et sa fin. Tout le monde sait combien la grandeur souveraine de la nouvelle conception a excité l'imagination et l'enthousiasme des esprits scientifiques les plus sobres, de Darwin au plus humble de ses disciples. Comme le rappellent les paroles mémorables qui ferment l'*Origine des espèces :* « Il y a une grandeur extrême dans cette vue de la vie universelle, avec ses pouvoirs latents, mis originairement par le Créateur dans quelques formes simples ou dans une seule ; et pendant que la planète accomplissait ses révolutions suivant la loi immuable de gravitation, des formes sans nombre, de plus en plus merveilleuses, évoluaient, et évoluent encore, bien loin de leur humble commencement [1]. »

Mais cette réponse nous satisfait-elle pleinement? Comme il y eut, clairement manifesté, un but moral dans la fin que l'évolution devait parachever, ne sommes-nous pas en droit d'attendre quelque intention semblable dans les moyens? Ne pouvons-nous percevoir un haut dessein dans le choix de ce plan particulier, un résultat moral digne d'attention et justifiant la conception aussi bien que la mise en œuvre de l'évolution?

Peut-être allons-nous trop loin en demandant une réponse à des questions aussi transcendantes. Mais l'une d'elles au moins se présente d'elle-même, et son importance pratique est une excuse suffisante pour oser la produire. Quand le plan fut dressé, il doit avoir été prévu que le temps viendrait où une part dans la direction du cours de l'évolution tomberait aux mains de l'homme. Pendant des générations simple spectateur du drame, trop ignorant pour voir que c'était un drame, trop faible pour faire autre chose qu'y jouer son rôle infime, l'homme devait découvrir tôt ou tard que la nature songeait à faire de lui un collaborateur, et qu'il partagerait les responsabilités à l'acte final. Il ne lui a pas été donné jusqu'ici de plier à ses désirs les douces influences des Pléiades, ni de délier le baudrier d'Orion. Il ne peut que partiellement soumettre les vents et les flots et exercer un contrôle sur la pluie qui tombe; mais il domine dans une plus large mesure le monde de la vie élémentaire, extermine s'il le veut, crée et détruit. Il change et il fait évoluer; sa sélection prend la place de la sélection naturelle; il remplit la terre, à son vouloir, de plantes et d'animaux. Cependant la souveraineté lui a été transmise dans une sphère beaucoup plus élevée et dans un sens infiniment plus

[1] *Origin of species*, p. 429.

profond : en vertu du même décret il devient l'arbitre de sa propre destinée et de celle de ses frères. Le modelé de sa vie et de la vie de ses descendants dépend en quelque mesure de sa main. Il trace la route du progrès pour son pays et pour son temps au moyen d'institutions de sa création : parlements, églises, sociétés, écoles. Par ses remèdes, il lutte contre les maux de ce monde, enraye ses passions, redresse ses torts, en dirige les énergies pour le bien ou le mal. Il ouvre ou ferme les portes du bonheur à des milliers sans nombre et pave le chemin de la misère ou du bien-être social.

En nul autre temps on ne sut si bien, et on ne sentit avec la même certitude émouvante, que l'homme, en deçà de certaines limites qu'on ne franchit pas, doit être son propre modeleur et celui du monde. Pour la première fois dans l'histoire, des multitudes d'esprits, les plus sages et les plus nobles de tous les pays — et non plus quelques rares individualités — se posent le problème de l'évolution de l'humanité et en examinent tous les termes ; d'autres multitudes, des philanthropes, des hommes d'État, des missionnaires, des hommes et des femmes humbles et patients, se vouent journellement à sa solution pratique, et partout quelques-uns donnent leur propre vie pour leurs frères dans un divin élan d'altruisme.

Qui doit venir en aide à ces « évolutionnistes pratiques » dans l'accomplissement de leur tâche ardue ? — car ceux qui lisent dans le livre de la nature ne peuvent les appeler d'un autre nom, et ceux qui connaissent son esprit ne peuvent leur en appliquer de plus élevé. Le vouloir est là ; où est l'intelligence du plan ?

Où, sinon dans la nature elle-même ? La nature peut bien avoir confié à l'homme le travail ultérieur, mais elle ne s'est jamais dessaisie du plan. Les lignes futures doivent être apprises de son passé, et ses collaborateurs peuvent faire leur part très aisément, très loyalement, d'une façon parfaite, en étudiant de près l'architecture antérieure du monde et en poursuivant symétriquement jusqu'au faîte la construction de l'édifice inachevé. Les renseignements nécessaires au complément de l'œuvre architecturale sont fournis par la nature. Nous pouvions nous attendre à les y trouver. Quand un commerce est transféré ou qu'un associé prend sa place dans la maison, les livres sont ouverts, les méthodes expliquées, le développement futur est esquissé. Or tout ceci se fait maintenant pour l'évolution de l'humanité.

La création a montré sa main dans l'évolution. L'évolution future eût été compromise si son secret était resté caché à l'homme ; le révéler plus tôt aurait été prématuré. L'amour doit précéder la connaissance, car la connaissance est l'instrument de l'amour et demeure sans emploi jusqu'à l'apparition de celui-ci. Mais puisqu'il se trouve aujourd'hui dans le monde assez d'altruisme pour inaugurer l'ère nouvelle, il doit y avoir assez de sagesse pour la diriger. Faire épeler par la nature sa propre destinée, mettre la clé du développement dans le développement même, en sorte qu'elle soit saisie au cours du travail, c'était rendre le transfert de la responsabilité possible et rationnel.

Au XVIIe siècle déjà, Descartes qui eut, ainsi que Leibnitz, l'intuition d'une ébauche d'évolution, exprima presque cette vérité. A propos de création, parlant de la valeur intellectuelle d'un lent développement des choses, il observe que : « leur nature est bien plus aisée à concevoir, lorsqu'on les voit naître peu à peu en cette sorte, que lorsqu'on ne les considère que toutes faites [1] ».

Le passé de la nature nous révèle comment les mondes peuvent être faits. Les probabilités sont pour qu'il n'y ait pas de meilleur moyen de les faire. Si l'homme fait aussi bien, ce sera suffisant. En tout cas, il ne peut commencer que là où la

[1] *Discours de la méthode*, V^e partie.

nature laisse l'œuvre, et il ne peut travailler qu'avec les outils qu'elle mit dans ses mains.

S'il était entendu que le nouvel associé doit simplement s'essayer à construire un monde, aucun legs de lois utiles ne lui eût jamais été fait. Et s'il avait été destiné à commencer sur un plan absolument nouveau, il est invraisemblable qu'on lui eût accordé des suggestions pour sa belle et émouvante entreprise, ou qu'il fût jamais embarrassé ou jeté hors de la bonne voie par le vieux plan. Non, comme on montre à l'enfant, chargé de finir une belle broderie, les points, les couleurs, l'esquisse tracée sur le canevas, ainsi la maternelle nature mettant à l'œuvre ses Benjamins a placé devant leurs yeux un superbe échantillon qui leur servira de modèle.

IV. ÉVOLUTION ET SOCIOLOGIE

Dès qu'on trouve dans la nature la clé du progrès futur de l'humanité, l'étude de l'évolution prend un rang très élevé dans les intérêts de l'homme. Nous y découvrons le programme du monde à l'aube du temps, l'instrument, la charte, plus encore, la prophétie du progrès. L'évolution est le directeur naturel du sociologue, son guide au travers des forces en action dans le passé vers celles qu'on peut s'attendre à voir à l'œuvre dans l'avenir et qui sont soumises à certaines influences capables de les modifier. Il peut du reste se fier à la nature pour lui faire connaître pleinement ces forces. Il y a ici, pour l'individu, un commandement nouveau et impressif à l'action publique, un appel de la nature elle-même auquel il lui sera profitable de répondre, car le faisant il peut non seulement sauver le monde, mais trouver sa propre âme. « L'étude du développement historique de l'homme, dit le prof. Edw. Caird, notamment en ce qui touche sa vie supérieure, n'est pas seulement matière à curiosité ou d'ordre simplement spéculatif : elle est intimement liée au développement de cette vie en nous-mêmes, car c'est dans le miroir du monde que nous apprenons d'abord à nous connaître ; en d'autres termes, notre connaissance de notre propre nature et de ses forces latentes croît et s'approfondit avec l'intelligence de ce qui nous entoure et surtout avec celle de l'histoire générale de l'homme. On a souvent remarqué qu'il y a une certaine analogie entre la vie de l'individu et celle de la race, et même que la vie de l'individu est une sorte de résumé de l'histoire de l'humanité. Mais, comme Platon l'a déjà découvert, c'est en lisant les grandes lettres qu'on apprend l'interprétation des petites... c'est en prenant plus complètement conscience du monde que l'esprit humain pourra résoudre son propre problème. C'est vrai, particulièrement dans le domaine de l'anthropologie : la vie intérieure de l'individu est riche en proportion de l'étendue de ses relations avec les autres hommes et les autres choses, et la connaissance de ce qu'il est en lui-même, comme être spirituel, dépend de la compréhension qu'il a de la place qu'occupe sa vie individuelle dans le grand processus séculaire du développement de la vie intellectuelle et morale de l'humanité. D'où il résulte que les intérêts humains les plus élevés, aussi bien les pratiques que les spéculatifs, sont intimement liés au développement moderne de la science, qui a donné un sens tout nouveau à l'histoire de la race[1]. »

Si, comme le dit Herbert Spencer, « c'est un de ces secrets de Polichinelle d'autant plus profonds qu'ils sont plus connus, que tous les phénomènes observés dans les nations sont des phénomènes de vie, soumis aux lois de la vie », nous ne pouvons étudier ces lois trop tôt et trop sérieusement.

[1] *The Evolution of Religion*, vol. I, p. 26, 29.

Pour avoir négligé de pénétrer jusqu'au cœur des premiers principes de l'évolution, l'antique commandement de « suivre la nature » est devenu une hérésie véritable. Grâce à l'interprétation darwinienne, la nature ne fut jamais plus discréditée qu'à cette heure comme professeur de morale, et amis et ennemis s'entendent pour nous mettre en garde contre elle. Cependant une étude plus attentive de la nature nous amènera, non pas à congédier le professeur, mais à offrir à ses disciples révoltés un nouveau semestre universitaire. La nature, vue à la lumière d'une biologie sérieuse, ou même dans le sens où les stoïciens employaient leur phrase favorite, peut devenir une fois encore le mot d'ordre du progrès individuel et social. En admettant la définition que donne Huxley de la pensée des stoïciens, à savoir que « la nature manifeste l'idéal du souverain bien et demande la soumission absolue de la volonté à ses exigences,... ordonnant aux hommes de s'aimer les uns les autres, de rendre le bien pour le mal, de se regarder tous comme les citoyens d'un grand état[1] », le mot « vivre selon la nature », bien loin de n'avoir aucune application dans le monde moderne ni de sanction dans sa pensée, est le premier commandement de la religion naturelle.

Les sociologues se sont plaints amèrement, dans les dernières années, de ne recevoir de la science qu'un secours bien minime. Les suggestions de Bagehot, la philosophie synthétique de Herbert Spencer et les propositions d'une multitude de ses disciples annonçant la rédemption du monde du moment qu'ils découvraient « l'organisme social », excitèrent de grandes espérances. Mais, pour diverses raisons, elles ne furent pas réalisées. L'œuvre principale de Spencer a été de donner à notre siècle sa première grande carte du champ à explorer. Il a placé toutes les pièces de l'échiquier, décrites une par une,

[1] *Evolution and Ethics*, p. 27.

expliqué et défini le jeu. Mais il n'a pas désigné d'une façon assez précise le roi et la reine, en sorte que plusieurs ont pris les pions pour le roi, tandis que d'autres faisaient du roi un simple pion. Tous les *ismes* ont trouvé quelque point d'appui dans ses pages, et certains hommes y ont même puisé le courage nécessaire pour l'exécution de projets aussi hostiles à l'ensemble de sa philosophie qu'à l'ordre social. Des théories du progrès ont été proclamées sans la connaissance de ses lois, et on a fait violence au cours normal des choses par des expériences qui eussent causé des désastres irréparables si le conservatisme infini de la nature n'avait neutralisé leurs effets. Cette impuissance de la sociologie à résoudre les problèmes pratiques de notre temps a passé en proverbe. Leslie Stephen déclare que la science actuelle est un « amas informe d'observations empiriques très vagues, trop incohérent pour être utile », et Huxley, exaspéré de l'état en lequel il laisse l'humanité, affirme que, « s'il n'y a pas d'espoir d'un progrès sensible et prochain, il saluera avec joie la venue de quelque bienfaisante comète balayant tout ».

Le premier pas dans la voie d'une reconstruction de la sociologie sera d'échapper à l'ombre du darwinisme, ou plutôt de compléter la formule darwinienne de la lutte pour l'existence par un second facteur qui changera ses ténèbres en lumière. Une nouvelle morphologie ne sortira que d'une nouvelle physiologie et *vice-versa*, et, pour toutes deux, il faut revenir à la nature. Une induction incomplète a entraîné la sociologie dans un désert d'empirisme ; une induction intégrale peut seule l'instaurer derechef parmi les vraies sciences. La place vacante est là qui l'attend et tout esprit sérieux s'apprête à lui souhaiter la bienvenue, non seulement comme à une science en formation, mais comme au couronnement de toutes les sciences, la science elle-même, pour laquelle — on le verra un jour — toutes les autres existent. Pour le moment elle tend à ce que toutes les sciences doivent viser : une observation épuisant les faits et les voies de la nature.

La géologie est restée stationnaire pendant des siècles, attendant ceux qui regarderaient simplement aux faits. Les hommes spéculaient d'une façon fantastique sur la manière dont le monde pouvait s'être formé, et il ne leur venait point à l'esprit de sortir de leurs cabinets de travail pour voir sur place ses procédés. Puis vinrent les observateurs qui, renonçant aux théories, se tournèrent directement vers le monde naturel, et c'est en suivant son programme quotidien de pluies et de cours d'eau torrentueux qu'ils découvrirent son secret de tous les temps. La sociologie a eu ses Werner : elle attend ses Hutton. La méthode de la sociologie doit être celle de toutes les sciences naturelles. Elle aussi doit sortir et observer le monde à l'œuvre, non pas où les conditions de vie sont déjà anormales sans rémission, non pas où l'homme a tout obscurci, sauf les causes du mal, par son action désordonnée, mais dans la nature inférieure qui ne commet pas d'erreur et dans ces sphères plus pures, plus élevées, où la qualité et la constance du progrès sont les garants d'une marche triomphante de l'ordre éternel quelque part dans la nature.

Il ne se peut pas que le programme complet d'un monde parfait se trouve dans la part imparfaite. Il ne se peut pas davantage que la science découvre la fin dans les commencements, la moralité dans un stade amoral, qu'elle fasse sortir les sociétés humaines de la fourmilière ou la philantrophie du protoplasme. Mais dans tout commencement, nous saisissons le premier mot d'une fin, dans tout processus la voie qui permettra de franchir le pas suivant.

Le grain parfait n'est pas dans l'épi s'ébauchant, mais sa première cellule y est ; or, bien que l'avenir de l'épi aux millions de cellules « ne soit pas encore manifesté », on peut juger logiquement ce que sera la seconde cellule. La sociologie ne peut s'occuper que des quelques cellules primitives de l'organisme social et, ce faisant, elle n'étudie que les forces ; quant aux phénomènes, ils prendront certainement soin d'eux-mêmes. Les grandes forces de la nature ne changent pas en un jour, pas plus que ses grandes lignes, et si les phénomènes nous apparaissent, à mesure que nous montons, de moins en moins connexes, — ici du domaine animal, là de l'humain, plus près de l'amoral ou touchant au moral — les lignes du progrès sont les mêmes. Prise en coupe horizontale, la nature est faite de strates superposées, lesquelles présentent aux yeux de l'homme moral les distinctions les plus tranchées dans l'univers ; mais, en section verticale, la nature n'offre ni brèche, ni pause, ni solution de continuité. L'étudier dans ses stratifications, c'est aborder vingt sciences diverses, étrangères l'une à l'autre : sciences des atomes, des cellules, des âmes, des sociétés. L'étudier en sens vertical, c'est aborder une seule science, l'évolution. Sur la section horizontale on peut rencontrer ce que la géologie appelle une incompatibilité ; dans la coupe verticale, une stratification discordante ; ou, variant la scène, des changements de climat avec leurs réactions propres sur le milieu ; des dépressions, dénudations, glaciations et failles. A mesure que nous montons apparaissent des fossiles de plus en plus élevés ; mais les lois de la vie sont constantes au travers de tout : éléments éternels d'un monde toujours changeant.

La lutte pour l'existence et la lutte pour la vie d'autrui n'ont jamais varié dans leur nature essentielle. Elles trouvent de nouvelles formes d'expression dans chaque sphère au fur et à mesure de leur ascension, elles se colorent à nos yeux de teintes différentes : ici les rivalités ou les affections de la brute, là les conflits industriels et moraux de la concurrence ; mais les facteurs restent les mêmes, et la vie s'étend autour d'eux en spirales grandissantes.

Retenez cette distinction entre la vue horizontale et la vue verticale de la nature, entre les phénomènes et la loi, entre toutes les sciences et la science unique qui les résume, et les confusions, les contradictions de l'évolution sont conciliées. L'homme qui s'occupe de la nature en statisticien, qui catalogue les phénomènes de la vie et de l'esprit, qui colle sur chacun son étiquette de musée et les range tous dans des cases distinctes, peut bien vous défier de relier entre eux ces numéros, complets par eux-mêmes et si divers. Pour lui, l'évolution est aussi inintelligible qu'impossible. Mais aucun des spécimens qu'il étiquette n'est un tout complet et le monde qu'il dissèque n'est pas un musée, bien plutôt quelque chose de vivant, qui se meut et s'élève. Le sociologue s'occupe de la coupe verticale, et travaillant avec ce quelque chose de vivant, de mouvant et d'ascendant, il doit le traiter du point de vue dynamique.

Ce qui lui importe, c'est l'étude de l'évolution par son côté actif. Il trouvera que presque tous les phénomènes de la vie sociale et nationale dépendent de ces deux principes : la lutte pour l'existence et la lutte pour la vie d'autrui. Alors il se recueillera pour comprendre le rôle que toutes deux jouent dans la nature, pour voir ce qui se groupe autour d'elles à mesure qu'elles montent, comment chacune agit pour son compte, comment elles travaillent en s'associant, le but qu'elles semblent viser. Plus que jamais la méthode de la sociologie doit être biologique. Plus que jamais « le temps est venu d'une intelligence plus claire et d'une méthode plus radicale pour les sciences sociales, de se fortifier en plongeant profondément leurs racines dans le sol où elles naissent; pour le biologiste, de franchir les anciennes frontières et d'introduire hardiment les méthodes de sa science dans la société humaine, où il n'a affaire qu'à des phénomènes de vie, où il rencontre enfin la vie sous son aspect le plus élevé et le plus complexe[1] ».

[1] Benjamin Kidd, *Social Evolution*, p. 28.

Ah ! si le brillant écrivain dont nous citons les paroles et dont l'œuvre étonnante paraît à l'heure où ces pages vont être mises sous presse [1] avait « plongé ses racines assez profondément dans le sol biologique » pour découvrir le fondement vrai de cette future science des sociétés dont il reconnaît l'impérieuse nécessité ! Nul penseur moderne n'a vu aussi clairement que Kidd les termes du problème ; mais la solution qu'il en donne, vraie en elle-même, est viciée aux yeux de la science et de la philosophie par sa base défectueuse.

Il proclame la valeur durable de la concurrence vitale avec une emphase que Darwin lui-même n'a point dépassée. Il voit sa grande signification même dans les rangs les plus élevés de la sphère sociale. Elle est là, ordonnant impérieusement à l'individu de s'affirmer, l'incitant à une rivalité que la nature a justifiée, l'encourageant par les sanctions les plus hautes à rechercher son avantage propre. Mais il ne voit pas autre chose dans la nature, et il se heurte, c'était inévitable, à la difficulté inhérente à ce point de vue. En effet, obéir à cette voix, cela signifie la ruine pour la société, le mal et l'anarchie aux dépens de l'homme supérieur. Il écoute donc s'il n'entend pas une autre voix ; mais aucune réponse n'est accordée à son appel. En sa qualité d'être social, il ne peut pas, en dépit de la nature, agir suivant sa première impulsion. Il doit se subordonner aux intérêts plus vastes, présents et futurs, de ceux qui l'entourent. Mais pourquoi le doit-il — c'est la question qu'il se pose — puisque la nature dit : « Pense à toi même » ? Jusqu'à ce que la nature ajoute ce second précepte : « que chacun au lieu de considérer son intérêt particulier ait aussi égard à celui d'autrui », il n'y aura pas de sanction rationnelle à la moralité. Et il ne trouve pas de précepte semblable. Il n'y en a point dans la nature ; il n'y en a point dans la rai-

[1] Écrit en 1893 (*Note du trad.*).

son. La nature ne peut lui montrer qu'une ardente rivalité comme unique condition du progrès continu, et la raison ne peut qu'approuver le verdict. Aussi rompt-il tout à coup avec la nature et la raison pour chercher « une sanction ultra-rationnelle » au cours futur du progrès social.

Voici la situation d'après ses propres paroles : « L'enseignement de la raison à l'individu doit être toujours que le temps présent et ses intérêts propres sont d'importance capitale pour lui. Cependant les forces en jeu pour notre développement ne sont pas avant tout concentrées sur les intérêts individuels, mais sur ceux, bien différents, d'un organisme social, soumis à de tout autres conditions et doué d'une vie infiniment plus longue...

« ... Le fait central qui nous est manifesté aujourd'hui dans nos sociétés en développement, c'est donc que les intérêts de l'organisme social et ceux des individus qui le composent nécessairement sont en antagonisme. Ils ne peuvent être réconciliés ; ils sont irréconciliables, foncièrement et essentiellement irréconciliables [1]. »

Observez ce dilemme extraordinaire. Non seulement la raison ne peut apporter aucune aide au progrès futur de la société, mais la société ne peut poursuivre sa marche qu'en vertu d'un principe qui l'outrage. Comme l'homme ne peut parvenir à son développement suprême que dans la société, ses intérêts individuels doivent se subordonner de plus en plus au bien-être d'un ensemble plus vaste. « Comment la possession de la raison peut-elle s'associer avec la volonté de se soumettre à des conditions d'existence si onéreuses, exigeant la subordination effective et constante du bien-être de l'individu aux progrès d'un développement qui ne peut exciter en lui aucun intérêt personnel [2] ? »

[1] *Op. cit.*, p. 78.
[2] *Op. cit.*, p. 64.

La réponse audacieuse de Kidd est qu'il y a incompatibilité, et qu'il n'y a pas de sanction rationnelle au progrès. En fait, le progrès ne peut s'accomplir qu'en enrôlant contre l'homme sa raison elle-même. « Tous les systèmes de philosophie morale qui ont cherché dans la nature des choses une sanction rationnelle pour la conduite de l'homme en société, sont condamnés à tourner sans cesse dans un cercle vicieux. Ils s'attellent à une tâche d'une impossible réalisation. La première grande leçon sociale de ces doctrines évolutionnistes qui ont transformé la science du XIXe siècle, c'est qu'il ne saurait y avoir de sanction de cet ordre [1].

« ... Le caractère extraordinaire du problème offert par la société humaine se dévoile ainsi peu à peu. Nous trouvons l'homme en continuel progrès, progrès qu'il est presque hors de notre pouvoir de saisir par l'imagination. Du rang de compétiteur de la brute, il a atteint un point de développement où il ne peut plus poser de limites aux possibilités d'un progrès futur, et d'où il est évidemment en marche ascensionnelle vers de hautes destinées. Il avance en étant soumis aux conditions les plus dures, y compris la rivalité et les compétitions pour tous, les privations et les souffrances des multitudes. Sa raison a été et continue nécessairement d'être un facteur dirigeant dans ce développement. Néanmoins, en admettant la possibilité d'un changement des conditions de son progrès — ce que nous sommes apparemment obligés de faire — ces conditions ne trouvent nulle sanction dans sa raison. Cette sanction ne s'y est trouvée à aucun moment de son histoire, et les conditions en cause continuent d'être sans nulle sanction dans les civilisations les plus avancées du temps présent, comme elles le restèrent durant les périodes écoulées [2]. »

Ces conclusions n'auront pas été rapportées en vain si elles

[1] *Op. cit.*, p. 79.
[2] *Op. cit.*, p. 77 et 78.

montrent à quelle position intenable se condamne un écrivain — dont la contribution scientifique est, d'autre part, d'une valeur considérable et permanente — pour avoir mal lu la nature. Est-il concevable, *a priori*, que la raison humaine soit déroutée par un hiatus dans la loi de continuité au point précis où son action soutenue est d'intérêt vital? La plainte qui se fait entendre comme un chant funèbre tout au travers du livre que nous examinons, vient uniquement d'une méconnaissance des lois fondamentales qui gouvernent le processus de l'évolution. Les facteurs affirmés par Darwin et Weismann sont présumés contenir l'interprétation ultime du cours des choses. Les conditions de l'existence sont supposées établies par ces autorités pour toute la durée des âges. Avec la lutte pour l'existence, seule maîtresse du terrain, personne n'a besoin de renouveler — nous en sommes avertis — les expériences stériles du passé, celles de Socrate, de Platon, de Kant, de Hegel, de Comte et de Herbert Spencer, pour trouver dans la nature une sanction à la moralité.

« Toutes les méthodes et tous les systèmes qui ont essayé de trouver dans la nature des choses une sanction, rationnelle et universelle, à la conduite de l'individu dans une société en progrès, ont finalement échoué. Tous sont également contraires à l'esprit scientifique, en ce qu'ils essaient de faire ce que les conditions fondamentales de l'existence rendent impossible. »

Et Kidd met le comble au dévouement à la doctrine de son maître en menant deuil sur la « perte incalculable causée à la science et à la philosophie anglaises » par le fait que l'œuvre de Herbert Spencer « était pratiquement achevée avant qu'il pût réaliser, dans les hautes régions de la pensée — dans le domaine de la sociologie notamment — le plein effet transformiste de ce développement de la science biologique inauguré par le transformisme de Darwin, dont les progrès ne sont point arrêtés, et qui s'est enrichi récemment par les contributions très notables du professeur Weismann [1] ».

Que ce soit l'ignorance ou la science de Spencer qui l'ait fait échapper à cette influence, cause et résultat n'en furent pas moins heureux. Si Kidd, de son côté, avait réalisé « le plein effet transformiste » du paragraphe suivant, une bonne partie de son livre serait restée dans l'encrier : « La conclusion la plus générale, c'est qu'au point de vue de l'obligation, la préservation de l'espèce l'emporte sur celle de l'individu. Il est vrai que l'espèce n'a pas d'existence propre en dehors de l'agrégat des individus ; il est vrai encore que, conséquemment, le bien-être de l'espèce est une fin qui ne doit être favorisée qu'en tant qu'elle est utile au bien-être des individus. Mais, puisque la disparition de l'espèce, impliquant la disparition de tous les individus, suppose la faillite absolue dans la recherche de la fin, au lieu que la disparition des individus, même sur une très grande échelle, peut en laisser un nombre suffisant pour rendre possible, par la continuation de l'espèce, l'accomplissement subséquent de la fin, — la préservation de l'individu doit être subordonnée, dans les limites qui varieront suivant les circonstances, à la préservation de l'espèce, partout où les deux entrent en conflit [2] ».

Ce que Kidd a réussi à faire, et splendidement, c'est à montrer que la nature, *interprétée dans les termes de la lutte pour l'existence,* ne contient nulle sanction de la moralité ni du progrès social. Mais au lieu de fausser ici compagnie à la nature et à la raison, il aurait mieux fait de lâcher Darwin.

La lutte pour l'existence *n'est pas* « le fait suprême, à la rencontre duquel la biologie s'est avancée lentement ». C'est le fait dont *Darwin* s'est approché ; mais si la biologie

[1] *Op. cit.*, p. 80.
[2] *Principles of Ethics*, vol. II, p. 6.

avait été interrogée plus à fond, elle n'aurait certainement pas donné d'elle-même une idée aussi incomplète. Nous ne querellons pas Kidd sur sa conclusion finale. Éliminons les erreurs dues à une acceptation sans contrôle de l'interprétation de la nature par Darwin, et son œuvre reste la contribution la plus importante de la dernière décade[1] à l'évolution sociale.

Mais ce qui nous effraie, c'est sa méthode: édifier sur une base ultra-rationnelle la future science sociale, c'est y renoncer pratiquement. Si les penseurs n'ont pas le sentiment de la valeur durable d'une méthode, ils ne peuvent travailler avec elle; et s'il n'y a pas de garantie de stabilité pour les résultats, il ne vaut vraiment pas la peine de les chercher.

Mais tout ce que Kidd désire est réellement dans la nature. Il n'y a pas un seul élément de sa sanction supérieure qui ne se rencontre dans une doctrine de l'évolution comportant tous les faits et tous les facteurs, celle, notamment, qui tient compte de cette évolution du milieu, parallèle à l'évolution de l'organisme. Avec cet environnement qui s'élargit et s'enrichit jusqu'à enclore le divin, c'est-à-dire jusqu'à l'enclore consciemment — car il n'en fut jamais absent — et avec l'homme évoluant de telle sorte qu'il devienne de plus en plus conscient de la présence du divin — et par dessus tout de cette présence en lui-même, — tous les matériaux et toutes les sanctions pour le progrès moral sont à jamais assurés. Aucune des sanctions religieuses n'est supprimée parce qu'on y ajoute les sanctions de la nature. Même ces sanctions que nous supposons infiniment au-dessus de la nature sont rationnelles. Bien qu'une religion positiviste au sens de Comte ne soit pas une religion, une religion qui ne serait pas positiviste à quelque degré est une impossibilité. Et, quoique la religion doive toujours re-

[1] Écrit en 1893. (*Note du trad.*)

poser sur la foi, il y a une raison de croire, et une raison qui est non seulement dans la raison, mais dans la nature. Quand l'évolution s'avance sur ses grandes lignes naturelles, il se trouve qu'elle répond à tout ce que la religion exige, à tout ce que la philosophie réclame, à tout ce que prouve la science.

Des théologiens, lui donnant une approbation prématurée, ont salué la solution de Kidd comme une justification de leur propre position. Pratiquement, rien ne pouvait être plus convaincant comme justification de la puissance dynamique du facteur religieux dans l'évolution humaine. En tant qu'apologétique, elle accentue par contre une faiblesse que la théologie scientifique ne sentit jamais plus vivement qu'à cette heure. Cette faiblesse ne sera point guérie par un appel à l'ultra-rationnel. Kidd ne voit-il pas que tout être doué d'assez de raison pour discerner ce dilemme, soit dans le domaine de la pensée, soit dans celui de la conduite, en aura également assez pour rejeter toute solution « ultra-rationnelle » ?

Ce dilemme n'est pas de ceux qui se présentent à plus d'une personne sur mille et il a fallu tout l'effort de Kidd pour persuader ses lecteurs qu'il existe. Mais si un intellect exceptionnel est nécessaire pour le voir, cet intellect exceptionnel ne manquera pas de faire voir aussi que la porte de sortie qu'on suggère n'est pas la bonne. En effet, on ne peut *penser* être hors d'une difficulté de cette nature ; on n'en sort qu'en *la vivant*. Et c'est précisément ce que la nature nous a fait faire à tous, plus ou moins, et ce qu'elle nous fait faire chaque jour davantage. Certainement, à l'heure où le monde dans son ensemble sera suffisamment développé pour voir le problème, la solution en aura déjà été trouvée. Il y a donc peu de satisfaction à attendre d'une apologétique dirigée de ce côté. C'est seulement en mettant la théologie en harmonie avec la nature, en la faisant avancer de front avec nos autres connaissances, que les nobles intérêts qui lui sont confiés pourront garder leur vitalité dans un âge scientifique. Le premier élément essentiel d'une religion active, c'est de s'adapter à l'homme, le second, d'être conforme à la nature. Quelles que soient ses sanctions, ses forces ne doivent pas être anormales, mais constituer comme le prolongement et les hautes virtualités des forces à l'œuvre de toute éternité pour forger le progrès universel. Nulle autre dynamique ne peut entrer dans le plan de travail de ceux qui veulent guider les destinées des nations ou diriger l'évolution sociale d'après des principes scientifiques. Un divorce survenant ici, ce serait l'effondrement de la raison et la fin de la foi. Nous croyons avec Kidd que « le processus de développement social qui se poursuit dans notre civilisation occidentale n'est pas le produit de l'intellect, mais que sa force motrice a eu son siège et son origine *dans le trésor de sentiment altruiste* dont cette civilisation fut pourvue ». Mais nous devons nous efforcer de montrer que ce fonds de sentiment altruiste a été formé lentement dans la race par la nature, ou par l'entremise de la nature, et comme résultat direct et inévitable de cette lutte pour la vie d'autrui qui fut de tout temps une condition de l'existence.

Il n'entre pas dans le plan de cette introduction de rechercher quelle fut la contribution de la religion à la formation de ce tresor ; elle a tant fait, en tout cas, que ses adeptes peuvent être excusés, jusqu'à un certain point, d'avoir méconnu la prodigieuse base naturelle qui le rendit possible. Mais il ne suffit pas de protester que « le développement altruiste et l'enrichissement et l'adoucissement du caractère qui l'accompagnèrent sont le *produit direct et particulier* du système religieux ». Il n'y a rien à gagner en effet à opposer une moitié de la nature à l'autre, le rationnel à l'ultra-rationnel. Affirmer que l'altruisme est un produit particulier de la religion, c'est bannir la nature de l'ordre moral et la religion de l'ordre rationnel. Si la science doit commencer à tenir compte de la religion, celle-ci, de son côté, doit finalement tenir compte aussi de la science. Et bien loin de sacrifier ses caractères vitaux en s'alliant avec la nature, loin d'affaiblir sa qualité immortelle en accueillant une contribution d'une sphère inférieure, la religion s'étend au contraire sur un riche domaine qu'elle réclame en entier pour elle : vie, matière, esprit, espace et temps.

Aujourd'hui le danger n'est pas de se servir de l'évolution comme d'une méthode, mais uniquement d'en faire un usage trop partiel. Nul homme observant simplement les faits, même nul homme de science, ne pourra jamais dépouiller la religion de ce qui lui est dû. La religion a plus fait en quelques siècles pour le développement de l'altruisme que tous les millénaires des âges géologiques. Mais on ne doit pas non plus dépouiller la nature de ce qui lui revient, ni dire qu'elle a joué à l'enfant prodigue pendant de longues périodes pour s'amender à la onzième heure. Si la nature est le vêtement de Dieu, c'est « une robe sans couture » ; si elle est une révélation de Dieu, elle est la même hier, aujourd'hui et éternellement ; si elle est l'expression de sa volonté, on n'y doit trouver ni variation ni ombre de changement. Ceux qui y voient de grands abîmes — et nous avons tous commencé par là — s'aperçoivent enfin que ces abîmes sont comblés. S'ils étaient essentiels à quelque théorie de l'univers ou de l'humanité, l'établissement de l'unité de la nature serait un prix bien élevé pour leur disparition. Mais la perte apparente est réellement un gain et ce qui paraissait un gain serait une perte infinie. Morceler la nature, c'est morceler la raison et, avec elle, Dieu et l'homme.

CHAPITRE PREMIER

L'ÉVOLUTION DU CORPS

La plus ancienne demeure de l'homme primitif fut une caverne dans les rochers, la forme la plus simple et la moins évoluée de l'habitation humaine. Un jour, peut-être poussé par le besoin hors de sa caverne naturelle vers les territoires de chasse, il se construisit une hutte, une caverne artificielle. Cette simple demeure était une cabane ou tente de peau ou de branchages, d'une seule chambre, et elle répondait si parfaitement aux besoins de l'homme fruste que, jusqu'à cette heure, nul sauvage ordinaire ne s'élève au-dessus de sa conception. Mais quand d'autres huttes s'ajoutèrent à la première et qu'un village fut formé, une nouvelle idée se fit jour. Il faut un chef au village, et ce chef menant une vie plus large, une demeure spacieuse lui est nécessaire. Chaque village ajouta donc à ses cabanes une hutte à deux compartiments. De la hutte à deux compartiments, nous passons, dans certaines tribus, à celle qui en compte trois ou quatre, et finalement à la demeure aux chambres nombreuses du chef suprême ou roi.

Ce passage de la simple caverne à cette demeure aux pièces multiples est une évolution, et un développement analogue pourrait être décrit dans l'architecture domestique de toutes les sociétés civilisées. Le cottage de l'agriculteur anglais moderne et l'abri des bergers des Highlands sont la survivance de la simple hutte de l'homme primitif, à peine changée, au cours des âges, dans ce qu'elle a d'essentiel. Dans le manoir du gentilhomme et dans le château noble, nous avons les représentants, sous une forme infiniment développée, de la demeure à plusieurs compartiments du chef de jadis. Les degrés par lesquels le cottage est devenu le château sont les mêmes que ceux qui permirent de passer de la caverne dans le roc à la hutte du chef. Les deux processus portent la marque de tout vrai développement : ils se déroulent en réponse aux nécessités croissantes et leur marche est aussi simple que naturelle.

Dans cette évolution de l'habitation humaine, nous avons un type presque parfait de l'évolution de cette demeure plus auguste qui, complexe d'argile, sert d'abri à l'hôte humain mystérieux. Le corps de l'homme est une construction d'un million ou d'un million de millions de cellules. Et l'histoire de l'enfant qui va naître est tout d'abord une histoire d'additions, additions de compartiments à compartiments, d'organes à organes, de facultés à facultés. Le processus général de cette mise en œuvre est presque aussi clair, pour la science moderne, que celui de l'habitation humaine. Une classe particulière de savants a soigneusement observé ces métamorphoses étonnantes et secrètes, et leur succès a été si merveilleux, grâce au microscope et à la réflexion, qu'on peut presque dire qu'ils ont vu le corps de l'homme se tisser. La science de l'embryologie a entrepris de retracer le développement de l'homme depuis le moment où il vécut dans la hutte à chambre unique — la cellule physiologique. Quels que soient la multitude des chambres et les millions de cellules constituant la demeure où tout homme adulte poursuit le travail varié de la vie, il est certain qu'à l'heure où il commença d'être, il était le simple occupant d'une cellule unique. Remarquons ceci, ce n'est pas un aucêtre animal ou humain de l'homme actuel qui vivait dans cette cellule unique, — que cela soit ou non, le fait importe peu, — mais c'est l'individu occupant présentement la place qui y a vécu. Nous ne parlons pas maintenant de phylogénie, de l'histoire de la race, mais d'ontogénie, du problème de l'évolution de l'homme dès l'apparition de son moi primitif. Ce que nous désirons souligner, ce n'est pas le fait que la race s'élève, c'est celui-ci, que chaque individu a occupé une fois, au cours de son existence, une cellule unique ; que, partant de cet humble berceau, il a passé d'étape en étape, par différenciation, accroissement et développement, jusqu'à la stature de la forme adulte aux myriades de cellules. Il n'importe pas de savoir maintenant d'où vient ce premier berceau ; il n'importe pas à la question de l'ascension individuelle de l'homme que son ancêtre le plus reculé fût balancé par les vagues des mers primitives ou bercé sur les rameaux des forêts depuis longtemps métamorphosées en charbon. Les réponses que l'on peut faire sont de pures hypothèses. Le fait qui excite notre admiration, c'est qu'à la loupe de la science, la première trace de l'organisme d'un enfant se manifeste sous la forme d'un animal unicellulaire. Et son développement suit les lignes de l'évolution de la hutte du sauvage si exactement que quelques changements dans la terminologie suffisent pour faire de la description d'un des processus celle de l'autre. Au lieu de compartiments et de chambres, nous pouvons parler maintenant de cellules et de tissus ; au lieu du terme procédé du constructeur qui ajoute chambre à chambre, employons l'expression du physiologiste : *segmentation*. Les travaux exécutés dans les divers compartiments deviendront les fonctions exercées par les organes de l'humaine structure, et l'histoire de l'évolution, ligne par ligne, se retrouvera la même.

L'embryon de l'homme futur commence à vivre dans une simple cellule, comme le primitif dans une cabane à chambre unique. Cette cellule est ronde et de dimension presque microscopique. Complètement formée, elle ne mesure en diamètre qu'un cinquième de millimètre et n'est vue à l'œil que comme un point menu. Une pellicule extérieure, transparente comme du verre, enveloppe cette petite sphère, et, à l'intérieur, une forme globulaire brillante repose dans le protoplasme. Il n'y a point de différence apparente, quant à la forme, aux dimensions et à la composition, entre cette cellule humaine et celle de tout autre mammifère. Le chien, l'éléphant, le lion, le singe et un millier d'autres commencent leurs vies, très différenciées plus tard, dans une maison semblable à celle de l'homme.

A un stade antérieur, avant qu'elle soit enveloppée de sa pellicule, cette cellule a des affinités plus étonnantes encore. A cette période reculée, les formes initiales de tous les êtres vivants, animaux ou plantes sont semblables. C'est un des faits les plus étonnants de la science moderne que la première habitation embryonnaire de la mousse, de la fougère ou du pin, celle du requin, du crabe ou du polypier, celle du lézard, du léopard, du singe ou de l'homme soient si parfaitement identiques que ni l'esprit ni le microscope les plus puissants ne peuvent trouver entre elles la trace d'une distinction quelconque.

Mais suivons le développement de cet embryon humain unicellulaire. L'accroissement des pièces peut s'effectuer de ces deux manières en architecture : construction de chambres nouvelles ou partage des anciennes par cloisonnement. La nature met en œuvre les deux méthodes. La première, gemmation ou boutonnement, est communément celle des formes vivantes inférieures. La seconde, différenciation par partition ou segmentation, se rencontre chez les animaux supérieurs ; c'est celle qui fut adoptée pour l'homme. Quand l'ovule fécondé est au bout des préliminaires complexes de la caryokinèse, la division du contenu s'opère en deux parts égales, en sorte que la cellule originelle est occupée maintenant par deux cellules nucléées, enveloppées extérieurement par la paroi cellulaire primitive. La maison à deux compartiments est ensuite développée en une construction de quatre pièces par le même procédé de segmentation, puis de huit, de seize, et ainsi de suite [1].

En peu de temps le nombre des chambres est si considérable qu'on ne peut plus les compter, et l'activité devient si intense dans toutes les directions que la cellule individuelle ne se discerne plus. L'habitation consiste maintenant en réalité en groupes innombrables de cellules reliés entre eux, suites d'appartements qui se sont promptement arrangés en formes symétriques, définies et différentes. Si ces formes n'étaient pas

[1] Quand le globe pluricellulaire, fait des innombrables rejetons ou divisions de la paire originelle, mesure une certaine dimension, son centre se remplit d'une goutte menue de fluide aqueux. Ce fluide augmente graduellement et, refoulant les cellules, les transforme en un simple récipient qui l'enserre de chaque côté comme d'une paroi élastique. Bientôt une fossette se forme d'un côté du globe et s'accentue jusqu'à la cavité. Cette invagination de la sphère se continue si loin que les cellules du fond touchent enfin celles du côté opposé. L'ovule est devenu maintenant une poche ouverte ou une tasse, telle qu'on pourrait la faire en pressant une balle de caoutchouc d'un seul côté ; c'est ainsi que se forme la gastrule biologique. L'intérêt de ce processus pour la théorie évolutionniste se trouve dans le fait que tous les animaux supérieurs aux protozoaires passent probablement par le stade de la gastrule. Un coup d'œil à l'humble cœlentéré montrera que quelques-uns des métazoaires inférieurs ne se développent pas beaucoup au delà, et ceci constituera la plus simple illustration de ce fait que les formes embryonnaires des animaux supérieurs sont souvent représentées d'une façon permanente par les formes adultes des espèces inférieures. Il importe de remarquer ici le dédoublement de l'ovule, qui donne à celui-ci une paroi double de cellules au lieu d'une simple. Ces deux couches différentes, l'ectoderme et l'endoderme, ou la couche animale et la couche végétale, ont une part unique dans l'histoire ultérieure de l'être : tous les organes du mouvement et de la sensation procèdent de l'une, tous les organes de la nutrition et de la reproduction viennent de l'autre.

différentes aussi bien que définies, nous pourrions à peine appeler cela une évolution, et l'agrégat qui en résulte ne présenterait guère les caractères d'un organisme supérieur. Cent cottages placés à la file n'auraient jamais formé un château. Ce qui rend le château supérieur aux cent cottages, ce n'est pas le nombre des pièces, car il est possible qu'il soit moindre, ni la différence de dimensions, ce qui importe peu ; c'est bien plutôt le nombre, la nature et la variété des usages auxquels les chambres sont destinées, la perfection avec laquelle chacune s'adapte à sa fin, et la coopération harmonieuse de toutes à une œuvre commune.

C'est aussi ce qui distingue un animal supérieur de l'humble organisme qu'est le mille-pieds ou le ver. Ces créatures présentent un ensemble uniforme d'anneaux identiques comme les grains d'un chapelet. Chaque grain est la contrepartie de l'autre, et toute vie supérieure et variée devient impossible avec une telle organisation. Pour qu'un embryon en croissance passe par un vrai développement, il faut de nouvelles complications de structure, une division plus parfaite du travail, des genres plus élevés de travail, un accroissement en étendue et en efficacité des fonctions corrélatives remplies par le tout. Dans le développement de l'embryon humain, les forces de différenciation et d'intégration agissent et coopèrent constamment dès le début, en sorte que le résultat n'est pas un simple agrégat de cellules similaires, mais un organisme formé de différentes parties et pourvu de fonctions variées. Quand il est complet, nous voyons qu'une série de cellules a été mise à part pour le travail spécial du commissariat, tandis qu'une seconde s'est consacrée à l'assimilation. La ventilation de la maison, la respiration, est faite par une troisième série ; une pompe centrale a été placée et des tuyaux et conduites à diverses fins sont installés dans tout le système. Des fils télégraphiques sont tendus pour établir le contact entre les parties sans nombre ;

d'autres cellules se sont développées en piliers osseux pour soutenir l'édifice. Enfin toute cette délicate construction est recouverte d'appareils protecteurs variés, et, après des mois et des années d'élaboration et d'agencement, le produit est achevé.

Toutes ces choses compliquées, os, muscles, nerfs, cœur, cerveau, poumons, sont faites de cellules ; elles sont en elles-mêmes et dans leur développement subséquent de simples masses de cellules, modifiées de diverses façons en vue de leurs travaux particuliers dans l'économie domestique du corps. Rien de nouveau n'est entré dans l'embryon depuis sa première apparition, sauf le matériel de construction, fait de tout ce qui est à portée et que l'embryon incorpore à sa propre substance vivante, en le mettant à la place qui lui convient. La construction s'élève ainsi en dimension et en symétrie, jusqu'à ce que l'ensemble parvienne à la stature d'un homme par un miracle de développement.

Mais la beauté de ce développement n'est pas ce qui frappe le plus celui qui étudie l'évolution. Ce n'est pas le mystère du processus ni la perfection du résultat qui le remplissent d'admiration à la vue de l'œuvre accomplie. C'est bien plutôt la distance énorme parcourue par l'homme, de la cellule primitive au corps formé de l'enfant. L'observateur ordinaire n'y voit qu'un voyage monotone de quelques mois très courts. Mais l'évolutionniste perçoit, concentrés dans ces quelques mois, le travail et le progrès d'âges incalculables. Devant lui s'étendent les temps infinis qui se sont écoulés depuis que la vie apparut sur la terre ; et en observant l'organisme se hâtant vers la maturité, il est témoin d'un spectacle unique dans le champ des recherches biologiques, unique par son étrangeté et par sa majesté. Ce qu'il voit, ce n'est pas le simple modelage d'un homme. La forme humaine ne commence pas comme telle ; elle commence sous la figure d'un animal, et à son aube et pour longtemps encore il n'y a rien en elle qui rappelle l'humanité, même de loin. Le regard voit défiler une longue procession de formes inférieures de vie, succession de créatures bizarres, émergeant d'une foule de créatures plus bizarres encore et plus éloignées de l'humanité. Ce n'est qu'après des métamorphoses nombreuses, où les transitions échappent à l'observation, qu'une faible ressemblance apparaît enfin avec l'image de la créature la plus jeune et la plus vieille à la fois.

Jusqu'ici nous avons appris à chercher les vies évanouies du passé terrestre dans les formations géologiques fossilifères; mais l'embryologie est venue et elle a étonné le monde en lui déclarant que l'ancienne vie de la terre n'est pas éteinte, qu'elle s'est ranimée, qu'elle existe aujourd'hui dans les embryons d'êtres vivants, et que certains des types les plus anciens sont ressuscités et retrouvent une vie nouvelle dans le corps même de l'homme.

C'est une histoire merveilleuse et presque incroyable. Elle raconte non seulement que l'homme commença son existence terrestre sous la forme embryonnaire d'un animal terrestre, mais que l'embryon humain reproduit devant nos yeux, par ses transformations successives, une image visible, actuelle et physique, d'une part de l'histoire de la vie dans le monde. L'embryologie humaine est un résumé fortement condensé, une récapitulation, si l'on veut, de quelques-uns des principaux chapitres de l'histoire naturelle du monde. Les processus de développement qui exigèrent des milliers d'années pour aboutir, se présentent ici réduits, concentrés sur un espace de quelques semaines. Chaque degré supérieur atteint par l'embryon de l'homme dans sa course ascensionnelle représente celui de quelque animal inférieur qui, d'une façon mystérieuse, joua un rôle dans la généalogie de sa race. Il peut être disparu depuis longtemps de la scène de la nature, mais il est entré pour jamais dans la structure intime de l'homme. Ces animaux inférieurs se sont arrêtés dans leur développement, chacun à son étage successif; l'homme a continué le sien. A chaque pas en avant, son embryon se trouve semblable à celui de quelque animal un peu plus élevé dans l'échelle des êtres que celui qu'il vient de dépasser, et continuant son ascension évolutive, il demeure seul enfin.

Comme notre chronomètre contient l'antique clepsydre et les éléments les plus utiles de toutes les horloges de tous les temps; comme la machine à imprimer de Walter contient la presse à main grossière de Gutenberg et ce qu'il y eut de meilleur dans toutes les machines qui suivirent; comme la locomotive moderne contient la machine à vapeur de Watt, la locomotive de Hedley et la plupart des perfectionnements apportés par les années écoulées, ainsi l'homme contient les corps embryonnaires des formes primitives de la vie, plus humbles et plus frustes.

Cependant, pour fabriquer une machine à imprimer moderne, le mécanicien ne commence pas en montant une presse de Gutenberg; pour construire une locomotive, l'ingénieur ne fait pas d'abord une machine de Watt, pour y incorporer la locomotive de Hedley, puis celle de Stephenson et tous les types de machines perfectionnées qui nous ont amenés à celle d'aujourd'hui. Mais ce qui est étonnant, c'est que la nature, en faisant un homme, introduise en lui la structure de ces types primitifs, étalant chacun de ses grossiers modèles, avant de l'incorporer dans l'œuvre définitive.

Pour changer d'image, l'embryon humain rappelle une fantasmagorie subtile; c'est un théâtre vivant sur la scène duquel des transformations magiques s'opèrent, où des acteurs innombrables, bizarres et rudes, prennent une part active. Quelques-uns d'eux sont bien connus de la science; d'autres lui sont étrangers. A mesure que l'embryon se développe, ces acteurs animaux paraissent un à un sur les planches, cortège de personnages fantomatiques, et rejettent tout à coup le voile qui les couvrait, pour disparaître sous quelque autre forme. Et pourtant, en s'évanouissant, chacun laisse en arrière une part vitale de lui-même, quelque mémorial original et caractéristique, quelque chose qu'il avait fait ou acquis, que lui seul peut-être pouvait faire ou acquérir — un os, un muscle, un ganglion ou une dent — quelque chose qui doit être l'héritage de la race. Et c'est seulement après que tous, ou à peu près, ont fait leur part et offert leur présent, qu'une forme humaine, mystérieusement composée de tout ce qui passa, commence à paraître.

La durée du processus, l'antiquité du dernier survivant, la hauteur à laquelle il est parvenu, sont inconcevables pour les facultés de l'homme. Qu'on mesure la plus basse des assises atteintes successivement au cours de l'ascension, et l'on verra combien est étonnant le fait même de s'élever. La simple cellule, la première assise définie de l'embryon humain, est encore la forme adulte de millions innombrables d'animaux et de plantes. Comme dans la moderne Angleterre le manoir du millionnaire — la forme évoluée — est environné des cottages des laboureurs — la forme simple —, ainsi dans la nature une colossale démocratie d'ouvriers cellulaires vit à côté des animaux supérieurs. Ces simples cellules sont des êtres vivants parfaits. Ils pullulent sur la terre, dans l'air et dans l'eau ; ils se meuvent, ils mangent, ils se reproduisent. Il n'y a qu'une chose qui leur manque, le pouvoir de s'élever. Ces organismes se sont arrêtés court dans le développement de la vie ; si longue qu'ait été la période d'évolution sur la terre, la grande majorité des plantes et des animaux en est toujours à ce bas degré de l'être. Quelques-unes de ces formes sont si menues, que si leurs huttes à une chambre étaient alignées, il en faudrait six mille pour faire une rue d'un centimètre de long. Dans leurs cités aquatiques — la plupart en effet sont des lacustres — une population de huit cent mille millions s'accommoderait de l'espace d'un pouce cube.

Eh bien, comme il y eut une période de l'histoire humaine où l'Europe n'était habitée que par des troglodytes, ainsi il y eut un temps où les formes supérieures de la vie n'étaient représentées sur le globe que par ces êtres microscopiques.

Qu'on juge de la valeur de l'évolution en voyant ce qui manque quand elle fait défaut ! En une heure ou deux, l'embryon humain atteint le stade qui représente la perfection de la vie pour des myriades de générations de créatures, et, le jour ou l'heure d'après, il a déjà laissé derrière lui les résultats obtenus par des siècles d'évolution.

On ne pourra jamais décrire exactement les régions zoologiques que l'embryon traverse dans sa grande ascension, depuis le moment où il laissa la forme unicellulaire. Ses changements se succèdent avec une telle rapidité qu'il est impossible de saisir, à chaque degré atteint, la ressemblance du moment avec d'autres embryons. Parfois un trait familier rappelle une forme bien connue de la science ; mais la ressemblance s'efface et l'embryon, poursuivant sa marche, semble se mouvoir parmi les ombres des types disparus.

Il y a bien longtemps, ces formes ancestrales grossières furent, sur la terre, celles des animaux supérieurs. Il y a quelques milliers d'années seulement, elles eurent la suprématie, avancèrent l'évolution universelle de l'épaisseur d'un cheveu, puis passèrent. La poussière matérielle de leurs corps est depuis lors dans les roches paléozoïques, mais leur vie et leur travail ne sont pas oubliés, car ce qu'ils surent acquérir a été remis intact à la race qui leur succéda. Transmis ensuite à des séries sans fin de descendants, mais menuisé, enrichi, renforcé et néanmoins confusément reconnaissable, ce qui reste d'eux réapparaît à la fin dans la structure physique de l'homme. Après les premiers degrés du développement humain, les transformations deviennent si nettes que les traits caractéristiques des animaux mis à contribution sont presque reconnaissables. Ici, par exemple, on observe un stade où l'embryon a les caractères anatomiques du ver : pas de tête, pas de cou, ni d'épine dorsale, ni de taille, ni de membres. Un tronc grossier, cylindrique, sans tête, voilà tout ce qui représente l'homme futur. Un par un les invertébrés supérieurs sont dépassés et il se fait alors le changement le plus remarquable qu'on puisse observer dans l'histoire de la vie : c'est le tracé du linéament de la corde dorsale, dont la présence déterminera dorénavant la place de l'homme dans la division des vertébrés. A l'heure de cette crise, le regard explorant le champ de la nature inférieure trouvera sans trop de peine un être semblable à lui : un animal vit actuellement sur notre globe (et c'est un fait d'un intense intérêt) qui représente la transition de l'invertébré au vertébré. L'acquisition d'une colonne dorsale est une marque éminente de supériorité accordée par la nature aux êtres qu'elle créa et elle en a conservé un spécimen dans les eaux peu profondes de la Méditerranée, lequel, dégénéré ou non, ne peut ressembler qu'à un de ses premiers et grossiers essais dans cette direction. Cet animal, c'est le lancelet ou amphioxus, dont la corde dorsale est si rudimentaire qu'elle n'a pas d'os du tout, mais seulement son ombre ou son pressentiment dans un cartilage. Le « notocorde » cartilagineux de l'amphioxus est le père de toutes les colonnes vertébrales et cette structure apparaît tout d'abord, dans l'embryon humain, exactement comme elle existe encore dans le lancelet.

Mais ceci n'est qu'un exemple isolé. Dans la nature animale il y a cent autres caractères que le biologiste peut discerner à un degré ou à un autre dans le mobile caléidoscope qu'est l'embryon humain.

Cependant, même avec cette addition, l'enfant n'est encore qu'une première et grossière ébauche, un bloc d'argile presque informe. Point de tête distincte, de cerveau, ni de mâchoires ni de membres ; le cœur est imparfait, les organes viscéraux supérieurs ne sont que faiblement développés; tout est élémentaire. Mais de nouveaux organes se découvrent graduellement à la vue et les anciens se compliquent davantage. L'invisible potier pétrit et repétrit son argile par un pouvoir mystérieux qui n'a jamais été pénétré. L'être croît en étendue et en symétrie. Des ressemblances se montrent subitement à chaque pas, cette fois avec les embryons des séries des vertébrés inférieurs, d'abord des poissons, puis des amphibies, des reptiles, et, en dernier lieu, des mammifères. Les principaux caractères embryonnaires de ces grands groupes apparaissent comme dans un panorama à tableaux changeants, quelques-uns très prononcés et sur lesquels on ne peut se tromper, d'autres comme de simples esquisses d'analogies infiniment subtiles. La forme du vrai mammifère émerge en dernier lieu de la foule. Bien au-dessus de tous les autres se dressent, sur cette dernière assise, trois espèces, le singe catarrhinien à queue, le catarrhinien sans queue, et enfin l'homme, qui diffère physiquement des deux premiers, essentiellement, par l'élargissement du cerveau et le développement plus accentué du larynx.

Quelles que soient nos vues sur la doctrine de l'évolution, ou nos théories sur ses causes, ces faits sont prouvés par l'embryologie. Ils ont pris leur place dans la science, indépendamment des discussions sur la théorie de l'évolution, et comme résultat des recherches de laboratoire faites en vue d'autres fins. En outre, ce qui est vrai pour l'homme l'est aussi pour les autres animaux. Toute créature vivante s'élève sur son arbre généalogique jusqu'à ce qu'elle atteigne sa suprême condition. « Tous les animaux vivants, ou qui vécurent jamais, sont unis par les liens du sang plus ou moins étroits, et tout animal existant a une généalogie remontant non pas à dix ou à cent générations, mais au travers des périodes géologiques jusqu'à la première aube de la vie sur la terre. L'étude de l'évolution nous a révélé que chaque animal porte la marque ancestrale et qu'il est obligé de révéler sa parenté par son propre développement. Les phases qu'il traverse, de l'œuf à la forme adulte, ne sont pas des caprices arbitraires, ni le simple fait de convenances évolutives, mais elles représentent, d'une façon plus ou moins précise, d'une manière plus ou moins modifiée, les degrés généalogiques qu'il a fallu monter pour atteindre la condition présente[1]. »

Pressentie par Agassiz, suggérée par von Baer, appliquée finalement par Fritz Müller, cette loi singulière est la clé de l'embryologie moderne. Il est vrai que la récapitulation du passé n'est complète en aucun cas. Certains degrés sont constamment omis, d'autres sont exagérés, condensés, défigurés ou confondus, pendant que des caractères nouveaux ou indéchiffrables apparaissent occasionnellement.

Mais c'est un fait scientifique d'ordre général que les corps de l'homme et des animaux supérieurs se sont élevés sur les tombeaux de myriades d'aspirants. Personne ne sait pourquoi il en devait être ainsi. Jusqu'à présent la science n'en a donné aucune explication rationnelle ou adéquate. On admit autrefois que toute la création animale avait contribué en quelque mesure à l'anatomie de l'homme ; ou, comme Serres l'exprima, « l'organogenèse humaine est une anatomie comparée en raccourci ». Bien que l'homme n'ait pas le monopole du passé comme cette phrase l'infère (d'autres types ayant divergé ici et là pour se développer sur une ligne qui leur était propre), il est certain que les matériaux de son corps ont été fournis par une multitude inconnue de formes inférieures de la vie.

Ceux qui connaissent la cathédrale de Saint-Marc se souviendront que le plus noble des monuments de Venise doit sa grandeur aux mains patientes de générations séculaires d'ou-

[1] Marshall, *Vertebrate Embryology*, p. 26.

vriers et qu'il a fallu dépouiller toutes les parties du globe de leurs trésors pour en orner cette châsse unique. Mais celui qui observe le corps humain, ce temple bien plus ancien et plus auguste, verra son imagination en défaut lorsqu'il voudra se représenter de quelles sources mélangées et lointaines, de quels pays, de quelles mers, de quels climats, de quelles atmosphères viennent ses diverses parties ; quel nombre incommensurable d'êtres nageant, rampant, volant et grimpant, contribuèrent à construire et à perfectionner chacun de ses membres ; par quel antique ciseau les colonnes arrondies de ses membres furent d'abord sculptées ; quelles mains aujourd'hui raidies construisirent la coupole cérébrale ; de quelles ruines furent tirés les morceaux pour son œuvre en mosaïque ; qui perça les fenêtres aux parois supérieures ; quels vents et quelles tempêtes trempèrent ses arcs-boutants ; quels lits marins ou quelles clairières de forêt primitive lui prêtèrent leurs couleurs ; quels amours, quelles terreurs ou quelles nuits formèrent les éléments de sa musique ; ce que la vie et la mort, la douleur et la lutte fournirent ensemble à l'atelier silencieux du passé, éloignant sans bruit chaque ouvrier une fois sa tâche achevée. La biologie est un long registre du comment de ces choses. Les architectes et les constructeurs de ce temple puissant ne sont pas des anonymes. Leurs noms et leurs travaux sont inscrits pour jamais sur les murs et sur les arches de l'embryon humain, car celui-ci est un volume de ce livre où les membres de l'homme furent inscrits, avant qu'ils parussent, pour être façonnés ensuite.

La descendance animale de l'homme est regardée parfois comme une dégradation. Elle est au contraire une exaltation sans pareille. Rappelons-nous l'antiquité reculée de la cellule primaire d'où sortit enfin l'embryon humain. Compulsons la nature des virtualités déposées dans sa substance plastique. Observons les processus actifs, les énergies multiplicatives, les transitions mystérieuses, l'inexplicable chimie de ce laboratoire vivant. Regardons la variété des métamorphoses et leur complexité, les gradations si fines de son ascension évolutive, le dessein si ferme d'après lequel se développe le type, sans arrêt, sans incertitude sur la direction, sans stationnement aux formes intermédiaires, tendant à la maturité parfaite sans efforts superflus et sans fatigue. Saisissons au passage la conscience des mouvements tournants, du but et de la suprême aspiration. Voyons comment, dans l'identité du processus et la fidélité au type, une légère déviation est pourtant assurée à tous, en sorte qu'il n'y ait pas deux formes absolument semblables, mais que chacun se développe comme une création originale, avec ses traits propres, ses caractères et son individualité. Souvenons-nous finalement que, pour rendre possible la première cellule, il a fallu balayer des espaces stellaires, broyer des soleils, congeler des planètes ; il a été nécessaire que les agents géologiques travaillent millénaire après millénaire au globe inachevé pour en faire une demeure matérielle à l'usage de l'hôte futur. Considérons toutes ces choses et jugeons si la création pouvait avoir un plan plus sublime, ou si la race humaine pouvait célébrer une genèse plus splendide !

Une autre version sortit de la bouche du prophète, une ancienne et belle histoire pour l'enfance de la terre, disant comment Dieu fit l'homme, comment il modela de ses propres mains la poussière de la Bactriane, souffla sur elle et en fit une âme vivante. Plus tard, les connaissances plus étendues du poète hébreu lui permirent d'enseigner à l'homme une leçon plus profonde. Il vit qu'il y avait dans la création mieux qu'un procédé mécanique, et que le créateur a différentes espèces de mains et diverses manières de modeler. Il ne savait pas comment cela s'était fait, mais ce ne pouvait être de la manière simpliste que racontaient ses ancêtres. Le divin et le mystérieux du processus lui furent révélés : l'homme était un être craintif et merveilleux, façonné dans le secret, tissé curieusement dans les parties basses de la terre.

Quand la science vint, ce ne fut pas pour contredire les antiques versions; elle leur donna seulement une ampleur plus grande, une signification plus riche encore. Ce que le prophète dit, ce que le poète vit, ce que la science prouva, resteront également à perpétuité. Ce sont des voix de l'Invisible, confiées à différents peuples et pour des fins différentes, et qui proclament toutes le mystère de l'ascension de l'homme.

CHAPITRE II

LES VESTIGES DU PASSÉ

Le spectacle dont nous venons d'être les témoins est invisible ; il passe donc à peu près inaperçu sauf pour l'homme de science. L'embryologie travaille dans l'obscurité. Exigeant non seulement le microscope, mais la connaissance comparative des formes compliquées et difficilement saisissables de la vie, sa contribution à la théorie de l'évolution n'apporte pas de conviction qui s'impose à l'esprit général. Nous devons par conséquent poursuivre au grand jour la destinée du corps.

Si l'embryon présente les réminiscences d'un ancêtre animal à chacune de ses formes changeantes, les degrés successifs de son développement en donneront sûrement la preuve. Et, bien que l'évidence ne soit ici ni si belle ni si absolue, nous trouverons dans la structure adulte et même dans la vie et les mouvements du nouveau-né un témoin constant des anciennes tendances animales.

Malheureusement, nous rencontrons dès l'abord un de ces curieux obstacles aux recherches qui barrèrent si souvent la route à la vérité en marche et firent tomber les découvertes sous le ridicule. La famille animale dans laquelle la science, par la nature même des choses, est obligée de voir les affinités les plus étroites avec l'être humain, c'est celle des singes. Ce simple fait a excité la répugnance la plus vive contre l'acceptation générale de la théorie de la descendance. Or il y a juste assez de vérité dans la plaisanterie qui décrit l'homme comme un « singe amélioré » pour faire mettre le point final à la question débattue par les esprits sans culture scientifique. Et pourtant, le mot n'est pas plus près de la vérité que celui-ci, par exemple : le fusil est la forme adulte du pistolet. La relation entre l'homme et le singe, s'il y en a une, est simplement celle-ci : le singe est, dans la création, l'être qui se rapproche le plus de l'homme, et celui-ci passa probablement, au cours de son évolution, par un stadium où il ressembla au singe plus qu'à tout autre animal connu. Sauf cet accident, l'évolution ne doit pas plus au singe qu'à toute autre créature. L'homme et le singe se ressemblent parce qu'ils sont deux des derniers termes de séries infinies, dont chaque membre a eu sa part dans la formation de l'arbre généalogique. En distraire le singe et se servir de la parenté hypothétique dans un but de rhétorique, c'est donc, pour dire le moins, faire preuve d'un esprit peu scientifique.

Il est sûr que l'homme n'est descendu d'aucun singe existant. Les singes anthropoïdes sont venus, comme branche séparée, des ancêtres les plus rapprochés de l'homme à une époque extrêmement reculée. Il est difficile de prendre au sérieux le pari qui a été fait de produire les anneaux manquants entre les singes anthropoïdes vivants et l'homme. Si, nonobstant, quelqu'un le tentait, en violant pour cela les premiers principes de l'évolution, on pourrait lui prédire un complet insuccès ; car un singe anthropoïde pourrait aussi peu se développer en homme qu'il est possible à un homme de rétrograder jusqu'au singe anthropoïde. Dans l'histoire de l'évolution de l'homme, le renvoi au tronc simien ne joue aucun rôle nécessaire. Le nom compromettant se présentera rarement dans les pages qui suivent, et si la continuité historique nous force de faire au début une apparente exception, on aura vu que l'allusion ne tire pas à conséquence ; en effet, l'analogie que nous sommes en train de relever pourrait être retracée, avec autant de raison, à propos d'un écureuil ou d'un paresseux.

En ce qui touche la théorie des similitudes entre les êtres humains et les singes, quant aux mœurs et à la conformation des corps, à l'habitation sur les arbres, à la faculté des nourrissons de se tenir à la mère grimpant aux arbres, le Dr Louis Robinson suppose que la force du poignet devait être comparable chez l'enfant à celle du jeune singe au même degré de développement. Sa profession lui facilitant les recherches, il fit des expériences portant sur ce point avec un grand nombre de nouveau-nés. Bien que la plupart des gens aient été saisis une fois ou l'autre par la poigne tenace d'un bébé, peu d'entre eux ont une idée juste de la force emmagasinée dans les tentacules de cet octopode humain.

La méthode du Dr Robinson consistait à tendre son doigt ou sa canne aux enfants vieux d'une heure, à imiter ainsi pour eux la branche d'un arbre, et à voir combien de temps ils y resteraient suspendus sans aide. Les résultats sont étonnants. Le Dr Robinson a réuni des notes sur plus de soixante cas, dans lesquels les enfants étaient âgés de moins d'un mois ; la moitié au moins des expériences furent tentées sur des nouveau-nés d'une heure.

« Dans tous les cas, sauf deux, l'enfant resta suspendu par les mains au doigt ou à une petite canne de trois-quarts de pouce de diamètre, comme un acrobate à la barre fixe, et en supportant le poids de tout son corps, pendant dix secondes au moins. Dans douze cas, chez des enfants de moins d'une heure, les mains ne se relâchèrent pas pendant une demi-minute, et dans trois ou quatre pendant près d'une minute. A l'âge de quatre jours environ, je trouvai les forces accrues ; presque tous alors pouvaient rester suspendus une demi-minute. Quinze jours à trois semaines après la naissance, cette faculté paraissait avoir atteint son maximum, car plusieurs réussirent à maintenir la tension pendant une minute et demie, deux pendant deux minutes, et un enfant de trois semaines deux minutes et trente-cinq secondes... Dans un cas où le petit athlète n'avait pas encore une heure d'expérience de la vie, il se tint dix secondes à mon index, puis, délibérément, lâcha de la main droite, comme pour chercher une meilleure prise, et se soutint cinq secondes encore avec la seule main gauche.

« Les cuisses sont invariablement inclinées presque à angle droit avec le corps, et les membres inférieurs ne tombent jamais dans la position verticale exacte. Cette attitude et le développement disproportionné des bras comparé à celui des jambes donnent, en photographie, une ressemblance frappante avec le portrait bien connu du célèbre chimpanzé Sally, du Jardin zoologique. On reconnaîtra, je pense, que la force remarquable présentée par le muscle fléchisseur de l'avant-bras chez ces jeunes enfants, en la comparant spécialement avec l'état de faiblesse et de relâchement du système musculaire général est un phénomène assez surprenant pour conduire à l'examen de sa cause et de son origine. Le fait qu'un nourrisson de trois semaines est capable d'accomplir un exploit de force musculaire dépassant le pouvoir de maint adulte en bonne santé suffit pour exciter l'étonnement. Un point à relever c'est que, souvent, nul signe de détresse ne se fit remarquer et nul cri ne fut poussé jusqu'à ce que l'étreinte se relâchât[1]. »

Comparons avec ce qui précède le récit publié par M. Wallace dans son *Malay Archipelago*, à propos d'un petit orang-outang dont il avait tué la mère :

[1] *Nineteenth Century*. Nov. 1891.

« Ce petit être avait environ un pied de long et se suspendait évidemment à sa mère quand celle-ci tomba. Heureusement il ne paraissait pas blessé, et quand nous eûmes nettoyé sa bouche de la boue qui la remplissait, il se mit à crier et parut tout à fait actif et fort. Pendant que je le portais à la maison, il prit ma barbe de ses mains, et il la tint si fermement que j'eus beaucoup de peine à me débarrasser de lui ; les doigts, en effet, sont habituellement recourbés en dedans jusqu'à la dernière phalange, de manière à former de véritables crochets. Pendant les premiers jours, il se cramponnait des quatre mains, désespérément, à tout ce qu'il pouvait attraper, et j'avais fort à faire à mettre ma barbe à l'abri de son étreinte ; ses doigts s'accrochaient aux poils avec plus de ténacité qu'à toute autre chose, et je ne pouvais m'en délivrer sans aide. Quand il ne se reposait pas, il battait l'air de ses mains pour trouver un objet où se cramponner, et quand il avait réussi à saisir un bout de bâton ou un chiffon avec deux ou trois de ses mains, il paraissait parfaitement heureux. A défaut d'autre chose, il prenait souvent son propre pied, et, plus tard, il croisa constamment ses bras sur sa poitrine pour prendre, de chaque main, les longs poils qui croissaient juste au-dessous de l'épaule opposée. Bientôt la ténacité de l'étreinte diminua, et je fus obligé d'inventer certains moyens de lui donner de l'exercice et de fortifier ses membres. Dans ce but, je fis une courte échelle de quatre degrés, sur laquelle je le plaçais pour qu'il s'y suspendît pendant un quart d'heure. D'abord il eut l'air de s'y plaire ; mais il ne pouvait mettre les quatre mains à la fois dans une position confortable, et après avoir changé à plusieurs reprises, il lâchait les échelons l'un après l'autre et se laissait choir sur le plancher. Quelquefois, suspendu des deux mains, il en ôtait une qu'il croisait sur l'épaule pour prendre ses poils, et comme cela paraissait lui être plus agréable que l'échelle, il lâchait de l'autre main et roulait par terre, où il croisait le second bras et restait sur son dos, très heureux, sans jamais paraître blessé par ses nombreuses chutes. Le voyant si amoureux du pelage, j'essayai de lui faire une mère artificielle en roulant une peau de buffle et en la suspendant à un pied du sol. Cela parut lui convenir admirablement dès le premier abord, car il pouvait l'enlacer des jambes et y trouver des poils qu'il saisissait avec une grande fermeté[1]. »

Quelle que soit la valeur de ces faits au point de vue de l'évidence, ils forment une intéressante introduction — encore que populaire — à cette partie du sujet que nous avons à traiter. Car nous devons explorer le corps lui-même pour y découvrir ce qui s'y cache actuellement ; non pas les mouvements externes qui peuvent venir tout aussi bien de l'homme primitif que d'un animal précédent, mais une survivance physique, l'échafaudage matériel de l'animal de jadis. Et ici les faits sont aussi nombreux et aisément observables qu'authentiques. Comme le voyageur parcourant les pays étrangers y collectionne toutes sortes de curiosités qui lui rappelleront les lieux où il fut — massues et assagaies, vêtements et poteries, qui représentent les mœurs de ceux qu'il rencontra, — ainsi le corps de l'homme émergeant de son voyage séculaire à travers le règne animal, apparaît chargé des dépouilles de son lointain pèlerinage. Ces reliques ne sont pas de pures curiosités ; elles sont aussi réelles que les massues et les assagaies, les vêtements et la poterie. Comme eux, elles furent mêlées aux vicissitudes d'une vie ; elles représentent des organes qui ont été dépassés, vieilles formes d'appareils échangés contre d'autres meilleurs et pourtant épargnés jusqu'ici par la main du temps. Le corps physique de l'homme, tant est grand le nombre de ces reliques, est comme un magasin de très vieilles antiquités, un musée anatomique de vieux modèles, d'ustensiles dépa-

[1] *Malay Archipelago*, 53-55.

reillés, d'organes usés ou avortés. Tous les autres animaux ont aussi, parmi leur organes utiles, un certain nombre d'autres dont le rôle est dès longtemps fini. Et ces rudiments d'un ancien état de choses sont si expressifs, que des anatomistes ont souvent exprimé l'intention d'établir la théorie de l'évolution sur leur seule présence.

Parmi ces vestiges, les plus importants rappellent la mer. Si l'embryologie est un guide sûr dans la nuit du passé, rien n'est plus certain que le fait de la vie aquatique des ancêtres reculés de l'homme. Il fut un temps où il n'y avait pas d'autre vie dans le monde que celle dont l'eau est la condition; tous les animaux terrestres sont d'invention postérieure. Une des raisons pour laquelle les animaux commencèrent à vivre dans l'eau, c'est que c'est plus facile et, anatomiquement et physiologiquement, plus économique que de vivre sur la terre ferme. L'élément plus dense supporte mieux le corps, exigeant un moindre effort des muscles et des os; le mouvement incessant de la mer met la nourriture à la portée de l'animal, lui évitant ainsi la peine de la recherche de la nourriture. Ces circonstances et d'autres corrélatives permettent un mécanisme du corps bien moins compliqué, et, en fait, toutes les formes les plus simples de vie sont, à l'heure présente, des êtres aquatiques.

Un heureux essai d'aborder aux rivages peut être reconnu chez le ver commun. Le ver est encore si peu habitué à la vie terrestre, qu'au lieu de vivre sur le sol ainsi que d'autres créatures, il vit dedans, comme dans un liquide plus dense, et toujours où l'humidité est assez forte pour lui permettre de garder les traditions de son passé. Il s'avança probablement vers le rivage d'abord en échangeant l'eau contre la vase du fond, puis en se tortillant dans les replats de boue à la marée basse, et finalement, quand la lutte pour l'existence devint plus âpre, en rampant toujours plus loin vers l'intérieur, continuant ses migrations aussi longtemps que l'humidité le permettait.

On trouve des exemples plus frappants chez les mollusques, les animaux marins par excellence du passé. Un escargot rempant sur le sol avec une coquille marine sur son dos, voilà une des anomalies les plus curieuses que présente la nature, aussi étrange que le serait la vue d'un Indien Peau-rouge déambulant dans Paris avec un canot d'écorce de bouleau sur la tête. Non seulement l'escargot porte cette relique marine partout avec lui, mais quand il ne trouve pas d'humidité qui lui rappelle son ancien milieu, il la fabrique sur le champ.

Il est clair que l'animal lui-même a découvert l'anomalie de sa coquille, car, dans presque toutes les classes, l'état de délabrement de l'appendice trahit le peu d'importance que met le propriétaire à sa conservation. Dans la plupart des espèces, les maisons de pierre ont perdu leurs portes, et beaucoup ont leurs coquilles si réduites que la moitié du corps à peine peut y entrer. Chez les limaces, leurs cousines, la dégénérescence est encore plus sensible. Tout ce qui reste de la demeure ancestrale, dans les variétés les plus élevées, c'est un bonnet en clocheton sur le bout de la queue; les inférieures n'ont rien gardé, et, dans les formes intermédiaires, les gloires d'antan sont ironiquement rappelées par quelques grains de sable ou par un bouclier minuscule si bien enfoui sous la peau que l'œil du naturaliste peut seul le voir.

Quand l'homme — ou ce qui devait le devenir — abandonna l'eau, il emporta au rivage avec lui beaucoup plus qu'une coquille. Au lieu de s'y glisser à l'état de ver, il resta dans l'eau jusqu'à ce qu'il eût évolué en quelque chose de semblable au poisson ; et c'est ainsi qu'après un intermède d'amphibie, quand il laissa définitivement la mer, plusieurs caractères du poisson demeurèrent imprimés dans son corps comme témoins du passé. Le trait le plus caractéristique du poisson, c'est l'appareil destiné à respirer l'air dissous dans l'eau. Il consiste en ouïes, rideaux délicats suspendus à des arcs forts et teints en écarlate par le sang qui y circule constamment. Chez beaucoup de poissons, ces arcs sont au nombre de cinq ou de sept, et un nombre égal d'ouvertures sont réservées sur le cou pour permettre à l'eau imprégnée d'air, qui est entrée par la bouche, de s'échapper après avoir baigné les ouïes. Quelquefois les fentes sont à découvert, en sorte qu'on les voit facilement sur le cou du poisson ; ainsi en est-il du requin ; mais, dans les formes modernes, elles sont généralement couvertes par l'*opercule* ou paupière. Sans ces trous tous les poissons périraient instantanément, et nous pouvons être sûrs que la nature a pris un soin très exceptionnel pour perfectionner cette pièce spéciale de leur mécanisme.

Un des faits les plus extraordinaires de l'histoire naturelle, c'est que ces ouvertures sont encore représentées sur le cou de l'homme. Du reste, tout embryon de mammifère porte les quatre fentes ou rides à la place des vieilles ouïes ; elles sont toujours connues sous ce nom par l'embryologie. Ces caractères sont si persistants qu'on a vu des enfants nés avec les ouïes et les portant non seulement comme stigmates externes, ce qui se présente communément, mais ouverts d'outre en outre, de telle sorte que les liquides versés dans la bouche pouvaient y passer et jaillir hors du cou. Ce dernier fait est si étonnant qu'il a été longtemps nié. On pensait qu'en l'occurrence l'orifice avait été accidentellement ouvert par la sonde du chirurgien. Or le Dr Sutton a récemment observé certains cas à propos desquels il dit : « J'ai vu du lait sortir de fistules de cette nature chez des individus qui n'avaient jamais été soumis au coup de sonde[1] ». Dans les cas ordinaires d'enfants nés avec ces vestiges, les anciennes ouïes sont représentées par de petites ouvertures de la peau sur les côtés du cou et dans lesquelles on peut introduire une sonde fine. Quelquefois la place qu'elles occu-

[1] *Evolution and Disease*, p. 81.

paient dans l'enfance reste marquée toute la vie par de petites plaques rondes de peau blanche.

L'usage qu'en fait postérieurement la nature est presque plus étonnant que leur persistance. Quand le poisson vint au rivage, son appareil de respiration aquatique ne lui servait plus à rien. Il dut le garder tout d'abord, c'est vrai, car il fallut bien du temps pour perfectionner l'appareil respiratoire aérien destiné à le remplacer. Mais lorsque celui-ci fut prêt, le problème se posa du sort à faire à l'organe primitif. La nature est économe à l'extrême ; elle ne pouvait mettre au rebut tout ce mécanisme. En fait, la nature ne se sépare [illegible] que jamais de ce qu'elle a construit un jour : elle le transforme seulement en quelque chose d'autre. Inversement, la nature fait rarement quelque chose de nouveau ; sa méthode de création, c'est l'adaptation de ce qui existe déjà.

Quand donc le vieil appareil respiratoire eut fait son temps, la nature se prépara à l'adapter à une fin nouvelle et importante. Elle vit que si l'eau peut passer par une ouverture du cou, l'air le pouvait semblablement. Mais il n'était plus nécessaire que l'air y passât en vue de la respiration : il y était pourvu par la bouche. Y avait-il donc un autre motif pour lequel il était désirable que l'air entrât dans le corps ? Oui, et pour un motif d'importance, la nécessité d'une meilleure ouïe. Le son est produit par un mouvement ondulatoire conduit par plusieurs agents et, d'une manière spéciale, par l'air. Pratiquer des ouvertures dans la tête, c'était permettre au son d'y pénétrer. La bouche aurait pu, à la rigueur, rendre ce service, mais elle avait assez à faire ; en outre elle doit rester souvent close. Antérieurement, le son parvenait sourdement aux poissons, sans l'aide d'ouvertures définies. Les animaux aquatiques n'ont pas besoin d'une ouïe fine, et les ondes sonores parviennent à l'oreille interne des poissons au travers de la tête, sans mécanisme spécial. Mais aussitôt que la vie terrienne commença, un instrument plus délicat fut de rigueur, pour répondre au changement de moyen dans la propagation des ondes sonores et aux nouveaux usages du son lui-même. En conséquence, une des premières choses à faire au cours de l'évolution, c'était la formation et le perfectionnement de l'appareil auditif. Et ceci semble avoir été effectué principalement par des séries de développements remarquables d'une des ouïes maintenant superflues.

Depuis longtemps l'anatomie comparée tient pour certain que l'oreille externe et la moyenne sont simplement chez l'homme un développement, une édition revue et augmentée de la branchie primitive et de ses dépendances. La trompe d'Eustache correspond au spiracule associé dans le requin avec l'ancienne ouïe. Le professeur His, de Leipzig, a exposé en détail et démontré d'une façon concluante le mode de développement de l'oreille externe, provenant de l'union de six tubercules arrondis qui entouraient la première ouverture branchiale à une période reculée de la vie embryonnaire [1].

[1] Haeckel a décrit le processus en ces termes : Toutes les parties essentielles de l'oreille moyenne, la membrane et la caverne du tympan, puis la trompe d'Eustache, se développèrent de l'ouïe ancienne et de ses dépendances, qui restent chez les poissons primitifs (Selachii) comme une caverne soufflée entre le premier et le second arc branchial. Dans les embryons des vertébrés supérieurs, elle ferme au centre le point de concrétion qui forme la membrane du tympan. La partie externe de l'ouïe primitive devient le rudiment du conduit auditif externe. La caverne du tympan provient de sa partie interne, ainsi que, plus à l'intérieur, la trompe d'Eustache. En rapport avec ce développement les trois osselets de l'oreille se forment des deux premiers arcs des branchies, le marteau et l'enclume du premier, l'étrier de l'extrémité supérieure du second arc. Enfin, en ce qui concerne l'oreille externe, la conque et le conduit auditif externe reliant la conque à la membrane du tympan, se développent de la manière la plus simple de la peau protectrice qui borde l'orifice extérieur de l'ancienne ouïe. La conque s'élargit en ce point en un pavillon de peau arrondi, où le cartilage et les muscles se forment ensuite. (Haeckel : *Evolution of Man*, vol. II. p. 269.)

Si nous avons présente à l'esprit cette théorie de l'origine des oreilles, nous en rencontrerons une confirmation extraordinaire. Actuellement les oreilles surgissent parfois à mi-chemin du cou *chez des êtres humains*, dans la position exacte qu'occuperaient les branchies si elles existaient encore, à savoir le long de la ligne du bord antérieur du muscle sterno-mastoïdien. Dans quelques familles humaines, qui ont une tendance à conserver ces structures spéciales, il arrive qu'un membre manifeste l'anomalie par des ouvertures branchiales, un autre par une oreille cervicale, alors qu'un troisième possède à la fois l'ouverture et l'oreille cervicale ; ceci, naturellement, sans préjudice des oreilles normales. Cette auricule cervicale a tous les caractères de l'oreille ordinaire ; « elle contient un cartilage jaune élastique ; elle est recouverte de peau et a une fibre musculaire qui lui est attachée [1] ».

Le Dr Sutton attire l'attention sur ce fait qu'on trouve parfois des auricules cervicales sur d'anciennes statues de faunes et de satyres ; il reproduit la tête d'un satyre du Musée Britannique, sculpté longtemps avant la naissance de l'anatomie, et où l'on voit distinctement une oreille sessile sur le cou. On peut en voir une illustration encore meilleure au Musée d'Art de Boston, sur un faune de grandeur naturelle, appartenant à la dernière période grecque, et on en trouverait d'autres exemples dans le même bâtiment.

Ce qui est curieux dans ces oreilles cervicales de statues, c'est que, dans la règle, elles ne sont pas modelées d'après l'oreille humaine, mais d'après celle du bouc, de qui est dérivée l'idée générale du faune. Cela montre que l'oreille cervicale se voyait communément sur le bouc de cette période, comme on l'a vue jusqu'à ce jour. Et ce fait n'a rien qui doive nous étonner. Au lieu de chercher l'oreille cervicale chez l'homme et

[1] Sutton, *Evolution and Disease*, p. 87.

chez le bouc seulement, on s'attendrait à la trouver plutôt chez tous les mammifères, car, en ce qui touche le corps, tous les animaux supérieurs sont des parents rapprochés. On manque malheureusement d'observations sur les vestiges de structures anciennes chez les animaux, mais quand on les fera, on trouvera certainement les oreilles cervicales sur les chevaux, les porcs, les moutons et d'autres encore.

Un coup d'œil critique à la structure de l'oreille humaine permet de voir immédiatement que celle-ci ne fut pas toujours l'instrument dégénéré que nous connaissons. Darwin raconte qu'un célèbre sculpteur attira son attention sur une petite particularité de l'oreille externe, qu'il avait souvent remarquée chez des hommes et des femmes. « Elle consiste en une pointe émoussée, émergeant de l'hélix. L'hélix, on le sait, est le bord de l'oreille enroulé intérieurement, dont le plissement semble provenir d'une pression constante exercée sur l'oreille externe. Quand la pointe dont nous parlons existe, elle est là à l'heure de la naissance. Chez plusieurs singes d'ordre moyen, comme les babouins et quelques espèces de macaques, la partie supérieure de l'oreille monte légèrement en pointe, et le bord n'en est pas du tout enroulé ; mais s'il l'était, une petite pointe serait projetée nécessairement vers le centre [1]. »

Nous trouvons donc un indice nouveau et visible de la descendance de l'homme dans ce bout perdu de l'oreille ancestrale, un symbole survivant des jours agités et périlleux de sa jeunesse animale. Il est difficile d'imaginer une autre théorie que celle de la descendance pour rendre compte de tous ces faits. Que l'évolution ait laissé de telles marques de son passage, c'est, à tout le moins, une preuve de sa candeur.

Mais ceci n'épuise pas la liste des trahisons de ce confiant organe. Si nous passons de l'oreille externe à l'appareil mus-

[1] *Descent of Man*, p. 15.

culaire qui la fait agir, des traces récentes de sa carrière animale sont mises au jour. La position droite de l'oreille permettant une meilleure réception des sons se retrouve chez la plupart des mammifères; les muscles d'attache sont gros et fortement développés chez tous sauf dans les formes domestiquées. Bien que l'homme n'en fasse aucun usage, le même appareil est encore attaché à ses oreilles. Or il y a si longtemps qu'il ne se repose plus sur les avertissements de son ouïe que, en raison d'une loi bien connue, les muscles laissés sans exercice se sont atrophiés. Cependant le pouvoir de contracter l'oreille n'est pas entièrement perdu, et le premier écolier venu peut désigner tel de ses camarades de classe qui le garde et se montre capable de le mettre en jeu au moment le moins opportun.

On pourrait ainsi passer en revue tous les organes du corps humain et montrer leurs affinités avec des structures animales et un passé animal. La contraction de l'oreille, par exemple, rappelle une autre capacité qui va se perdant, celle de plisser la peau, notamment celle du péricrâne et du front, par laquelle nous relevons les sourcils. Des muscles sous-cutanés pour chasser les mouches ou relever les poils du crâne se retrouvent fréquemment parmi les quadrupèdes, et sont représentés chez le sujet humain par les muscles frontaux encore en activité, et, occasionnellement, par ceux de la tête elle-même. Tout le monde a rencontré des gens qui peuvent ramener la peau du péricrâne d'arrière en avant; l'appareil musculaire qui opère ce mouvement est identique à celui qu'on trouve normalement chez quelques quadrumanes.

Un autre vestige typique c'est le *plica semi-lunaris,* le reste de la membrane clignotante caractéristique de presque tout l'ordre des vertébrés. Cette membrane est un rideau semi-transparent qui peut être tiré rapidement sur la surface de l'œil dans le but de la nettoyer. Elle est très commune chez les oiseaux, mais elle existe aussi chez les poissons, les mammifères et chez tous les autres vertébrés. Si elle n'a plus de valeur fonctionnelle, elle est quand même représentée par quelque vestige. Tout ce qui en reste chez l'homme, c'est un petit morceau du rideau tiré d'un côté de l'œil.

Passant de la tête à l'autre extrémité du corps, on arrive à un caractère assez inattendu et néanmoins très prononcé, à ce qui reste de la queue et des muscles qui la font mouvoir. Tous ceux qui voient pour la première fois un squelette humain, découvrent avec étonnement cette relique. Au bout de la colonne vertébrale, il y a trois, quatre, parfois cinq vertèbres s'incurvant faiblement d'une façon suggestive et formant le coccyx, une vraie queue rudimentaire. Chez l'adulte, elle est cachée sous la peau, mais dans l'embryon de l'homme et du singe, à une période peu avancée, elle est plus longue que les membres. Cependant, ce qui trahit d'une manière décisive sa vraie nature, c'est qu'on trouve encore, dans l'embryon humain, ses muscles moteurs. Ces muscles sont représentés dans l'être adulte par des bandes de tissu fibreux, mais il y a des cas où les muscles demeurent pendant toute la vie. Il peut sembler que le défaut de queue externe distincte soit déconcertant pour l'évolutionniste. Son absence, au contraire, parle plus en faveur de ses théories que ne l'aurait fait sa présence, car tous les anthropoïdes les plus rapprochés de l'homme ont aussi perdu la leur depuis longtemps.

En ce qui touche la présence des poils sur le corps, leur disposition et leur direction, on peut signaler quelques faits curieux. Jusqu'à l'heure où l'évolution donna l'impulsion à l'étude des choses banales, nul ne pensait qu'il valût la peine d'observer des futilités telles que la présence des poils sur les doigts et les mains et leur inclinaison sur les bras. Mais aujourd'hui que l'attention est éveillée, chaque détail décèle une pensée nouvelle. Chez tous les hommes, les poils rudimentaires du bras sont inclinés du même côté du poignet jusqu'au coude, et du côté opposé du coude jusqu'à l'épaule. Cela ne se retrouve nulle part ailleurs dans le monde animal, sauf parmi les singes anthropoïdes et quelques singes américains, où cette disposition a des rapports avec les habitudes arboricoles. Romanes qui l'a signalée dit ceci : « Quand l'orang-outang est assis sur une branche d'arbre, il place — d'après Wallace qui l'a observé — ses mains au-dessus de sa tête, les coudes dirigés en bas ; la disposition des poils sur le bras et l'avant-bras les fait remplir l'office du chaume en détournant la pluie. Puis j'ai trouvé dans toutes les espèces de singes et de babouins que j'ai examinées, et elles sont nombreuses, que les poils plantés sur le dos de la main et du pied sont continus jusqu'au premier rang de phalanges, mais qu'ils deviennent rares ou disparaissent entièrement au second rang. Je trouve le même trait chez l'homme. Nous avons tous un pelage rudimentaire sur les premières phalanges de la main et du pied ; il est beaucoup plus rare sur les secondes lorsqu'il y en a des traces, et jamais je n'en ai vu sur les troisièmes. Ces particularités sont congénitales dans tous les cas, et l'absence totale ou partielle de poils sur les secondes phalanges est constante en différentes espèces de quadrumanes.

« ... L'inclinaison des poils sur le dos de la main est exactement la même chez l'homme et chez tous les singes anthropoïdes. Toujours à propos de poils, Darwin remarque qu'à l'occasion quelques-uns s'allongent démesurément dans les sourcils ; ils semblent reproduire des poils également longs et rares, qu'on voit chez les chimpanzés, les macaques et les babouins. Enfin le fœtus humain est souvent couvert au sixième mois d'un pelage foncé, long et serré, excepté sous la plante des pieds et dans la paume des mains, qui sont également glabres chez tous les animaux quadrumanes. Ce duvet qu'on appelle *lanugo* et qui s'étend parfois sur le front, les oreilles et la face, tombe avant la naissance. Ainsi il ne paraît sans autre utilité que de déclarer emphatiquement l'homme un enfant du singe[1]. »

L'*inutilité* de ces reliques, si l'on fait la part des analogies remarquables et détaillées consignées plus haut, est bien difficile à comprendre en dehors de l'hypothèse de la descendance.

Naturellement il est nécessaire de procéder avec prudence pour décider de l'inutilité présumée de tel ou tel caractère, puisqu'elle peut simplement signifier que nous n'en connaissons pas l'utilité. Mais il y a des cas certains où nous savons non seulement qu'un vestige de structure ancienne est inutile à l'homme, mais encore qu'il est nuisible. Parmi ceux qu'on doit ranger dans cette catégorie, le plus malfaisant peut-être est l'appendice vermiforme du *cæcum*. Nous avons ici un organe qui non seulement ne sert à rien à l'homme d'aujourd'hui, mais qui constitue une véritable chausse-trappe. Chez les animaux herbivores ce tube est très grand, plus long en certains cas que le corps lui-même, et fort utile pour la digestion. Chez l'homme il est réduit au minimum, tandis que chez l'orang-outang il est seulement un peu plus développé. En raison de son peu d'extension dans le corps humain, il ne peut être d'aucun usage, alors qu'il forme un réceptacle d'entrée facile pour les corps étrangers, tels que les noyaux de fruits, provocateurs d'inflammation et de mort par diverses voies. Ici ce tube est de même structure que le reste des intestins ; il est couvert d'un péritoine, il possède une enveloppe musculaire, et il est doublé d'une membrane muqueuse. Dans l'embryon peu développé, il est d'un calibre égal à celui de l'intestin ; mais, à un certain moment, il cesse de croître avec lui *pari-passu*, et, à la naissance, il apparaît comme un mince appendice tubulaire du cæcum. Il est souvent tout aussi long chez le nouveau-né que chez l'adulte. Cette précocité est toujours

[1] *Darwin and after Darwin*, p. 89-92.

un indice de la grande importance qu'eut cette partie du corps pour les ancêtres de l'espèce humaine[1].

La clé de l'évolution est si utile pour le pathologiste moderne qu'il peut toujours, dans les cas de *malformation*, chercher le secret dans des formes antérieures de la vie. On trouve en effet que certains caractères qui sont pathologiques dans un animal sont naturels dans un autre d'espèce inférieure. Quand une excentricité apparaît dans le corps humain, l'anatomiste ne l'attribue plus à un caprice de la nature. Il s'efforce de trouver son modèle dans les couches moins élevées. Darwin mentionne le cas d'un homme qui, au pied seulement, n'avait pas moins de sept muscles anormaux. Chacun d'eux avait son analogue dans les muscles d'animaux inférieurs. Prenons le pied bot, un cas assez commun de difformité. Tous les enfants en montrent avant leur naissance les traits les plus ordinaires, savoir le talon tourné en dedans et en haut, le pied relevé; celui-ci n'arrive que graduellement à la position normale qu'il a chez l'adulte. Or la position anormale chez l'homme fait, est normale chez le gorille. Ainsi donc le pied bot est simplement le pied du gorille, cas d'arrêt de développement d'un caractère qui, apparemment, vient en droite ligne du tronc simien. Cette méthode d'interprétation du présent par le passé est si simple et si fructueuse que l'anatomiste a pu remplir souvent le rôle de prophète. Ainsi l'homme adulte ne possède pas plus de douze paires de vertèbres; l'anatomie comparée de jadis hasarda la prédiction d'un nombre plus grand, treize à quatorze, à l'état embryonnaire. La justesse de cette prophétie a été vérifiée depuis lors. On avait également affirmé qu'il devait être possesseur, dans ce premier stadium, du reste insignifiant d'un petit os au poignet, appelé *os central*, qui doit avoir existé chez les adultes d'ancêtres extrêmement éloignés de l'homme.

[1] Sutton, *Evolution and Disease*, p. 65.

Les faits ont aussi justifié cette supposition, et la « découverte en fut faite, — ainsi que Weismann le dit très justement — comme celle de la planète Neptune, dont l'existence a été soupçonnée ensuite des troubles survenus dans l'orbite d'Uranus [1] ».

Mais une plus longue énumération serait fastidieuse. Bien que nous ne soyons encore qu'au commencement de la liste, nous en avons dit assez pour marquer l'intérêt qu'offre ce sujet et l'abondance des preuves. Dans le seul corps humain il y a soixante-dix au moins de ces vestiges du passé. Rejetons la théorie de l'évolution de l'homme d'une condition animale inférieure, et il n'y a plus d'explication possible d'aucun de ces phénomènes.

En présence de tels faits, n'est-ce pas se moquer de l'intelligence humaine que d'affirmer un hiatus entre l'homme et le reste de la création animale, ou de prétendre que le processus de son développement s'est fait en dehors des voies ordinaires de la nature.

Dans l'état présent de nos connaissances, dire que la Providence, en formant un nouvel être, a délibérément inséré dans son corps ces fragments excentriques, sans aucun rapport avec les choses qu'ils imitent si bien, ou sans connexion avec le reste de son organisme, c'est vraiment une irrévérence.

Si cet ouvrage avait pour but de compléter les preuves de la descendance de l'homme, on pourrait continuer en choisissant dans les autres domaines de la science des preuves d'une évidence non moins frappante que celles que nous tirons des vestiges d'anciennes structures. La paléontologie montrerait que l'homme est apparu dans la croûte terrestre comme les autres fossiles, exactement au rang que la science lui aurait assigné. A l'heure de sa naissance, il vient à la vie comme un

[1] Weismann, *Biological Memoirs*, p. 255.

autre animal ; il est sujet aux mêmes maladies, il doit être soumis au même traitement. A l'état adulte, presque rien, dans son anatomie, ne le distingue de ses plus proches alliés parmi les animaux. Chez les uns et les autres presque tout se retrouve identique des os, des nerfs et des muscles. Il y a, en effet, une telle évidence de l'origine animale de l'organisme physique de l'homme, qu'un esprit réfléchi n'y peut résister.

Jusqu'ici, deux seulement des nombreuses lignes qui convergent toutes vers le même point ont été appelées en témoignage ; mais cela suffit pour nous permettre de continuer notre voyage d'exploration avec l'aide de ce que nous pouvons déjà nommer une théorie active. C'est l'évolution ascendante de l'homme qui nous occupe, et non pas sa descendance. Et ces faits étonnants tirés du passé sont cités en vue d'un propos plus haut que la simple formation d'une conviction sur un point qui, après tout, n'est important qu'aux dernières déductions.

CHAPITRE III

ARRÊT DE DÉVELOPPEMENT

« Il n'y aura jamais sur la terre un être supérieur à l'homme [1]. » Voilà une prophétie qui ne manque pas d'audace ; or toutes les données scientifiques attestent la probabilité de son accomplissement. Le résultat cherché dès l'aube du temps est obtenu. La nature a réussi à faire un homme ; elle ne peut aller au delà ; l'œuvre de l'évolution organique est achevée.

Ce n'est point une opinion de la science, ni une réminiscence de l'idée régnante avant Copernic : notre monde centre de l'univers, l'homme centre de notre monde. C'est la simple probabilité scientifique d'après laquelle le corps de l'homme serait le fruit ultime de l'évolution organique, réalisant enfin les plus hautes possibilités offertes à la chair, aux os, aux nerfs et aux muscles : dans quelle direction que l'évolution travaille, quels que soient ses matériaux, elle ne produira nul objet plus parfait comme plan ou comme facture. En un mot nous sommes arrivés, à cette heure de l'histoire, jusqu'à cette crise étonnante dans la nature : l'arrêt de développement de l'animal. Il est certain, à tout le moins, que l'homme, l'homme

[1] Fiske, *Destiny of Man*, p. 26. Les pages suivantes font plusieurs emprunts à cette suggestive brochure.

animal, l'homme de l'évolution organique ne progressera pas. Il y a un autre homme qui doit s'élever, un homme dans cet homme ; et pour qu'il progresse, l'homme primitif doit s'arrêter. Cherchons pour un moment ce que signifie s'arrêter. Rien ne nous enseignera mieux ce que veut dire progresser.

La main est une des parties les plus parfaites du corps humain. On peut voir confusément combien il fallut de temps pour son développement en jetant un coup d'œil sur la longue liste d'instruments de préhension qui se présentent en perfection décroissante à mesure que nous descendons l'échelle de la vie animale. Au bas de cette échelle est l'*amibe*. C'est une goutte de gelée protoplasmique, sans tête, sans pieds ni bras. Quand elle désire s'emparer des parcelles microscopiques de la nourriture qui la fait vivre, une partie de son corps s'allonge, s'avance vers l'objet, se coule sur lui, l'enveloppe et rentre dans le corps en s'y fondant. C'est là sa main ; elle en crée une suivant le besoin, une main improvisée et qui ne se forme point quand elle n'est pas nécessaire.

Montons un échelon et observons l'anémone de mer. La main n'est plus improvisée suivant l'occasion ; des parties allongées du corps sont mises constamment à sa disposition pour saisir la nourriture. Dans le chapiteau de tentacules jumeaux qui couronne le pilier branlant du corps, nous percevons une ébauche rudimentaire de la partie la plus utile de la main humaine, les doigts distincts. C'est un progrès marqué sur la main primitive, mais les doigts sans articulations sont encore imparfaits : c'est simplement la main de l'amibe divisée en bandes qui demeurent.

Passant par dessus une multitude de formes intermédiaires, observons la main d'un singe d'Afrique. Notons l'accroissement énorme d'utilité dû au bras musclé, à l'extrémité duquel s'étend la main, et l'extraordinaire pouvoir de mouvements variés qui résulte du système de triple articulation à l'épaule, au coude et au poignet. La main elle-même est presque la main humaine ; elle a une paume, des ongles, des doigts articulés. Mais une circonstance curieuse empêche le possesseur de tirer tout l'avantage qu'on pourrait attendre de ces grands perfectionnements : cette main n'a pas de pouce, ou s'il existe, c'est à l'état rudimentaire. Pour estimer l'importance de cet organe en apparence insignifiant, essayons de faire le moindre travail manuel, ou simplement de tenir un livre, d'écrire une lettre, sans nous servir du pouce. Le pouce n'est pas uniquement un doigt ajouté aux autres doigts; il est posé de telle sorte qu'il puisse leur faire face et qu'il ait ainsi une efficacité pratique supérieure à celle de tous les autres. C'est cet arrangement qui donne à l'organe le pouvoir de saisir, de tenir, de manipuler, de faire œuvre meilleure ; c'est ce simple mécanisme qui doue d'intelligence la main avec toutes les capacités et l'habileté qui l'accompagnent. Il y a des animaux qui n'ont point de pouce du tout, comme le colobi ; il y en a d'autres comme les marmoses qui en ont un, mais sans le pouvoir de faire face aux doigts ; et d'autres enfin, comme les chimpanzés, par exemple, dont la main est identique à celle de l'homme dans tout ce qui est essentiel. Dans la forme humaine, le pouce est un peu plus allongé et le membre entier plus délicatement charpenté et mieux proportionné ; mais même pour son produit ultime, la nature n'a pu faire quelque chose de beaucoup plus parfait que la main de ce singe anthropoïde.

La main est-elle donc parachevée ? La nature ne peut-elle tenter quelque autre modèle d'un objet de ce genre ? Le fait que rien de nouveau n'est introduit dans la main humaine est-il la preuve que la main parfaite est apparue ? Nullement. Et néanmoins c'est probable, mais pour d'autres raisons : dans ce domaine, il n'y aura jamais d'animal mieux pourvu que l'homme. Pourquoi donc ? Parce que les causes qui ont favorisé jusqu'ici l'évolution de la main ne se font presque plus sentir. La nécessité est la mère de l'invention, aussi bien pour le perfectionnement des organes corporels que pour celui des engins mécaniques. La main ayant eu une tâche de plus en plus compliquée, elle dut s'adapter toujours mieux à ses exigences ; elle le put, mais seulement jusqu'à une certaine limite. Au delà, les obligations devinrent trop nombreuses et trop variées pour qu'elle pût y faire face. Et le jour fatal arriva pour la main, où son possesseur fit la découverte des outils. Dès lors, ce que la main faisait en se perfectionnant lentement pour le faire mieux, s'accomplit à l'aide d'objets extérieurs à l'homme. Quand donc quelque chose de nouveau devait être fait ou perfectionné, la tâche n'en était pas confiée à une main supérieure, mais à un outil amélioré. Les outils sont des mains externes. Les leviers sont le prolongement des os du bras ; les marteaux sont des substituts anesthésiés du poing ; les couteaux font l'office des ongles ; l'étau et les pinces remplacent les doigts. Le jour où l'homme des cavernes fendit pour la première fois l'os à moelle d'un ours en y introduisant un bâton, ou qu'il le brisa avec une pierre, ce jour-là le sort de la main fut scellé.

Mais l'homme ne doit-il pas fabriquer ses outils, et n'en devons-nous pas attendre un développement de la main poussé à une perfection inconnue jusqu'alors ? Non, parce que les outils ne sont pas faits avec la main. Ils sont l'œuvre du cerveau. Pendant quelque temps, sans doute, l'homme dut faire ses outils, et ce travail eut sa récompense physique : le bras devint élastique, les doigts se fortifièrent et devinrent plus adroits ; mais bientôt il fit des outils pour en fabriquer d'autres. Pour menuiser les matériaux, il inventa le tour, pour ménager ses doigts, le métier à tisser ; au lieu de fatiguer ses muscles, il fit un arrangement avec la vapeur et l'électricité. Dès ce moment, l'homme a cessé de se développer physiquement. D'ailleurs s'il développe ses organes hors du corps, remplissant le monde de mains artificielles, fournissant les ateliers de doigts plus compliqués et plus adroits que ceux qu'aurait pu produire l'évolution organique en un millénaire, s'il les fournit d'énergies infiniment supérieures à celles que les muscles auraient produites en une vie d'homme, n'est-ce point assez ? Après tout l'évolution est un lent processus. Son grand labeur est de travailler jusqu'au point où l'invention sera possible, où, par le pouvoir de l'esprit humain et par l'utilisation des énergies cosmiques, on pourra anticiper sur les résultats de longues périodes de développement. Des changements ultérieurs dans le corps lui-même sont ainsi rendus inutiles. L'évolution a pris un cours nouveau. L'arrêt de développement ne signifie pas cessation d'évolution, mais accélération et direction nouvelle de ses énergies dans des canaux supérieurs.

Passons en revue, une à une, les fonctions du corps animal, et nous verrons que toutes sont au même cran d'arrêt. La vue nous en donnera une nouvelle illustration. Sans nous arrêter à retracer les étapes de l'œil jusqu'à sa merveilleuse perfection, sans vouloir estimer la longueur des périodes exigées par le polissage des lentilles, l'ajustement des diaphragmes et des vis, posons-nous cette simple question : les conditions de la civilisation moderne ont-elles ajouté quelque chose à la rapidité de la vision ou à son acuité ? L'expérience ne prouve-t-elle pas, au contraire, que l'une et l'autre diminuent ? L'Europe offre présentement le spectacle d'une nation au moins dont les membres ont la vue si courte qu'on pourrait presque les appeler une race de myopes. En effet, les mêmes causes qui président à l'arrêt de la main sont en œuvre constamment pour enrayer le développement de l'œil. Quand l'homme ne voit que difficilement, il ne cherche plus à fortifier l'organe de la vision : il met un lorgnon devant son œil. Les lunettes, yeux externes, ont rendu inutile le travail d'évolution. Quand sa vue est parfaite jusqu'à un point donné et qu'il désire examiner des objets si menus qu'ils n'arrivent pas en deçà de cette limite, l'homme n'attend pas que l'évolution, répondant à son besoin, lui fournisse, ou à ses enfants ou petits-enfants, un instrument perfectionné : il se sert du microscope. Quand il veut étendre son regard jusqu'à la lune et aux étoiles, il ne se berce pas de l'espoir que demain lui permettra de franchir les distances qui l'arrêtent aujourd'hui : il invente le télescope. Ainsi aucune chance n'est laissée à l'évolution organique. L'œil externe a remplacé l'œil interne dans chaque direction et on ne voit guère d'où pourrait venir un développement ultérieur de cette partie de l'animal. Il y a encore, c'est vrai, en dépit de tous les instruments, des régions où les organes de l'homme laissés à eux-mêmes pourraient trouver un champ d'exercice ; mais le cercle s'en rétrécit constamment, et les applications de la science incitent sans cesse le corps à accepter tous les adjuvants techniques ; or ceux-ci, une fois introduits dans la place, impliquent l'arrêt de développement de tous les organes intéressés. Là même où une application mécanique semblait, en ajoutant à la puissance d'un sens physique, ouvrir la voie à un admirable perfectionnement, quelque découverte corrélative en un lointain domaine supprime soudain cette occasion, comme par une cruelle fatalité, et ne donne rien au corps qu'un nouveau prétexte à négligence ou à paresse. Ainsi on pourrait penser que l'usage constant du télescope pour découvrir des corps célestes toujours plus éloignés et moins distincts tendrait à augmenter la puissance de l'œil. Mais cette attente s'est évanouie déjà devant un produit subséquent du pouvoir inventif de l'homme. Un œil est créé maintenant, infiniment plus délicat et plus pénétrant que l'œil le plus exercé de l'homme, un appareil automatique de photographie. L'œil photographique est supérieur à l'œil de l'évolution organique sur quatre points importants au moins. Il peut voir où l'œil humain ne discerne plus rien, même avec l'aide des meilleurs instruments d'optique ; il peut voir certains objets dans tous leurs détails ; grâce à la rapidité de sa vision, il peut noter des changements trop prompts pour être suivis par le regard de l'homme ; il peut fixer le ciel sans fatigue pendant des heures entières et enregistrer ce qu'il voit, avec une infaillible précision, sur une plaque que le temps n'altère pas.

Combien de temps faudrait-il à l'évolution organique pour faire un œil d'une qualité et d'un pouvoir si étonnants? Et, quand il est possible d'avoir à sa disposition un tel instrument, qui d'entre nous se contenterait d'attendre une perfection égale pour l'œil de ses descendants, dans quelques milliers d'années, plutôt que de l'employer, dût-il même, pour cela, négliger son propre organe visuel ?

N'y a-t-il pas là un témoignage remarquable de l'improbabilité d'une évolution future du sens de la vue dans les sociétés civilisées ; en d'autres termes, une nouvelle preuve de l'arrêt de développement de l'être animal ?

Quelle défiance de l'évolution ces faits ne dénotent-ils pas ! Quel affront à la nature ! L'homme prépare un télescope compliqué comme adjuvant de l'œil que créa l'évolution, et pas plus tôt le voit-il ainsi perfectionné, qu'il confectionne un autre instrument pour aider l'œil dans le peu de travail qui lui est laissé. Cela revient à dire qu'il donne premièrement à son œil un supplément mécanique, puis qu'il construit un œil mécanique bien meilleur que le sien propre et finit en congédiant sans plus, et pour diverses raisons, l'œil de l'évolution organique.

En ce qui touche aux autres fonctions de l'homme civilisé, l'organisme animal est arrivé presque partout au maximum de son développement. La civilisation — et l'état civilisé, souvenons-nous en, est le but suprême de toute race ou nation — est toujours accompagnée par la détérioration de quelqu'un des sens. Tout homme paie un prix défini ou une prime pour sa domestication. L'odorat, comparé à son développement chez les animaux inférieurs, n'existe presque plus chez l'homme civilisé ; il est un fait certain, c'est que, sur ce point, le civilisé est très inférieur au sauvage. En ce qui touche à l'ouïe, le principal stimulant, la crainte d'une surprise par les ennemis, a cessé d'agir ; aussi les muscles pour l'érection des oreilles sont-ils tombés en désuétude. L'oreille elle-même, en contraste avec celle du sauvage, est paresseuse, émoussée, et, comparé avec le sens si éveillé des animaux inférieurs, l'organe est presque sourd. La peau a perdu son pouvoir de protection, en raison de l'usage constant de vêtements. Grâce à l'habitude des viandes cuites, les muscles des mâchoires s'affaiblissent rapidement. En partie pour une raison semblable, les dents sont victimes d'une dégénérescence marquée. Dans quelques nations, par exemple, la troisième molaire montre des symptômes de disparition. Que celle-ci puisse être complète, nous le déduisons du fait que les singes anthropoïdes ont moins de dents que les singes des espèces inférieures, et ces derniers à leur tour moins que la génération précédente de mammifères insectivores.

A une époque de locomotives et d'automobiles, les membres inférieurs ne servent presque plus à rien. L'homme ne sait plus que faire des muscles dont sa vie dépendit autrefois. Agilité, souplesse, force, de stricte nécessité jadis, sont devenues un luxe ou les conditions d'un passe-temps. Leur domaine, c'est l'emplacement du cricket ou du tennis. Pour les conserver, il faut recourir actuellement aux moyens artificiels : barres fixes ou parallèles, haltères, etc. On ne trouve plus la vigueur des membres dans la vie ordinaire, il faut la chercher dans la salle de gymnastique ; l'agilité est reléguée à l'hippodrome. Dans le passé, tous les hommes étaient des athlètes ; aujourd'hui, il faut payer pour en voir. Il en est ainsi plus ou moins de toutes les forces animales.

En quelque mesure au moins un phonographe peut parler pour nous, un téléphone écouter pour nous, un dactylographe écrire pour nous ; la chimie digère pour nous et on peut nous élever dans une couveuse. Ainsi l'homme, en tant qu'animal, est en danger de perdre pied partout. Il s'est étendu jusqu'à faire du monde même son corps. Le corps primitif, les soixante-quinze kilogrammes environ de tissus organisés qu'il transporte partout avec lui, n'est guère plus qu'une marque d'identité. Ce n'est pas lui-même qui est là, il ne peut être là, ni nulle part, car il est partout. Sa partie matérielle se réduit à un symbole ; ce n'est qu'un lien avec le milieu matériel, une courroie de transmission de mécanisme à mécanisme. Son corps ne produit plus d'énergie, il l'utilise seulement; laissé à lui-même, il n'est qu'un instrument, un médium, un canal des forces physiques.

Et maintenant, avec quels sentiments regardons-nous tout cela ? Que nous voyions sans émotion les faits défavorables au corps s'ajouter aux faits, que nous écoutions sans regret la sentence prononcée contre notre argile, n'est-ce pas la preuve suprême de la thèse inscrite plus haut ? Quand l'homme observe les animaux inférieurs perfectionnant leur mécanisme et l'emportant sur lui en forces physiques et en subtilité des sens, il n'y a rien là qui lui serve de stimulant. Que lui importe que le daim le distance à la course : n'a-t-il pas son fusil et ses balles ? Que lui fait la force du cheval : n'a-t-il pas le mors et la bride? Et la puissance de vision de l'aigle ? Sa lunette la dépasse. Avec quelle facilité nous parlons du corps comme de quelque chose en dehors de nous, de tout à fait impersonnel. Et quand tout est fini, que nous confions à la poussière anonyme ses atomes empruntés, comme il nous paraît naturel de proclamer que nous n'avons rien nous-mêmes de commun avec lui. Le fait est que le corps, en un sens, est une absurdité pour l'intelligence. On est presque honteux d'en avoir un. L'idée nous est désagréable d'avoir à le nourrir, à l'exercer, à le tenir en joie, à le conduire à l'écart, dans l'obscurité, pour le faire dormir, à le porter avec soi partout, et non seulement lui, mais sa garde-robe et d'autres choses matérielles, pour réchauffer ou rafraîchir cette chose matérielle. Tout cela ressemble fort à une situation de comédie. Mais que serait-ce si cet organisme exigeant se développait encore, multipliait ses membres, ajoutait à sa complexité, croissait au lieu de diminuer? Il est déjà si compliqué qu'on frémit à la pensée d'une race future condamnée à maintenir ou à réparer un appareil qui le serait davantage. Il y a un avantage pratique énorme à n'avoir à attendre dorénavant que des perfectionnements externes, à ne travailler que sur des organes insensibles, faits de fer et d'acier, plutôt que sur des muscles soumis à l'usure et sur des nerfs palpitants. Car les premiers peuvent être conservés sans dépense physiologique, ils ne peuvent mettre obstacle à l'autre mécanisme, et quand finalement ils s'en vont au rebut, les rouages arrêtés sont peu nombreux.

L'avantage d'une multiplication d'aides mécaniques — suppléant au labeur de l'être physique — est si grand qu'il est devenu rien moins qu'une redoutable tentation; et l'une des tâches les plus ardues de la civilisation future sera certainement d'arrêter la dégénérescence en deçà des limites légitimes et de conserver le corps à son degré le plus élevé d'utilité. Car la première chose que ces faits doivent nous enseigner c'est, non pas que le corps n'est rien et qu'il est condamné à l'irrémédiable déclin, mais qu'il est digne d'être préservé plus que toute autre chose et plus qu'à toute autre époque. Au moment où nous nous relâchons de nos soins, le corps s'affirme et s'impose. Il sort de sa réclusion, ce qui, précisément, devait être évité. Sa vraie place, que la nature lui assigna sagement, c'est celle où il peut rester ignoré. Si la conscience s'en éveille chez l'homme, par négligence, maladie ou blessure, le résultat de l'évolution est détruit. La maladie est une dégénérescence, la douleur le signal d'une reprise d'évolution. D'un côté il faut « considérer le corps comme étant mort », de l'autre, il faut y penser pour n'avoir plus à s'en préoccuper.

Cet arrêt de développement physique à un point spécifique n'est pas particulier à l'homme. Dans le monde organique, la science se trouve partout en face de types fixés. Alors que des groupes innombrables de formes végétales et animales progressèrent aux âges géologiques, d'autres groupes entiers ont assurément subi un arrêt, non dans le temps mais dans l'organisation. Si la nature est pleine d'êtres en développement, elle l'est aussi de types fixés. Il y a trente un ans, Huxley consacra le discours anniversaire de la Société géologique à l'étude de ce qu'il appelait « les types constants de la vie », et il jeta ainsi, dans le monde évolutionniste, une énigme dont la pleine solution n'est pas encore trouvée. Pendant que certaines formes atteignaient leur point culminant il y a des dizaines de milliers d'années, et disparurent, d'autres demeuraient et sont encore vivantes à cette heure sans avoir progressé matériellement. Parmi les plus anciennes plantes carbonifères, par exemple, on trouve des formes génériques identiques à d'autres vivantes. Le cône de l'*Araucaria* moderne se distingue à peine de celui du secondaire. Les coraux tubulaires de la période silurienne sont semblables à ceux d'aujourd'hui. Les strombis (Lamp-shells) de nos mers étaient si abondants à cette même époque reculée qu'ils ont donné leur nom à l'un des grands groupes de roches siluriennes, les strombites (Lingula flags). Les étoiles de mer et les oursins, presque les mêmes que ceux qui hantent les lignes de nos côtes océaniques, fourmillaient dans les plus anciennes roches fossilifères. Les deux formes si justement nommées *brachiopodes* et *échinodermes* (peau hérissée de pointes) sont parvenues jusqu'à nous, presque sans changement, à travers les siècles sans nombre qui séparent de l'ère présente les époques silurienne et du vieux grès rouge.

Cette constance de structure révèle dans la nature un conservatisme aussi commun qu'inattendu. Cela veut-il dire qu'il y a une limite infranchissable au développement organique des êtres vivants ? Faut-il en conclure que les possibilités morphologiques de la structure des corps se sont épuisées elles-mêmes sur certaines lignes, que le cours de leur développement concevable est actuellement achevé ? Dans l'architecture gothique et dans la normande, il y a des points terminus qu'on ne dépasse guère. Sans vouloir poser une limite à l'efficacité du travail de l'esprit, on ne voit pas qu'il puisse aller au delà. D'après la nature des choses, ces styles semblent être limités. John Ruskin nous assure qu'il n'y a dans le monde que trois formes possibles de bonne architecture : la grecque, architecture du linteau ; la romane, celle du plein cintre ; la gothique, celle de l'ogive. « Tous les architectes du monde ne découvriront jamais une autre forme de pont que ces trois-ci : le linteau, le cintre et l'ogive. Ils peuvent varier la courbe de l'arc, incurver les côtés de l'ogive ou les surbaisser ; mais ce faisant, ils modifient simplement ou subdivisent ; ils n'ajoutent pas à la forme générique[1]. »

Il peut y avoir d'une manière analogue des formes génériques terminales dans la structure des animaux, et les types constants nommés plus haut peuvent représenter, dans leur diversité, les limites naturelles des modifications possibles. Nulle modification — nulle d'ordre radical, entendons-nous — ne pourrait être introduite qu'au détriment de l'efficacité pratique. Ces formes terminales marquent ainsi une maturité normale, un but ; elles représentent le bout des rameaux de l'arbre de la vie.

Considérons maintenant la signification de ce fait. La nature n'est pas une succession sans terme, un éternel devenir. Les

[1] *Stones of Venice*, II, 236.

choses arrivent parfois à leur fin. Les strombis ont atteint leur but ; ils sont devenus une part des matériaux immuables du monde ; il n'y aura probablement jamais quelque chose de supérieur dans cette catégorie particulière. Les étoiles de mer sont arrivées, elles aussi ; les oursins et les nautilus, les poissons à arêtes, les tapirs, peut-être le cheval, toutes ces formes si divergentes sont parvenues à la limite qu'elles ne peuvent franchir. Quand le plan du monde fut dressé — pour parler avec la téléologie — une place circonscrite fut assignée à ces types de vie, et ils y sont restés. S'il avait été nécessaire de communiquer l'impression que la nature avait en vue quelque fin grandiose, qu'elle ne visait pas au hasard un niveau général supérieur, cela n'aurait pu se faire d'une manière plus éloquente que par ces points fixes émergeant de partout sur le champ de la science, pierres milliaires, pics montagneux nettement dessinés, invariables depuis des milliers d'années. Comme il y a un plan pour les parties, il y a un plan pour l'ensemble

Mais le plus certain de ces « points terminaux » dans l'évolution de la création, c'est le corps humain. L'anatomie place l'homme en tête de tous les animaux de tous les temps ; mais ce qui est infiniment plus instructif, leurs séries se ferment avec lui, nous venons de le voir. L'homme n'est pas seulement la plus haute branche, il est la plus haute branche possible. Prenons comme témoin l'anatomie elle-même dans ce qu'elle dit du cerveau humain. Ici le fait est non seulement confirmé, mais sa raison d'être s'exprime dans les termes d'une loi scientifique :

« Le développement du cerveau est en rapport avec tout un système de développement de la tête et du visage, système qui ne peut être poussé plus loin que chez l'homme. Le mode d'accroissement de volume de la cavité cranienne fut, en effet, celui d'une gradation régulière, et peut être expliqué comme suit: à nos yeux, le crâne est un cylindre irrégulier; quand il s'étend par accroissement en hauteur et en largeur, il doit s'infléchir sur lui-même, en sorte que la base se ploie et se presse, tandis que le sommet s'allonge. Chez l'homme, cette courbe s'est continuée jusqu'à ce que la partie antérieure du cylindre, celle où le cerveau repose au-dessus du nez, soit à peu près parallèle à l'ouverture de communication du crâne et du canal spinal; le crâne, en d'autres termes, a une courbe moyenne de 180°. Cet infléchissement de la base du crâne a pour corollaire un changement dans la position des os de la face; il ne pourrait s'accentuer sans séparer la cavité nasale de la gorge... Il y a donc évidence anatomique que la forme vertébrée a atteint la limite extrême de son développement dans le corps de l'homme[1]. »

Cette conception du champ de la nature vivante est si suggestive que nous ne pouvons nous empêcher de continuer la citation:

« Le règne animal ne m'apparaît pas comme un arbre au développement indéfini, mais comme un temple surmonté d'un grand nombre de coupoles, dont aucune ne pourrait être surélevée parce que le dôme central — la structure de l'homme — est achevé. Le développement du règne animal est celui de l'intelligence enchaînée à la matière. Les animaux où le système nerveux a atteint la plus grande perfection sont les vertébrés; chez l'homme, cette partie du système nerveux qui est l'organe de l'intelligence a atteint — comme j'ai cherché à le montrer — le plus haut développement possible pour un animal vertébré, pendant que l'intelligence s'élevait à la réflexion et aux volitions. J'en conclus non pas que l'homme est l'intelligence la plus élevée possible, mais que le corps de l'homme est la forme la plus haute possible de vie humaine soumise aux

[1] Prof. J. Cleland: *Journal of Anatomy*. Vol. XVIII, pp. 360-361.

conditions de la matière sur la surface du globe, et que sa structure complète le plan du règne animal[1]. »

Le corps de l'homme n'a jamais été plus grand que sous cette sentence d'arrêt de développement, ni l'évolution plus merveilleuse ou plus bienfaisante. C'était une ère nouvelle dans l'histoire du monde, la fin du cycle de la matière et de la tâche préparatoire des âges écoulés. La *Weltanschauung* en est changée pour toujours. Du faite on peut voir enfin à quoi sert la matière, et toutes les vies inférieures qui apparurent jamais ne paraissent plus que comme le squelette de l'œuvre finale.

Tout l'univers sub-humain trouve sa raison d'être dans sa dernière création, sa justification suprême dans le nouvel ordre immatériel qui s'ouvre avec sa conclusion. Séparez l'homme de la nature et, abstraction faite de la nécessité métaphysique, rien de divin ne reste dans la nature. Pour inclure l'homme dans l'évolution, il ne faut pas le rabaisser au niveau de la nature, mais il faut élever celle-ci au niveau supérieur de l'être humain. L'homme fut fait en elle, ses atomes sont les alliés de l'homme, ses cellules végétales l'élevèrent de la poussière, les animaux par leur labeur favorisèrent son ascension : les mettra-t-il au ban maintenant que leur œuvre est achevée ? La plante et l'animal ont chacun leur fin, mais l'homme est la fin de toutes. La science récente la réinstaure où le poète et le philosophe l'avaient déjà placé, comme la couronne, le maître et la raison de la création. Kant a dit : « L'homme n'est pas simplement une fin dans la nature comme tous les êtres organisés, mais ici, sur la terre, la fin suprême de la nature, vis-à-vis de laquelle toutes les autres choses naturelles constituent un système de fins. » Mais ce n'est pas parce qu'il est la fin des fins, bien plutôt parce qu'il est le commencement des commencements, que l'achèvement du corps marque une crise dans le

[1] *Journal of Anatomy*. Vol XVIII, p. 362.

passé. L'évolution a finalement atteint son point culminant dans une création si complexe et si élevée qu'elle a jeté le fondement d'un ordre supra-organique d'une inconcevable sublimité. A l'heure où un organisme fut formé, rendant possible la pensée, rien de plus ne pouvait être demandé de la matière. Le corps était suffisamment élevé. L'évolution organique peut même résigner ses droits souverains sur le monde : elle a fait un être qui devient son maître. L'homme peut prendre dès maintenant la place de l'évolution : n'avait-il pas été jusqu'alors son unique préoccupation? Dès ce moment aussi la sélection de l'homme peut remplacer la sélection naturelle, son jugement guider la lutte pour l'existence, sa volonté déterminer pour chaque plante si elle fleurira ou se flétrira, pour chaque animal s'il se développera, se transformera ou mourra. L'homme entrait ainsi dans son règne.

La science est chargée de compter l'homme parmi les animaux, rappelons-le une fois encore, et de mettre son corps sur le même plan que la poussière. Mais celui qui lit pour lui-même l'histoire de la création telle qu'elle fut écrite par la main de l'évolution, sera transporté à la vue de la gloire et de l'honneur dont cette créature a été comblée. Être un homme et n'avoir pas de successeur concevable ; être le fruit et le couronnement d'un incommensurable passé, le fruit et le couronnement les plus élevés possibles ; être le vainqueur suprême des phalanges décimées d'existences antérieures, et n'être jamais vaincu ; être ce que l'opulente et puissante nature peut produire de meilleur, le premier d'un nouvel ordre d'êtres qui, par leur suprématie sur le monde inférieur et leur préparation pour une sphère supérieure, se révèlent formés à l'image de Dieu ; être cela, c'est tenir dans la nature un rang infiniment supérieur à celui que la philosophie, la poésie ou la théologie attribuèrent jamais à l'homme.

On a toujours dit à l'homme que sa place était élevée ; mais jusqu'ici il n'en avait pas connu la raison. Il ne savait pas que ses titres étaient les lois mêmes de la nature, qu'il était seul l'alpha et l'oméga de la création, le commencement et la fin de la matière, le but final de la vie.

La nature est pleine de nouveaux commencements; mais depuis l'aube du temps il n'y eut jamais période si importante que celle où l'animal stupide s'éveilla à l'intelligence, et où la créature eut conscience, pour la première fois, de son esprit. Dès ce moment, auquel on ne peut assigner une date, un progrès supérieur et plus rapide apparut au monde. L'intelligence l'emportait dorénavant sur les convenances de structure. Les sages étaient naturellement choisis, préférablement aux forts. L'esprit découvrait de meilleures méthodes, des mesures plus efficaces, des raccourcis. Aussi le corps apprit-il à lui en référer, puis à s'incliner devant lui. A mesure que l'esprit eut plus à faire, il agrandit son champ d'action et perfectionna son travail. Les faveurs de l'évolution distribuées d'abord indistinctement à tous les organes du corps, mouvement, changement, différenciation, addition, furent graduellement prodiguées au cerveau. Les gains s'accumulèrent avec une rapidité grandissante, et par sa surprenante supériorité et son habileté au travail, l'intelligence s'éleva d'un coup au pouvoir suprême et entra finalement en possession d'un monopole qui ne lui sera jamais enlevé.

Cela ne signifie pas seulement qu'un ordre d'animaux supérieurs a fait son apparition sur la terre, mais qu'une page toute blanche de l'histoire de l'univers va être maintenant écrite. Cela ne signifie rien moins qu'un changement de cours du travail de l'évolution. Il y avait jadis un univers physique, il y a aujourd'hui un univers psychique. Et dire que le travail de l'évolution a changé son cours, et qu'il s'est orienté dans le sens psychique, c'est appeler l'attention sur le fait le plus remarquable de la nature. La science n'en a jamais eu de si original ni de si révolutionnaire à découvrir, à étudier ou à proclamer. Pourtant c'est du sentiment individuel sur la valeur du travail évolutif pour le monde que dépendra le pouvoir de ce fait pour émouvoir ou élever l'esprit ; mais ceux qui le réalisent, ne fût-ce qu'imparfaitement, comprendront qu'aucun mot n'en peut exagérer la portée. Que l'imagination s'ingénie à évoquer le passé de la nature. Elle commencera par le panorama de l'hypothétique nébuleuse, jettera un regard sur le champ de la paléontologie, de la géologie, de la botanique, de la zoologie ; elle verra se dérouler le drame majestueux de la création, scène après scène, acte après acte.

Rappelons-nous qu'une force, une seule, a dressé ce grand spectacle, qu'une seule main a opéré ces transformations, qu'un seul principe a fixé le choix de chaque circonstance et de chaque fait subsidiaire, que la même grande loi, patiente, sans ostentation, a guidé et façonné le tout, de ses origines dans le sombre chaos jusqu'à sa fin dans l'ordre, l'harmonie et la beauté. Mais le rideau se baisse. Et quand il se relève, voici, un nouvel acteur entre en scène. Dans le silence, comme il convient à toutes les grandes transformations, l'évolution mentale a pris la place de l'évolution organique.

Toutes les choses qui furent reposent maintenant dans un lointain arrière-plan, comme des possessions oubliées. Et l'homme se tient seul sur le devant de la scène, et quelque chose de nouveau, l'esprit, s'agite en lui, cherchant à se dégager pleinement.

CHAPITRE IV

L'AUBE DE L'ESPRIT

Le plus magnifique témoin de l'évolution de l'homme, c'est l'esprit d'un petit enfant. Le premier rayon de cette inexplicable lumière qui s'appelle conscience — son ou tact autant que lumière —, la première lueur de mémoire, la manifestation graduelle de la volonté, la marche silencieuse vers la prédominance de la raison, autant de sujets d'étude dans l'évolution, les plus anciens, les plus savoureux, les plus instructifs pour l'humanité.

L'évolution est, après tout, une étude à faire dans la chambre d'enfants. Bien avant Darwin, Lamarck ou Lucrèce, la mère penchée sur le berceau suspendu dans la forêt, épiant le premier sourire de connaissance de son nourrisson, exprimait ainsi sa confiance profonde en la doctrine du développement. Depuis lors, toute mère est une évolutionniste inconsciente et, chaque petit enfant, un vivant témoignage donné en faveur de l'évolution progressive.

L'esprit est-il de récente ou d'ancienne date dans le monde ? Est-il le produit d'une évolution d'en bas ou un don originel du ciel ? Bref, l'esprit s'est-il développé au travers des siècles comme le corps, et la confiance de la mère dans le développement intellectuel de son enfant inclut-elle une origine plus reculée de toutes les facultés humaines? Que la mère regarde son enfant et réponde. « C'est le souffle de Dieu, dit-elle ; elle est divine cette vie d'enfant. » Et la mère a raison. Mais qu'elle regarde encore. De qui vient ce front? N'est-ce pas d'elle-même? Et le froncement de sourcils qui vient de l'assombrir? D'elle aussi. Et ce qui causa le froncement assombrissant, ce quelque chose ou ce rien derrière le front, éclair de fierté, de colère ou de haine? Hélas! c'est d'elle, on ne peut s'y méprendre.

Et comme les années passent et que la vie en bouton s'épanouit, il n'y a presque pas un geste, une humeur ou une émotion dont elle ne puisse dire la source d'emprunt. Mais de qui les reçut-elle? D'une mère plus ancienne; et celle-ci? D'une autre encore plus ancienne; et celle-ci à son tour? D'une mère sauvage, habitante des forêts. Et la mère sauvage?

Hésiterons-nous ici? Certes nous le pourrions. L'intelligence est un don si manifestement divin, la conscience est une chose si merveilleuse, que les rattacher au monde animal c'est vouloir, semble-t-il, se jouer des distinctions les plus profondes dans la vie universelle. Et cependant, associer ces choses suprasensibles au règne animal, ce n'est point les identifier au corps animal. L'électricité est liée au fil de métal; elle n'est pas pour cela métallique. La vie est associée au protoplasme, et elle n'en est pas albumineuse. L'instinct est lié à la matière; il n'en est pas davantage matériel. L'intelligence ne se sépare pas de la matière animale, mais elle n'est pas pourtant animale. A mesure que nous nous élevons sur l'échelle de la nature, nous rencontrons de nouveaux ordres de phénomènes, matière, vie, esprit, chacun plus élevé que ce qui précède, chacun différent, totalement et pour toujours, et se servant néanmoins de l'échelon inférieur comme d'un piédestal pour s'élancer vers de nouveaux progrès. Associée donc à la matière animale — de quelle façon? c'est ce que jusqu'ici nulle psychologie ou physiologie, nul matérialisme ou spiritualisme n'a seulement commencé de montrer — ne peut-il y avoir eu dans cette association, dès les premières rougeurs de l'aube, les éléments d'un futur esprit? Les grandes analogies de la nature ne rendent-elles pas cette supposition digne au moins d'un examen? Le fait sans exception connue d'une évolution de toutes les choses inférieures; la supposition, qui se changera bientôt en certitude, d'une évolution mentale parmi les animaux, du cœlentéré au singe; le fait que le développement de l'esprit de l'enfant est une évidente évolution; cette circonstance infiniment plus significative que ce développement semble s'opérer dans l'ordre où il se ferait si le nouveau-né recevait ses facultés du monde animal, et où il s'est affirmé déjà dans l'histoire de la race; tous ces faits constituent un ensemble formidable de preuves en faveur de ces évolutionnistes conséquents, qui, en face des difficultés et des préjugés sans nombre, poursuivent incessamment l'étude légitime du développement des facultés humaines.

L'idée de l'évolution mentale n'excite au premier abord, chez beaucoup d'hommes, qu'une douce hilarité. Mais s'ils voient ensuite que la question est prise au sérieux, il n'est pas rare qu'ils en viennent à s'étonner de l'audace de la suggestion ou à prendre en pitié cette folie. Tous les grands problèmes ont connu cette gradation dans l'accueil; tous ont passé par les phases inévitables de la moquerie, du mépris et de l'opposition. Il doit en être ainsi. Et si ce problème est peut-être « le plus intéressant qui ait jamais été posé à notre race[1], sa base ne saurait être soumise à une critique trop sévère. Mais nul n'a le droit de mettre en question le bon sens ou la légitimité de telles investigations, moins encore de les écarter négligem-

[1] Romanes: *Mental Evolution in Man*, p. 2.

ment *a priori*, jusqu'à ce qu'il ait examiné lui-même le problème pratique et entendu, à tout le moins, les quelques mots prononcés par la nature sur ce sujet.

Au vrai, on n'a qu'à vivre un moment parmi les faits pour voir quel monde d'intérêts s'en dégage, et pour être forcé de suspendre son jugement jusqu'à ce que la science, supputant les termes du problème, ait donné son verdict ultime.

Des penseurs, qui ont des titres à notre respect, sont même allés plus loin. Non seulement ils font rentrer l'évolution mentale dans les hypothèses de la science, mais dans ses faits avérés et ses faits nécessaires. « Est-il concevable, dit Romanes, que l'esprit humain soit sorti, par la voie d'une genèse naturelle, de l'esprit des quadrumanes supérieurs? J'affirme que les matériaux dont nous disposons aujourd'hui suffisent pour montrer que c'est concevable, bien plus, inévitable [1]. »

Nous ne nous proposons pas de discuter ici l'origine ou la nature ultimes de l'esprit; notre sujet, c'est son développement. Cette origine dernière de l'esprit est, à cette heure, un mystère aussi insondable que celui de l'origine de la vie. On a reproché parfois à l'évolution d'avoir la prétention de tout expliquer et de donner au monde la solution de tous les problèmes. Or, il se trouve, au contraire, que les hommes les plus éminents qui tentèrent d'exposer la théorie de l'évolution mentale ont appelé sans cesse l'attention sur le caractère presque indéchiffrable de l'élément dont ils essayaient de tracer l'histoire. Romanes dit : « De ceux qui adoptent sa philosophie, nul ne peut avoir un respect plus profond que le mien pour le problème de la conscience, car je suis intimement persuadé qu'elle est incapable d'en trouver à elle seule la solution. En d'autres termes, je suis d'accord avec les idéalistes les plus avancés en ce qui touche ce côté de la question. Je suis aussi éloigné que per-

[1] *Op. cit.*, p. 213.

sonne de prétendre jeter une lumière sur la nature intrinsèque de l'origine probable du phénomène mental [1]. »

Darwin lui-même recula devant un problème aussi transcendant : « Je n'ai rien à démêler avec l'origine des facultés mentales, pas plus qu'avec celle de la vie elle-même [2]. » Il écrit ailleurs : « Vouloir déterminer de quelle manière les facultés mentales se développèrent d'abord dans les organismes inférieurs, est une entreprise aussi vaine que de rechercher la première origine de la vie elle-même [3]. »

Malgré ce qu'il pensait de la difficulté de ce problème, Darwin mit toute sa force à résoudre la question de l'évolution de l'esprit, son origine et sa nature étant réservées; et il a eu en cela autant d'imitateurs que d'adversaires. Parmi ceux-ci, il faut citer Alfred Russel Wallace, le collaborateur de Darwin dans la découverte de la sélection naturelle, et Saint-George Mivart. Cependant, en se plaçant au point de vue scientifique, l'opposition de Wallace n'apparaît pas si radicale qu'on le suppose généralement. Tout en maintenant son opinion personnelle sur l'origine de l'esprit, ce qu'il attaque dans la théorie de Darwin sur l'évolution mentale, ce n'est pas l'idée du développement, mais seulement la supposition que le développement pourrait être le fruit de la sélection naturelle. L'autorité d'Alfred Wallace est souvent invoquée pour déclarer que les facultés mathématiques, musicales et artistiques ne pouvaient être un fruit de l'évolution, alors que tout ce qu'il a soutenu en réalité c'est « qu'elles n'avaient pu se développer sous la loi de la sélection naturelle [4] ».

Bref, la conclusion de Darwin, que son collègue estimait « manquer d'une évidence suffisante et manifestement con-

[1] *Mental Evolution in Man*, pp. 194-195.
[2] *Origin of species*, p. 191.
[3] *Descent of Man*, p. 66.
[4] *Darwinism*, p. 469.

traire à plusieurs faits dûment constatés », n'était pas celle d'un théorème général, mais simplement d'un théorème spécifique.

Et beaucoup seront d'accord avec Wallace, qui doutait « que la nature entière de l'homme et toutes ses facultés, morales, intellectuelles ou spirituelles, fussent dérivées de leurs rudiments dans les animaux inférieurs, *de la même manière et par l'action des mêmes lois générales que sa structure physique*[1]. »

Plus on a réfléchi à ce problème, plus les difficultés ont grandi et moins l'adoption d'une théorie d'évolution spécifique a trouvé d'encouragements.

Aucun penseur sérieux, quel que fût son point de vue, n'a réussi en réduisant aux dimensions de son propre esprit la distance infinie existant entre l'esprit de l'homme et quoi que ce soit d'autre dans la nature. Les évolutionnistes les plus décidés eux-mêmes sont unanimes, aussi bien que leurs adversaires, à affirmer le caractère unique des facultés intellectuelles supérieures. Cette unanimité de l'opinion scientifique est vraiment extraordinaire. « Je ne sais rien, dit Huxley, au nom de la biologie, je n'ai pas l'espoir de jamais rien savoir des étapes qui ont marqué le passage du mouvement moléculaire aux états de conscience[2]. » « Les deux choses, déclare le physicien, se passent sur des terrains absolument différents; les phénomènes physiques et les phénomènes intellectuels vont chacun leur propre chemin[3]. » « Il est et restera pour toujours incompréhensible, s'écrie le physiologiste allemand, que des atomes de carbone, d'hydrogène, d'oxygène et d'azote, puissent être autre chose qu'indifférents à la manière dont ils se combinent et à leurs mouvements dans le passé, le présent et l'avenir.

[1] *Darwinism*, p. 461.
[2] *Contemporary Review*, 1871.
[3] Clifford, *Fortnightly Review*, 1874.

Il est absolument inconcevable que la conscience puisse surgir de leur action combinée [1]. »

M. Lloyd Morgan, tout évolutionniste qu'il soit dans le domaine intellectuel, est tellement impressionné par l'intervalle immense qu'il constate entre l'esprit de l'homme et celui de l'animal, qu'il s'exprime dans un langage presque aussi fort : « Pour ma part, je ne doute pas un instant que le processus mental soit également le produit de l'évolution chez l'homme et chez les animaux. Le pouvoir de connaître les relations des choses, celui de la réflexion, celui de l'introspection, me semblent marquer une nouvelle phase de l'évolution [2]. » Et encore : « Je ne suis pas préparé à dire qu'il y a une différence spécifique entre l'esprit de l'homme et l'esprit d'un chien . cela impliquerait une différence d'origine ou une différence d'essence. Il y a une différence spécifique marquée et très grande entre le processus matériel, que nous appelons physiologique, et le processus mental ou psychique. Ils appartiennent à des ordres absolument différents. Je ne vois pas de raison de croire que le processus mental diffère, de cette façon-là, chez l'homme et chez les animaux; mais je pense que nous avons, dans l'introduction de la faculté analytique, une phase nouvelle si définie et si bien marquée que nous pourrions la caractériser en disant que la faculté de perception, à ses divers degrés spécifiques, diffère génériquement de la faculté de conception. Et croyant, comme je le fais, que concevoir est au delà du pouvoir de mon chien favori et très intelligent, je suis obligé de croire à une différence générique entre son esprit et le mien [3]. »

Si quelqu'un croit nécessaire, pour assurer ses vues sur l'homme et l'univers, d'affirmer qu'un abîme s'ouvre ici, il

[1] Du Bois Reymond, *Ueber die Grenzen des Naturerkennens*, p. 42.
[2] C. Lloyd Morgan, *Nature*, 1er sept., 1892, p. 417.
[3] C. Lloyd Morgan, *Animal Life and Intelligence*, p. 350.

lui est loisible de le faire. Notre thèse est simplement celle-ci : que l'homme s'est élevé. Il n'importe guère, après tout, que la pente soit abrupte ou douce, que l'homme atteigne le sommet par une marche uniforme, ou qu'il soit, ici ou là, porté au-dessus des espaces vides par des mains invisibles ; mais en tout cas c'est le chemin choisi par la nature. Dire que la conscience est venue de la sensation et celle-ci de la fonction de nutrition, comme par exemple chez la sensitive (*mimosa pudica*), cela peut être faux ou vrai ; mais l'erreur ne devient grave que si l'on estime que cela rend compte tout à la fois de la conscience et de la transition. Le mimosa peut être défini avec les termes qu'on emploierait pour l'homme, mais le contraire ne se comprendrait pas. Le premier est possible parce qu'il y a dans ce qui est le plus petit chez l'homme quelque chose de ce qu'il y a de plus grand dans le mimosa ; le dernier est impossible parce qu'il n'y a rien dans le mimosa qui corresponde à ce qu'il y a de plus grand chez l'homme.

Ce qui est commun aux deux, ou le paraît, peut servir de base de comparaison dans ce qui existe sur la même échelle de valeurs ; mais vouloir inclure dans la comparaison quatre-vingt-dix-neuf et neuf dixièmes pour cent de ce qui dépasse la fraction commune, n'est raisonnable d'aucune façon. En dernière analyse, l'homme a la conscience, le mimosa la sensation, et la différence entre les deux est qualitative aussi bien que quantitative.

Pourtant, si c'est se tromper soi-même que d'ignorer les différences qualitatives qui se montrent au cours de la transition, ce peut être d'autre part une erreur que de négliger cette transition. Si l'avocat de la loi de continuité demande au nom de la science qu'elle soit rectifiée, qu'il en fasse l'essai. Pour le moment, la vérité partielle est peut-être celle-ci : certaines phases primitives de la vie offrent des manifestations imparfaites de principes, qui se préciseront dans la structure supérieure et l'environnement plus parfait de formes ultérieures, et qui cependant ne sont pas contenus dans ces phases primitives ni expliqués par elles. En même temps tout ce qui entre dans l'homme, sensations, émotions, volitions, manifeste une différence provoquée par le fait que l'homme est un être rationnel et conscient, différence que les mots ne peuvent exagérer. La musique varie avec l'oreille, avec l'âme cachée derrière l'oreille; elle se relie à toute la musique que l'oreille entendit jamais ; au simple fait que ce qu'entend cette oreille lui parvient sous forme de musique ; avec le fait qu'elle entend et qu'elle sait qu'elle entend. L'homme diffère de tout autre produit du processus d'évolution en ce qu'il est capable de voir que c'est un processus, en prenant part à son unité, en s'en réjouissant et en y travaillant de bon vouloir. S'il en est une part, il est aussi plus que cela, puisqu'il réunit en lui le spectateur, le directeur et le critique du processus. « En acceptant l'hypothèse d'une vie psychique répandue dans toute la matière, nous obtenons bien une modification du contraste qui existe entre le corps et l'âme, mais non sa suppression. Dans cette hypothèse ils ne sont séparés par aucune différence de nature, et pourtant ils se confondent encore moins en une seule ; l'âme individuelle reste toujours dominante, dans une attitude de complet isolement, en face des monades homogènes, mais en posture de servantes, et dont la multitude unie forme le corps vivant [1]. »

Ces précautions prises, considérons un moment les faits. Tout ici est si intéressant en soi-même que, toute réserve faite sur la possibilité d'en composer un chapitre de l'histoire de l'homme, il vaut la peine d'y jeter un coup d'œil en passant.

Si nous voulons étudier simplement la question générale de l'ascension humaine, il est clair que nous nous heurtons à de grosses difficultés. Lorsque l'esprit émergea de l'état animal,

[1] Lotze, *Microcosmus*, p. 162.

pour une longue période et en vertu même de sa nature, aucun témoignage de ses progrès ne pouvait parvenir jusqu'à nous. Le corps matériel a mis dans les roches ses empreintes graduées sous un million de formes fossiles. A l'autre extrémité du temps, l'esprit de l'homme a tracé sa courbe ascendante sur les tablettes de la civilisation, dans le drame de l'histoire et dans les monuments de la vie sociale; mais l'esprit doit s'être élevé à sa supériorité primitive pendant le long intervalle de monotone silence qui précéda l'ère des souvenirs lapidaires. L'esprit ne peut être exhumé par la paléontologie, ni sortir tout embaumé de l'histoire non écrite. Hors les analogies de l'embryologie, nous n'avons que des inférences pour nous guider jusqu'au temps où il fut assez avancé pour laisser derrière lui quelque registre tangible de ses actes.

Mais, autant que nous pouvons le savoir, il y a principalement cinq sources d'information pour l'étude du passé de l'esprit. La première est l'esprit d'un petit enfant; la seconde, l'esprit des animaux inférieurs ; la troisième, ces témoins matériels des stades primitifs de l'esprit, silex, armes et poteries, conservés dans les musées anthropologiques; la quatrième est l'esprit d'un sauvage, et la cinquième, le langage.

Nous avons fait allusion plus haut à la première source, l'esprit d'un petit enfant. L'esprit dans l'homme ne commence pas sa carrière en pleine maturité. Il paraît, croît, mûrit et décline. En outre, cette croissance est graduelle, un développement infiniment tranquille, sans aucun soubresaut, l'espèce de croissance que la nature nous habitua d'associer à l'évolution dans tous les autres domaines. Si l'esprit de l'enfant, au lieu d'évoluer de l'homme primitif était sorti de quelque animal plus ancien, il ne pourrait simuler avec plus de perfection l'apparence d'en venir.

Mais ce n'est pas tout. L'esprit d'un enfant ne croît pas seulement, il croît encore suivant un certain ordre. Et ce qu'il y a ici d'étonnant, c'est que cet ordre *est probablement celui de l'évolution générale des facultés mentales.* Nous verrons plus loin où la science en a trouvé l'assurance. En attendant, notons simplement le fait que l'esprit humain simule un produit de l'évolution, non seulement dans la manière de son développement, mais dans son ordre. Bref, l'esprit d'un petit enfant doit être traité comme un embryon en développement ; de même que l'embryon du corps récapitule la longue histoire de la vie des corps qui conduisirent jusqu'à lui, ainsi cet embryon plus subtil, en suivant son cours au travers des rapides et brèves années de la première enfance, remonte l'échelle psychique le long de laquelle l'esprit évolua probablement, comme nous le verrons clairement en relevant des faits pris d'un autre domaine. Nous avons vu dans le cas du corps que chaque progrès de l'embryon a son équivalent dans les corps ou dans les embryons des formes inférieures de la vie. De même, chaque phase de développement mental chez l'enfant est représentée d'une façon permanente chez quelque espèce parmi les animaux inférieurs, chez les idiots ou dans l'esprit de certains sauvages vivant à cette heure.

Tournons-nous donc vers la deuxième source d'information, l'esprit dans les animaux inférieurs.

Que les animaux aient de l'esprit, c'est un fait qu'on ne conteste plus guère. On nous a fait, dès notre enfance, avec une insistance particulière, des récits curieux d'intelligence et de sagacité animales, à propos de chiens, d'abeilles, de fourmis, d'éléphants et de cent autres. L'ancienne affirmation que les bêtes n'ont que de l'instinct et pas d'esprit, a perdu sa force. A côté des instincts, les animaux manifestent de l'intelligence, et souvent à un degré éminent ; ils partagent nos sentiments et nos émotions ; ils ont de la mémoire ; ils ont des perceptions : ils inventent de nouveaux moyens de satisfaire leurs désirs ; ils apprennent par l'expérience. Il est vrai que leur esprit présente de grandes lacunes, et précisément dans ce qu'il y a de plus élevé ; mais ce qui importe, c'est qu'ils ont actuellement de l'esprit, quelles qu'en soient la quantité ou la qualité [1].

Si l'abstraction, suivant Locke, « est une opération si haute qu'elle dépasse absolument les facultés de la brute », nous ne pouvons à cause de cela dénier l'esprit à celle-ci; tout au plus ce degré d'esprit que l'homme possède, et que l'évolution ne chercherait dans nul autre être vivant que lui. Un évolutionniste ne s'attendra pas plus à trouver les caractères rationnels supérieurs dans un loup ou un ours qu'à déterrer la turbine moderne d'un aqueduc romain.

Bien que la possession de quelques rudiments d'esprit soit un point de départ suffisant pour l'évolution mentale, dire que l'animal n'en a que quelques rudiments, c'est diminuer les faits. Mais nous savons si peu ce qu'est l'esprit que la spéculation dans ce domaine reste nécessairement grossière. D'un côté nous courons le risque de négliger des distinctions capitales, de l'autre de prétendre connaître toutes ces distinctions parce

[1] Quant à la ligne exacte de démarcation entre l'animal et l'homme, Romanes la place dans la possession exclusive par l'homme du pouvoir de la réflexion introspective à la lumière de la conscience. « En quoi consiste réellement la distinction ? dit-il. Dans le pouvoir qu'a l'être humain d'objectiver ses idées, ou de placer deux états d'esprit en face l'un de l'autre et de déterminer leurs relations. Le pouvoir de penser — ce mot étant pris dans son acception générale — est celui qui est donné par la réflexion introspective à la lumière de la conscience... Nous n'avons nulle évidence du pouvoir qu'aurait l'animal d'objectiver ainsi ses propres idées ; nous n'avons donc nulle évidence qu'un animal soit capable de juger. Bien plus, j'ose affirmer que nous avons l'évidence la meilleure qu'on puisse obtenir de sources nécessairement incomplètes, de l'impossibilité, pour l'animal, d'atteindre à ces hauteurs de la vie subjective. » Romanes en dit les raisons. « C'est l'absence dans la brute des conditions indispensables à la possibilité de ces choses supérieures, en tant que fournies par elle-même... La grande différence entre l'homme et la brute consiste réellement dans les facultés de concevoir et de prévoir ; elle réside dans les conditions nécessaires à la présence de toutes deux. » (*Mental Evolution in Animals*, p. 175.)

que nous avons appris à leur donner certains noms. L'esprit, quand nous arriverons à le connaître, se montrera peut-être un; il est possible qu'il doive être un. L'habitude de regarder inconsciemment les forces et les facultés de l'esprit comme des entités séparées, à l'instar des organes du corps, a ses risques aussi bien que son utilité, et nous ne pouvons nous rappeler trop souvent que ceci est un simple expédient pour rendre la pensée et le discours plus aisés.

C'est à Romanes que nous devons principalement quelque lumière dans ce domaine; et bien que ses recherches n'aient pas eu d'autre caractère que celui d'une exploration préliminaire, leurs résultats ne laissent pas d'être précieux. Estimant que la voie la plus scientifique pour découvrir les affinités entre l'esprit des animaux et celui de l'homme, c'est de les comparer, il commença une laborieuse étude du monde animal. Ses conclusions sont renfermées dans les deux ouvrages: *Animal Intelligence* et *Mental Evolution in Animals*, que personne ne peut lire sans être convaincu tout au moins du sérieux et de l'étendue des investigations. Il va sans dire qu'il trouva de nombreuses traces d'esprit chez les animaux inférieurs; mais c'est surtout l'ordre des phénomènes mentaux qui doit exciter la surprise. Ainsi, en ne considérant qu'une seule série de phénomènes, celle des émotions, tous les produits suivants du développement émotionnel sont représentés à l'un ou à l'autre des différents stades de la vie animale:

Crainte	Sympathie	Bienveillance
Surprise	Émulation	Vengeance
Affection	Fierté	Rage
Combativité	Ressentiment	Honte
Curiosité	Sens du beau	Regret
Jalousie	Douleur	Tromperie
Colère	Haine	Sens du burlesque
Jeu	Cruauté	

Mais cette liste est quelque chose de plus qu'un simple catalogue des émotions humaines rencontrées dans le monde animal ; c'est un catalogue *ordonné*, une échelle psychologique plus ou moins définie. Non seulement ces émotions apparaissent chez les animaux, mais elles se montrent dans cet ordre. Or, il importe extrêmement de trouver un ordre dans l'évolution, car l'ordre dans les événements, c'est l'histoire, et l'évolution est une histoire.

Romanes distingua ce qui lui paraît une des émotions primitives, la crainte, chez des créatures placées très bas sur l'échelle de la vie, les annélides. Un peu plus haut, chez les insectes, il rencontra les sentiments sociaux, de même que l'industrie, la combativité et la curiosité. La jalousie semble être entrée dans le monde avec les poissons, la sympathie avec les oiseaux. Les carnivores sont responsables de la cruauté, de la haine et de la douleur, les singes anthropoïdes, du remords, de la honte, du sens du burlesque et de la tromperie.

Si nous comparons ce tableau avec un autre similaire provenant de l'étude attentive des états émotifs chez le petit enfant, nous constaterons deux faits étonnants. En premier lieu, il n'y a presque pas d'émotions chez l'enfant qui ne soient mentionnées ici. En réalité, cette liste épuise pratiquement la liste des émotions humaines. A l'exception des sentiments religieux, du sens moral et de la perception du sublime, on ne trouve rien, même chez l'homme adulte, qui ne soit représenté plus ou moins nettement dans le règne animal. Mais ce n'est pas tout : ces émotions apparaissent dans l'esprit de l'enfant en croissance précisément *dans le même ordre que celui de l'échelle animale*. A l'âge de trois semaines, par exemple, le petit enfant manifeste visiblement le sentiment de la crainte. A sept semaines on voit les affections sociales poindre chez lui. A douze semaines la jalousie émerge avec la colère sa compagne. La sympathie apparaît après cinq mois ; la fierté, le ressentiment, l'amour des ornements, se montrent après huit mois; la honte, le remords, le sens du risible après quinze. Naturellement ces chiffres n'indiquent pas le moment de la naissance mécaniquement fatale de ces émotions; ils représentent bien plutôt les degrés d'une ascension mentale infiniment douce, degrés assez marqués cependant pour qu'on puisse leur donner des noms et s'en servir comme de points de repère dans la psychogenèse. En les prenant même comme représentants d'un ordre grossièrement dessiné, il n'est pas moins significatif que l'arbre mental soit le même dans la nature inférieure et chez le petit enfant, les racines partant du même point, et les branches suivant a. ez loin une direction parallèle, encore qu'elles soient loin d'aboutir au même niveau.

Supposons-nous arbitrairement ces émotions chez les animaux inférieurs ou y sont-elles réellement? Il est assez probable qu'elles n'y seront pas dans le sens où nous l'entendons d'ordinaire; mais on peut admettre l'hypothèse qu'elles y sont en quelque manière et d'une façon suffisamment nette pour que nous puissions en tenir compte dans notre raisonnement. Certainement, parler ainsi, c'est déjà déclarer vrai — partiellement au moins — ce qu'il faudrait prouver. Mais sans oublier ce qui manque encore à l'enquête faite, il n'en reste pas moins un minimum de résultats généraux suffisant pour justifier l'hypothèse.

Si nous passons du développement des émotions à celui de l'intelligence, le parallélisme s'esquisse encore, bien qu'affaibli. Ici également on retrouve une liste de produits intellectuels communs à l'animal et à l'homme, ainsi qu'un ordre approximatif, le même pour tous deux. Il est vrai que le développement de l'homme au delà du point extrême atteint par l'animal dans le domaine de l'intelligence est infini. Il a le monopole absolu du jugement rationnel. D'où que partent les racines de l'esprit, il n'y a nulle incertitude en ce qui touche le lieu exclusif d'où sortent les branches du sommet. Tout en admettant que les facultés mentales de l'homme et de l'animal se faussent compagnie en un certain point, il n'en reste pas moins à tenir compte de la distance énorme, presque totale pour les manifestations émotives, pendant laquelle on les voit s'avancer parallèlement.

La psychologie comparée n'est pas une science aussi avancée que l'embryologie comparée; cependant, aucun de ceux qui ont senti la force de l'argument de récapitulation pour l'évolution des fonctions physiques ne niera, même en admettant des différences considérables entre les choses comparées, la valeur de l'argument correspondant pour l'évolution de l'esprit. Pourquoi l'esprit récapitulerait-il ainsi dans son développement la vie psychique des animaux s'il n'existait point entre eux quelque lien vital?

Un intéressant complément a été récemment suggéré à cet argument, bien que sous une forme vague, par la pathologie mentale. Quand l'esprit est affecté par certaines maladies, sa déchéance progressive peut être suivie souvent pas à pas. Il ne s'affaisse pas en un instant, tout entier, comme un château de cartes, mais dans un ordre défini, pierre par pierre, ou étage par étage. Or, ce qui est du plus haut intérêt, c'est que cet ordre est très probablement celui dans lequel l'édifice fut construit. L'ordre de déchéance est, en bref, l'inverse de l'ordre d'édification.

La première faculté qui s'évanouit, dans un grand nombre des cas de démence, c'est la dernière qui survint; la précédente est affectée ensuite et tout le ressort se déroule ainsi suivant l'ordre et la direction où il fut probablement remonté. Parfois même le cycle peut être clairement tracé dans le phénomène de la vieillesse. « Comme la conscience est lentement évoluée de la vie végétative, ainsi peut-elle y retourner et s'y résoudre à travers les infirmités de la vieillesse, l'approche graduelle de la mort ou de graves maladies mentales. Les premiers phénomènes de conscience qui cessent, ce sont les plus élevés, les plus différenciés; l'instinct, les mouvements impulsifs et réflexes redeviennent prépondérants. Le stadium de dissolution est atteint par le retour sur le chemin qui conduisit au stadium de maturité : on retombe dans l'enfance[1]. »

D'après la théorie de l'évolution mentale, on pouvait s'attendre à voir chanceler en premier lieu ce qui est le plus élevé chez l'homme. C'est ce qui fut ajouté en dernier lieu, et ce qui, naturellement, est aussi le moins solide. Comme dernier venu, il n'est pas encore installé ; il n'a pas eu le temps de devenir partie intégrante du cerveau ; il a contre lui une alliance des facultés plus anciennes ; la prise de la volonté sur lui est faible et intermittente ; son droit d'occupant est précaire et souvent contesté. Sa chance de durée est donc petite parmi les résidents plus anciens et plus solidement établis. Il s'en suit que si quelque chose va mal, il est le premier à souffrir ; n'est-il pas, en effet, la dernière venue, la plus complexe, la moins automatique de toutes les fonctions?

Nous connaissons trop de ces hommes de haute intelligence, de ces femmes à l'esprit noble et pur, saisis par l'affreuse étreinte de la folie et transformés, en quelques mois bien courts, en êtres pires que la brute. Comment faudrait-il expliquer, sinon par ce principe, la plus terrible des catastrophes, la ruine soudaine et totale, la dévolution d'un saint ? Il est certes inexplicable que le sage devienne un idiot bayard, mais qu'une âme sainte roule jusqu'au blasphème, jusqu'à une immoralité pire que celle dont les races inférieures donnent l'exemple, il y a là une série de phénomènes assez inquiétants pour que l'esprit humain reçoive avec un soupir de soulagement toute expli-

[1] Höffding, *Psychology*, p. 92.

cation fournie par l'évolution, même partielle, même balbutiée.

Dans ces cas de régression, l'admirable et récent édifice humain a été rasé et les fondations seules sont restées dans leur rudesse primitive. On peut ainsi envisager la dévolution corrélative de l'évolution. Les états morbides de l'esprit étant étudiés de plus en plus dans cette relation, il se peut qu'on arrive à esquisser l'ascension intellectuelle, au moins en quelque mesure, en partant des phénomènes de démence. Dans l'état présent de nos connaissances psychologiques et de celles notamment que nous avons du cerveau, il est possible que cet argument ne soit pas très solide ; sa formule exigerait des modes d'expression que la science exacte récuserait peut-être. Ce qu'on en peut dire de plus favorable, c'est que nous sommes en présence d'une suggestion en attente de lumière pour prendre rang de théorie. La source de la connaissance est un complexe tellement indéchiffrable que l'esprit sera toujours l'ultime autorité pour le récit de sa propre histoire. Les analogies tirées de la nature inférieure peuvent faire beaucoup pour confirmer le récit ; l'histoire mentale de la race humaine, depuis les rudiments d'intelligence chez le sauvage jusqu'à son développement dans la vie civilisée, peut apporter une contribution appréciable aux derniers chapitres ; mais l'histoire complète ne sera jamais dite à moins que l'esprit ne la raconte. Et même si elle était jamais écrite le mystère de l'esprit ne serait pas dissipé ; on n'aurait fait que remplacer un mystère par un plus grand. Qu'y a-t-il, en effet, de plus mystérieux que ceci : la clé qui ouvrira la porte du mystère est celée dans le mystère de l'esprit lui-même.

Passer de ces régions troublantes aux contributions matérielles de l'anthropologie demanderait une transition plus douce. Quoi qu'il en soit, cette troisième ligne d'approche vers la connaissance des premières phases de l'esprit ne doit pas nous retenir longtemps.

Les fouilles faites avec tant de persévérance sur tous les points du globe à la recherche des reliques de l'homme primitif ont permis partout la formation de vastes collections, où l'on peut étudier pratiquement les arts, les industries, les armes et, par déduction, le développement intellectuel des premiers habitants de notre planète. Ces collections sont unanimes dans leur témoignage en faveur des deux principales conclusions du débat sur l'évolution mentale. Elles révèlent en premier lieu les traces d'un esprit d'ordre très inférieur dans la plus haute antiquité ; en second lieu elles montrent un progrès graduel de cet esprit à mesure que nous approchons du temps présent. Il se peut que dans certains cas elles suggèrent avec évidence une dégénérescence plutôt qu'une civilisation ascendante ; mais des perturbations de cette sorte n'affectent pas la question principale, ni ne neutralisent les autres faits. On place constamment l'évolution, pour la nier, en présence d'affirmations sur la gloire antérieure de nations maintenant déchues, comme si ce pouvait être un argument capital contre la théorie. Admettons que des nations aient déchu, encore faudrait-il savoir comment elles arrivèrent à leur niveau supérieur. Il est certain, par exemple, que l'Égypte est tombée d'une grande hauteur ; mais le vrai problème, c'est celui qui rendrait compte de la marche vers le sommet. Quand le cerf-volant d'un enfant descend dans notre jardin, nous ne déclarons pas qu'il vient des nuages. Il est clair, d'après tout ce que nous savons des cerfs-volants, que celui-ci monta avant de redescendre, comme il l'est, d'après tout ce que nous savons de la formation des peuples, que les nations qui sont tombées s'étaient élevées auparavant. Bien plus, la force de gravitation qui fait tomber les nations est aussi réelle que la force qui ramène à terre le cerf-volant, et au lieu d'être une pierre d'achoppement sur le chemin de l'évolution, la déchéance d'une nation est une nécessité de sa théorie. La dégénérescence et l'extinction des moins aptes sont consommées aussi infailliblement sous l'action des lois naturelles que la survivance des plus aptes. L'évolution n'est pas du tout synonyme de progrès ininterrompu, mais signifie à chaque tournant chute, déclin et extinction.

Il est clair qu'en appliquant à la plus ancienne des reliques humaines le vieil argument d'un plan, l'homme dut commencer à zéro son ascension vers la civilisation. Il y eut un temps dans l'histoire de toutes les nations, où les seuls suppléments aux organes du corps pour la commodité de l'homme, étaient les cailloux des champs et les bâtons de la forêt. L'usage de ces objets naturels, abondants et portatifs, fut une ressource précieuse pour les peuplades primitives.

Si l'esprit s'est manifesté dans le passé, ce devait être associé à de tels objets, et il semble bien qu'il en ait été ainsi partout. Les restes d'un âge du bois devaient être naturellement annihilés par le temps ; mais des traces d'un âge de la pierre ont été trouvées non seulement en relation avec les commencements d'un petit nombre de tribus, mais — autant qu'on peut le savoir — avec les débuts de toutes les nations du monde. L'usage des outils de pierre, géographiquement si répandu, est un des faits les plus surprenants de l'anthropologie. Au lieu d'être enfermés dans les étroites limites de quelques peuplades, comme on l'affirme quelquefois, leur distribution est universelle. On les trouve dans toute l'Europe et dans ses îles, partout dans l'Asie occidentale et au Nord de l'Himalaya. Le sol en est semé dans la Malésie ainsi qu'en Australie, dans la Nouvelle Zélande, la Nouvelle Calédonie, les Nouvelles Hébrides et les îles de corail du Pacifique. Connus en Chine, ils sont répandus largement au Japon, et on en peut dire autant de l'Amérique, du Mexique et du Pérou. Si un enfant prouve, en jouant avec une bêche de bébé, qu'il est vraiment un enfant, une nation qui travaille avec des haches de pierre montre de même qu'elle est encore un peuple enfant.

Des conclusions erronées ont pu être aisément tirées du fait qu'une nation particulière a fait usage de la pierre ; la loi générale n'en demeure pas moins. Peut-être l'emploi en est-il devenu universel ensuite des relations établies entre peuples ; mais il s'est répandu plus probablement par l'analogie des besoins primitifs et des moyens propres à les satisfaire. Bien que vivant dans des conditions très différentes de milieux et de climats, tous les peuples primitifs ont partagé les instincts de l'humanité, qui exigèrent à l'origine l'emploi des ustensiles et des armes. Tous les hommes ressentirent la même faim, tous eurent l'instinct de la préservation personnelle. L'universalité de ces instincts et l'abondance de la pierre conduisirent l'homme encore chancelant à s'attacher à elle, à en faire le premier degré de l'industrie et des arts. Un âge de la pierre fut ainsi le commencement naturel de toute civilisation. D'après la nature même des choses il ne pouvait y en avoir d'autre plus ancien. S'il est vrai que l'esprit se développe par des degrés presque insensibles, la situation exacte que réclame la théorie est ici donnée par un fait réel. Le degré immédiatement supérieur à l'âge de la pierre est exactement aussi ce que l'on aurait attendu d'un examen attentif d'anciens objets. C'est un âge de la pierre améliorée. En effet, on trouve deux espèces d'outils et d'armes, ceux de pierre taillée et ceux de pierre polie. Pendant une longue période l'idée ne semble pas avoir germé qu'une pierre polie pouvait faire une hache meilleure qu'une pierre taillée. L'esprit n'était pas encore à la hauteur de cette petite découverte, et il y a dans le monde une quantité considérable d'ustensiles et d'outils de pierre taillée représentant une durée considérable. Même à l'heure où le sauvage rivalisa avec son congénère en ornant ses silex du poli le plus fin, l'inspiration lui en vint probablement de la nature. Le premier ouvrier lapidaire fut la mer ; le caillou poli sur le rivage ou la pierre roulée du torrent de montagne fournirent le modèle. Il n'y a pas de doute que la pierre taillée précéda la pierre polie. Ainsi les objets de la période glaciaire, ceux des tumulus danois, des cavernes et des graviers de Saint-Acheul sont pour la plupart de pierre taillée, tandis que ceux des lacustres postérieurs sont presque tous du type de la pierre polie.

Il n'est pas nécessaire à notre plan de faire défiler l'âge du bronze et celui du fer après l'âge de la pierre. De ce point même l'ordre de succession nous permet de passer des tumulus et des dépôts des cavernes à certains hommes vivants aujourd'hui. Il y a, près de nous, des nations qui ont progressé si peu psychiquement, qu'elles en sont encore à l'âge de la pierre, des peuples dont la culture mentale et les coutumes sont comme les témoins présents de la mentalité de l'homme primitif. Ces enfants de la nature ont repris la route du progrès intellectuel au point précis où les troglodytes et les hommes de la période glaciaire la laissèrent, et le voyageur moderne peut, en partant de la civilisation européenne, suivre pas à pas, en remontant aux origines, la marche de l'esprit, ses lignes divergentes jusqu'à la ligne simple, jusqu'aux lacustres encore vivants des bords du Nyassa, ou aux Boschimans de la forêt africaine. Il y eut un temps où ces humbles peuplades, avec leurs coutumes étranges et barbares, étaient uniquement pour les civilisés un objet de curiosité. Et maintenant l'étude des races inférieures a pris le premier rang dans la psychologie comparée. Quiconque étudie les origines, celles de l'art ou de la morale, des langues ou des lettres, des lois ou de la religion, doit en chercher les racines dans les coutumes, les traditions, les croyances et les institutions de la vie sauvage.

Ceci nous amène à la quatrième des sources où nous devons puiser quelques données sur le passé de l'esprit, c'est-à-dire le sauvage. Personne ne devrait se prononcer sur l'évolution de l'esprit avant d'avoir vu un sauvage, non pas celui qu'on exhibe sur le pavé des villes australiennes, ni le Cafre des ports de l'Afrique du Sud, ni l'Indien des Réserves dans les États de l'Ouest ; mais le sauvage tel qu'il est en réalité et tel qu'il peut être vu aujourd'hui par tout homme désireux de contempler un spectacle si instructif. Aucune « tranche de vie » ne peut lui être comparée en intérêt ou en pathétique, ni exciter chez un homme de pensée une émotion aussi vive. S'asseoir près de cette créature impénétrable, au cœur de la forêt primitive, vivre avec lui à son foyer naturel, comme l'hôte de la nature, observer ses coutumes et ses mœurs, essayer de saisir le mystère constant de ses pensées, que le sauvage d'aujourd'hui représente ou non le sauvage primitif, c'est ouvrir l'un des grands ateliers de la création, et regarder le produit inachevé d'où l'humanité évolua.

Le monde a vieilli, et cependant le voyageur qui veut essayer d'observer les premières traces de l'esprit humain peut encore le faire. Qu'il choisisse une région où le vent de la civilisation européenne ait à peine soufflé ; qu'il commence par une croisière vers l'archipel malais ou vers les mers madréporiques du Pacifique méridional. Là, il peut se trouver en des lieux qu'aucun homme blanc ne foula jamais, sur des îles où des races inconnues achevèrent le cycle de leur destinée depuis un nombre considérable de siècles, dont les peuplades procréent sans porter aucun nom, et dont les coutumes et la vie ne sont aperçues du monde extérieur que par la lunette d'un capitaine de navire. Longeant la côte, il verra des hommes au visage sombre se glisser furtivement parmi les arbres, ou passer rapidement sur leurs canots d'écorce, ou encore ramper craintivement sur le sable de corail. Il peut les observer cueillant le fruit de l'arbre à pain, secouant le cocotier pour en faire tomber la noix et arrachant le taro (l'arum comestible, *trad.*) pour un repas toujours le même, d'un bout de l'année à l'autre, d'un siècle à un autre siècle. En une heure ou deux, il peut parcourir le cercle presque entier de leur très simple vie et se rendre compte de l'abîme creusé entre eux et lui, au moins en ceci qu'il lui est impossible de se faire une image de l'état mental des hommes et des femmes dont tout l'univers est renfermé dans ce cadre étroit.

Qu'il longe les côtes septentrionales du Queensland et, qu'en abordant au lieu où la crainte de l'homme blanc rend un débarquement possible, il pénètre dans la brousse australienne. Bien que les Européens y aient passé depuis une génération, l'enfant de la nature n'en a pas été impressionné ; ni les relations d'échange, ni l'esprit d'imitation ne l'ont fait avancer d'un pas hors de la vie sauvage la plus inférieure. Ces peuplades aborigènes ne connaissent pas de maison ni de foyer ; elles ne sèment ni ne moissonnent ; leurs armes sont celles que fournit la nature, un bâton pointu ou un gourdin noueux. Ils vivent comme des bêtes sauvages de racines, de baies, d'oiseaux et du « wallaby » et représentent presque, dans la monotonie de leur existence et l'engourdissement de leur esprit, le niveau le plus bas de l'espèce humaine [1].

Se détournant de ces rudiments d'humanité, que notre voyageur se dirige vers les Nouvelles Hébrides, Tanna, Santo, Ambrym et Aurora. Outre l'homme, ces îles ne contiennent que trois choses, du corail, de la lave et des arbres, et jusqu'à hier, leurs peuplades n'avaient jamais vu que du corail, de la lave et des arbres. Ils ne savaient pas qu'il y eût autre chose dans le monde. Il y a un siècle, le capitaine Cook découvrit ces insulaires et leur donna quelques clous ; ils les plantèrent dans le sol, espérant en voir croître de plus grands. Il est vrai que, dans d'autres pays, une vie très riche et un monde prodigieux

[1] Le télégraphe qui relie l'Australie à l'Europe traverse d'un bout à l'autre la région occupée par ces tribus. Cette situation n'est-elle pas dramatique ? Ce qui l'est encore plus, peut-être, c'est que les natifs ne le connaissent que sous son seul aspect matériel, par ses fils de cuivre, le premier métal qu'ils aient vu, et dont ils coupent des morceaux pour en faire des pointes de harpons.

purent être formés d'éléments qui n'étaient guère plus variés que le corail, la lave et les arbres ; mais sur ces îles des tropiques la nature est mortellement bonne. Ce qui est nécessaire à ses enfants leur est offert tout préparé. Son soleil les caresse, en sorte qu'ils ne connaissent ni le froid ni la chaleur extrême; elle leur prépare des récoltes d'une abondance sans égale et fait de l'année une longue moisson ; elle ne permet à aucun animal sauvage de rendre les forêts inhabitables, et, les enveloppant de mers inviolées, elle les préserve des attaques d'hommes ennemis. Placés en dehors de la lutte pour la vie, ils sont hors de la vie elle-même. Traités en enfants, ils demeurent enfants. Leur vue rappelle les longs loisirs de l'enfance du monde ; les regarder, c'est voir dans un miroir son visage naturel.

Traversons les autres îles de cannibales, et, sauf une amélioration des armes et la construction d'une hutte, on ne trouve encore, dans de vastes régions, aucun signe de progrès mental. Néanmoins avant d'avoir achevé le tour du Pacifique, un changement s'annonce. Les commencements de l'industrie et même de l'art apparaissent graduellement. Dans le groupe des îles Salomon et dans la Nouvelle Guinée on peut voir l'enfance de la sculpture et de la peinture. Les canots sont grands et bien construits, on fabrique des hameçons et on y trouve de primitifs métiers à tisser. Incontestablement l'esprit de l'homme a commencé ici sa marche en avant, et ce qui étonne, ce n'est pas tant la pauvreté de l'esprit primitif que les possibilités énormes qu'il recèle et la rapidité vertigineuse de son ascension vers les sommets. Quand on atteint les îles Sandwich, le contraste apparaît dans sa pleine signification. Il y a un siècle, le capitaine Cook, par qui le monde apprit l'existence de ces îles, y fut tué et mangé. Aujourd'hui, les fils de ses meurtriers ont pris place parmi les nations civilisées, et leurs souverains se font reconnaître par les cours modernes.

On a écrit des livres sur l'esprit des animaux ; il est étrange qu'on en trouve si peu sur l'esprit du sauvage. Mais bien que cette mine vivante n'ait pas encore été exploitée pour livrer à la science sa contribution suprême, des faits en grand nombre n'en sont pas moins connus qui pourraient suggérer et appuyer une théorie de l'évolution mentale. Laissant pour un moment les cas individuels de nations tombées d'un niveau intellectuel élevé, ces faits nous fournissent la preuve d'une potentialité grandissante et d'un ordre qui va s'élargissant à mesure que nous passons des peuplades primitives aux états civilisés. On peut évidemment discuter si, pendant la période historique, l'intellect humain a pris un vol inattendu, si des intelligences plus pénétrantes et plus royales que celles de Job, d'Ésaïe, de Platon, de Shakespeare ont jamais apparu. Mais c'est une question d'hier; ce qu'il importe de marquer maintenant, c'est que l'esprit de l'homme dans son ensemble a émergé lentement et graduellement des brumes; qu'il a existé, et qu'il existe encore aujourd'hui parmi certaines tribus, au point de développement le plus bas où il soit possible de lui associer le qualificatif d'humain; que de ce point une ascension de l'esprit peut être tracée, de la tribu à la nation, en lignes toujours plus complexes, en nuances toujours plus variées, jusqu'au niveau supérieur des États civilisés. D'après la nature des choses, nous devions nous attendre à ce résultat, car ce n'est pas seulement une question de faculté, mais avant tout, et dans un sens plus intime que nous ne pouvons l'imaginer, une question d'évolution graduelle du milieu. Tout enrichissement, si petit soit-il, du sol nourricier de l'esprit, signifie un enrichissement correspondant de l'esprit lui-même. « Voyons seulement ce qu'il adviendrait de nous-mêmes si la masse des connaissances présentement acquises était balayée, et si les enfants étaient laissés sans autre richesse que leur balbutiement de nourrissons pour grandir sans guides et sans instructions d'adultes. Nous comprendrons bien vite que même maintenant les plus hautes facultés intellectuelles seraient réduites presque à l'impuissance à cause du manque de matériaux que seule une civilisation antérieure peut accumuler. Ainsi nous ne manquerons pas de voir que le développement des facultés intellectuelles supérieures a marché de pair avec le progrès social, comme cause et conséquence tout à la fois ; que l'homme primitif ne pouvait évoluer jusqu'à ces facultés supérieures en l'absence d'un milieu favorable, et qu'en ceci, comme en d'autres domaines, son progrès a été retardé par l'absence de capacités que le progrès pouvait seul déterminer [1]. »

Le dernier témoignage est celui du langage. Pour expliquer l'absence de preuves actuelles de l'évolution mentale, on a déjà rappelé que l'esprit ne laisse pas d'empreinte matérielle permettant au paléontologiste de retrouver les traces de son ascension. Ce n'est pourtant pas tout-à-fait exact. Les silex et les pointes de flèches, les couteaux et les marteaux de l'homme primitif sont de l'intelligence fossile ; les débris d'arts et d'industries infantiles sont de l'esprit pétrifié. Mais il y a un moule où l'esprit s'est modelé en forme plus grande et plus belle que nulle autre part. Quand on examine le contenu du vase, nous voyons non seulement ce que la main de l'homme forma, mais ce que l'homme disait à son compagnon de travail, et ce qu'il pensait en s'exprimant. Ce moule, c'est le langage. Le langage, dit Jean Paul Richter, est « un dictionnaire de métaphores vieillies ». Mais il est bien plus. Un mot est comme une monnaie du cerveau, l'expression tangible d'un état mental, le témoin des richesses intellectuelles d'une race. Un vieux mot nous parle d'une pensée jadis en circulation ; il est un révélateur à la manière de la pièce d'or antique qui nous raconte, par son image et son inscription, la vie et les aspirations de ceux qui la frappèrent. « Le langage, c'est l'ambre dans lequel

[1] Herbert Spencer, *Principles of Sociology*, vol. I, p. 90, 91.

mille pensées précieuses et subtiles furent soigneusement embaumées et préservées. C'est l'incarnation des sentiments, des pensées et des expériences d'une nation, souvent même de plusieurs nations, et de tout ce qu'elles cherchèrent et acquirent au travers de siècles sans fin. Il demeure, ainsi que les colonnes d'Hercule, marquant les limites des conquêtes morales et intellectuelles de l'humanité ; non pas fixe et immuable comme ces colonnes, mais se déplaçant lui-même au fur et à mesure des progrès nouveaux. Les puissants instincts moraux qui travaillent l'âme populaire y ont trouvé leur voix inconsciente, et les esprits distingués qui voulurent voir jusqu'au fond des choses ont souvent résumé ce qu'ils découvrirent en un mot dont ils enrichirent l'homme pour toujours, ouvrant par ce mot un nouveau monde de pensées qui sera dorénavant le commun héritage de tous[1]. »

Quand nous fouillons ce merveilleux édifice, quelle est donc la révélation qui nous est faite de l'état mental des hommes vivant à l'aube du langage ? Celle d'une grande et pathétique pauvreté. Tous les fossiles enseignent la même leçon, la leçon de la vie : formes et beauté s'évanouissent dans un indigent passé. Que ce soient les coquilles habitées une fois par des créatures vivantes, ou les os des types vertébrés disparus, ou les mots où la sagesse humaine est enclose, les formes deviennent plus simples et plus frustes, la vie est moins abondante et moins riche à mesure que nous remontons vers le berceau des temps.

Ils parlent de jours où le monde était jeune, où les plantes étaient sans fleurs, les animaux sans épine dorsale, d'un temps plus récent où l'homme primitif fouillait les forêts en courses de rapine, taillait ses silex et balbutiait en syllabes confuses des récits de chasse et de bataille. Nul mot n'entrait alors dans

[1] Trench, *The Study of Words*, p. 28.

le langage humain que celui qui se rapporte aux pauvres et monotones activités d'un être dont le sort était presque le lot de l'animal. C'était le temps du protoplasme du langage. La différenciation n'était pas faite entre le verbe et l'adverbe, le substantif et l'adjectif. La phrase n'existait pas comme telle, chaque mot étant une phrase. Il n'y avait pas de flexions grammaticales, mais seulement l'inflexion de la voix ; les modes des verbes étaient indiqués par l'intonation ou l'expression du visage. Les pronoms « lui » et « vous » étaient remplacés par le geste du doigt montrant la personne. L'homme n'avait pas même de mot pour parler de lui-même, car il ne s'était pas encore découvert. Attentivement considéré, ce fait donne une valeur presque unique au témoignage du langage en faveur de l'ascension de l'esprit. On ne peut rien dire de plus significatif au sujet du passé mental de l'homme que ceci : il y eut un temps où cet homme était à peine conscient de lui-même en tant qu'être distinct ; il se connaissait non comme sujet, mais à la façon du petit enfant, comme l'un des objets du monde extérieur. Ces mots bien connus auraient pu être écrits pour l'histoire de l'humanité : « Quand j'étais enfant, je parlais comme un enfant ».

Nous le verrons encore mieux quand nous en viendrons à considérer l'évolution du langage lui-même. En attendant, relevons une relation d'un ordre plus significatif entre le langage et tout le sujet de l'évolution mentale ; car ce point n'est pas seulement d'un intérêt spécial, il touche encore à l'un des problèmes vitaux de l'ascension de l'homme, et il aide à le résoudre.

La distance énorme franchie par l'esprit de l'homme au delà des limites extrêmes de l'intelligence atteintes par l'animal est une circonstance embarrassante, qui n'a d'égale en étrangeté que cette autre, la soudaineté du phénomène. Les deux faits sont sans parallèle dans la nature. Pourquoi entre les innombrables milliers d'espèces animales, douées chacune d'un rudiment d'esprit, et qui toutes sont restées comparativement à un niveau si bas, l'homme seul a-t-il fait un saut si considérable ? Pourquoi a-t-il développé des forces d'une qualité et avec un succès tels que l'histoire du monde n'en offre aucun autre exemple ? C'est une question qu'il est impossible d'éviter. Ce pas, de beaucoup le plus grand qu'on connaisse, n'a pas été seulement franchi à la onzième heure, mais une heure y a suffi[1]. Cela ne semble-t-il pas être la négation même de l'évolution ? Qu'est-ce donc qui, dans le cas de l'homme, donna à son départ ces forces mentales inconnues jusque là, ou favorisa un développement si rapide et si prodigieux ?

Les facteurs de toute évolution, et de celle-ci par dessus toute autre, sont trop subtils pour encourager la spéculation hasardée sur un problème si délicat. Néanmoins les hommes de science répondent avec une remarquable unanimité à la question ainsi posée : Qu'est-ce qui produisit, dans le cas de l'homme, ce soudain élan de l'intelligence ? Il vint, disent-ils, du pouvoir que l'homme acquit d'exprimer sa pensée, c'est-à-dire du langage. Jusqu'alors l'évolution n'avait pas d'autre moyen d'accumuler ses gains que l'hérédité ; mais transmettre physiologiquement un progrès quelconque, c'était un travail long et précaire. La découverte du langage permit une nouvelle méthode de progrès. Au lieu d'abandonner les gains au vent de l'hérédité, les ailes des mots les portèrent. On n'augmente pas son argent en ajoutant pièce à pièce seulement, mais en plaçant chacune à un bon intérêt. Les animaux connurent la première méthode dans leurs acquisitions mentales ; l'homme choisit la seconde. De très bonne heure, comparativement, il découvrit pour son argent un placement permanent

[1] Comparée en effet au temps des premières activités animales, la naissance de l'homme est un événement d'hier.

de premier ordre, en sorte qu'il put non seulement faire des économies et les placer à un taux élevé, mais encore obtenir sa part des gains réalisés par les autres hommes.

Le langage, voilà sa découverte. Certains animaux en ont eu quelque forme imparfaite, mais l'homme seul réussit à l'amener au point où elle pouvait être réellement utile. La condition de toute croissance, c'est l'exercice, et jusqu'à ce que l'homme ait eu l'occasion d'en faire l'essai sur un champ plus vaste, de se rendre compte ainsi de ce qui lui manquait de cervelle, il n'avait que bien peu de chance de l'accroître. C'est la parole qui lui fournit cette occasion. Il enrichit rapidement sa matière cérébrale en lui trouvant de nouveaux emplois, de nouvelles occasions de s'exercer et par-dessus tout la possibilité de faire de l'individu le patrimoine de la race. Quand l'homme agissait, il lui était loisible maintenant de le raconter ; quand il apprenait quelque chose, il pouvait le transmettre ; quand il devenait sage, sa sagesse ne mourait pas avec lui : elle prenait sa place dans l'esprit de l'humanité. Un homme prêtait ainsi son esprit à un autre ; les placements devenaient de plus en plus considérables, les intérêts de plus en plus importants : la fortune de l'homme était assurée. Dans la simple lutte pour la vie, son habileté était prodigieuse; mais sans le langage il ne se serait pas élevé beaucoup au-dessus de l'animal.

Outre économie de temps et facilité d'accroître ses connaissances, l'acquisition de la parole signifiait économie cérébrale. Un mot est la forme concentrée d'une pensée. Faire usage du langage, c'est rendre la pensée facile. De là un soulagement pour les énergies cérébrales, leur permettant d'autres travaux dans de nouvelles directions. La parole devint, de cette façon, le facteur principal du développement intellectuel de l'humanité. Le langage forma le treillis auquel l'esprit s'attacha pour s'élever, et qui dut supporter les fruits mûrs de la connaissance que de nouveaux esprits cueilleraient un jour. Avant que le fils du sauvage eût atteint sa dixième année, il avait appris tout ce que savait son père : règles du jeu, habitudes des oiseaux et du poisson, construction des trappes et des pièges. Le monde physique, le changement des saisons, le séjour des tribus hostiles, les ruses de la guerre, tous les détails et les intérêts de la vie sauvage lui avaient été exposés. Avant d'entrer dans sa deuxième décade, il était préparé à la lutte pour la vie, mieux que ses ancêtres dans leur âge avancé. En un mot, le fils commençait son évolution où son père l'avait achevée. Essayons seulement de nous représenter ce que serait pour chacun de nous l'obligation de commencer la vie sans pouvoir rien apprendre des expériences d'autrui, de vivre dans un monde ignorant et muet, et nous verrons quelle chance avait l'animal de faire un progrès marqué avant de posséder la parole.

Si l'évolution mentale est une réalité et doit arriver à un but, est-ce trop s'avancer que de dire : la parole est sa condition nécessaire ? C'est par elle seule que les fruits de l'observation et de l'expérience d'une génération peuvent être rassemblés en assez grand nombre pour former l'héritage suffisant d'une seconde génération, et sans elle il ne saurait y avoir d'action concertée, ni de vie sociale. Après tout, la grandeur de l'esprit humain est due à la langue, l'instrument matériel de la raison, et au langage, l'expression externe de la vie intérieure.

CHAPITRE V

L'ÉVOLUTION DU LANGAGE

Si l'évolution est la méthode de création, la faculté de la parole n'est point un don accordé un beau jour sous sa forme parfaite. L'esprit de l'homme ne saurait être conçu comme le cylindre d'un phonographe, devant lequel des mots furent prononcés et qu'il mit en réserve pour l'usage futur. Avant que l'*homo sapiens* se soit développé, il faut nécessairement qu'il ait été précédé, pendant une période plus ou moins longue, par l'*homo alalus*, l'homme qui ne parle pas. Cet homme a dû faire ses mots, et, commençant par des signes muets et des cris inarticulés, élever l'édifice du langage mot par mot, à l'instar du corps formé cellule par cellule.

La théorie de l'origine du langage universellement admise jusqu'à une époque récente, c'est celle qu'on trouve encore dans la huitième édition de l'*Encyclopaedia britannica* exprimée en ces termes : « nos premiers parents le reçurent par une inspiration immédiate ». Or cette théorie est tout juste aussi vraie, pour la science exacte, que l'idée d'une formation du monde en six jours par la parole créatrice directe. Toutes deux sont vraies poétiquement, mais elles ne sont ni l'une ni l'autre l'expression adéquate de faits constatés, et la science qui est à la découverte des méthodes d'opération précises ne peut s'en contenter. Ces mêmes recherches qui rendent insoutenables, dans le règne physique, les vues poétiques sur la création sont en train d'écarter lentement l'antique idée de l'origine du langage. Il est improbable que celui-ci ait été soustrait à une loi dont l'universalité est de mieux en mieux établie à mesure que nous avançons sur la voie du progrès ; et maintenant que le champ est exploré à fond, les preuves arrivent de partout qu'il n'est point une exception. Il est clair que la simple suggestion d'une telle possibilité suffit à donner un intérêt très vif à l'étude du langage. L'évolution ne pénètre dans aucun recoin du temple de la connaissance, quelque sombre, négligé ou reculé qu'il soit, sans le transformer. La linguistique est devenue l'une des sciences les plus passionnantes depuis que la magicienne l'a touchée de sa baguette. Le langage dont l'étude n'intéressait naguère que quelques spécialistes, a pris l'aspect d'un vaste palimpseste, où l'esprit et l'âme du passé font ressortir en lettres de feu chaque mot et chaque phrase. Nous ne pouvons aller bien loin maintenant dans ces régions fascinantes : ce chapitre doit donner une simple esquisse des conditions qui rendirent possibles à l'homme ses premiers essais de langage, des principes qui le guidèrent apparemment dans la formation de son vocabulaire primitif, et du perfectionnement graduel des moyens de communication avec ses semblables à mesure que le temps s'écoulait. Au lieu donc de parler tout d'abord de mots articulés, considérons l'homme. En effet, la première condition, pour comprendre l'évolution du langage, doit être de la regarder comme une étude de la vie elle-même, de se replacer dans la forêt primitive avec l'homme qui l'habitait, en contact avec les scènes qui lui furent familières, et de noter avec soin les expériences réelles et les nécessités d'un tel sort. Nous pourrons découvrir, au cours de nos recherches, les faibles traces d'une sorte d'inspiration miraculeuse de mots formulés. Mais, après tout, rendre un homme capable de faire une langue, n'est-ce pas tout aussi miraculeux que de créer le langage pour l'inoculer ensuite à un homme ?

Le principe de la coopération est un des plus anciens au cours de l'évolution. Bien avant que les hommes apprissent à se réunir en tribus et en clans pour mettre en commun leurs forces et leurs services, l'institution grégaire était en œuvre : les daims et les singes se formaient en troupes, les oiseaux sillonnaient les airs en vols légers, les loups couraient en meutes sauvages, les abeilles étaient rassemblées en essaims et les fourmis en colonies. Ces types sociaux sont si nombreux, ils dominent tellement aujourd'hui dans toutes les parties du monde, que nous pouvons être assurés des avantages exceptionnels de l'état grégaire dans la lutte pour le progrès.

La simple supériorité physique du nombre est, parmi ces avantages, le plus facile à constater. Mais il y en a un autre plus important, infiniment, la force mentale d'une association. Voici un troupeau de daims, dispersés à leur ordinaire sur une ligne d'un kilomètre. Non seulement chaque animal participe de la force physique des autres, mais de leur capacité de vigilance. La garde qu'il monte contre un danger possible s'étend à tout le troupeau. Il a autant d'yeux que lui, autant d'oreilles ou de narines humant au vent ; son système nerveux s'étend sur tout l'espace occupé par lui ; bref, son environnement propre ce n'est pas seulement ce qu'il entend, voit, flaire, touche ou goûte lui-même, mais ce que chaque membre du troupeau entend, voit, flaire, touche ou goûte. C'est un avantage énorme dans la lutte pour la vie. Les daims doivent s'armer surtout contre les surprises ; quand on en vient à la lutte, les camarades n'ont plus guère d'utilité. A cette heure de crise ils s'enfuient, abandonnant les victimes à leur mauvais sort. Mais en se prévenant l'un l'autre de l'approche du danger, ils se donnent une aide mutuelle si grande que les animaux grégaires, timides et sans défense en tant qu'individus isolés, ont survécu et occupent en multitudes innombrables les degrés les plus élevés dans la nature.

Néanmoins le succès du principe coopératif dépend d'une condition : les membres de la troupe doivent avoir un moyen de communiquer entre eux. Quel que soit le degré d'acuité des sens de chaque animal, la force de la colonne dépend du pouvoir de transmission de toute impression reçue du dehors par l'un quelconque de ses membres. Sans ce pouvoir, la socialité du troupeau est annihilée : l'armée n'ayant point de service de signaux est impuissante en tant qu'armée. En revanche, si tout membre de la troupe peut transmettre la nouvelle d'un danger rapproché, soit par un mouvement de la tête, du pied, de l'oreille ou du cou, soit par un signe ou un son, chacun entre instantanément en possession des facultés de l'ensemble. Chaque individu a cent yeux, cent nez et cent oreilles ; il a un système nerveux long d'un kilomètre. Ainsi le nombre ne devient force que s'il est accompagné d'un pouvoir de communication par signes. Si un troupeau développe ce système de signaux au lieu qu'un autre le néglige, les chances de survivance du premier seront plus grandes. Les moins bien préparés seront lentement décimés et repoussés, tandis que ceux qui survivent et propagent leur espèce seront les possesseurs du service de signaux le plus complet et le plus efficace. De là, tout naturellement, l'évolution du système de signaux. Ses progrès étaient inévitables sous l'influence de la sélection naturelle. Avec le temps, de nouvelles circonstances et combinaisons devaient amener des additions au vocabulaire des signes, additions vocales ou visuelles. Chaque série d'animaux devait acquérir en propre un service spécial de signaux, élémentaire au possible, couvrant cependant le champ tout entier de ses expériences ordinaires et propre à exprimer ses états mentaux limités.

Ces signes constituent un langage, et c'est ce qui nous intéresse en eux. L'évolution que nous venons de retracer n'est rien moins que le premier degré de l'évolution du langage. Tout moyen de communiquer, d'un esprit à l'autre, une information quelconque, est un langage, et la parole a existé sur la terre du jour où les animaux ont commencé la vie commune. Le simple fait que des animaux s'attachent à des congénères, qu'ils vivent ensemble, vont et viennent de compagnie, prouve qu'ils communiquent entre eux. Chez les fourmis, les plus sociables peut-être des animaux inférieurs, cette faculté de communication est si parfaite que ces insectes semblent vraiment avoir, à côté d'un certain nombre de signes généraux, des moyens de se renseigner réciproquement sur des choses de détail. Traversant un district en grandes armées, les fourmis gardent leurs communications d'un bout de la ligne à l'autre ; elles peuvent se signaler les routes les plus praticables, la présence d'ennemis ou d'obstacles, la proximité de provisions, et même, en des occasions particulières, le nombre d'insectes requis pour un service spécial. Tout le monde a observé une rencontre de fourmis, échangeant de rapides saluts en agitant vivement leurs antennes, et il se peut que ce soit par ces organes entrecroisés que des rapports définis d'être à être firent leur apparition dans le monde. On n'a pas encore pénétré la nature exacte de la langue des antennes, mais la perfection à laquelle elle est portée prouve que l'idée générale d'un langage a existé dans la nature dès les temps les plus anciens.

On trouve chez les animaux supérieurs les expressions variées d'émotions, qui sont devenues, le temps aidant, utiles à la transmission des informations. Le hurlement du chien, le hennissement du cheval, le bêlement de l'agneau ou de la chèvre, et les signes vocaux en général sont tous promptement compris par les autres animaux. Un singe exprimera ses sentiments au moyen de six différents sons au moins, et Darwin a discerné quatre ou cinq modulations dans l'aboiement du chien : « l'aboiement de l'ardeur, comme à la chasse ; le grognement de la colère ; le hurlement du désespoir, quand il est enfermé ; l'aboiement à la nuit et celui de la joie quand il part en promenade avec son maître ; enfin le son très distinct de la demande ou de la supplication quand il désire qu'on lui ouvre la porte ou la fenêtre [1] ».

Ces signes vocaux sont une langue tout autant que des mots. On n'a qu'à les faire évoluer pour obtenir le langage complet que requiert l'auteur d'un dictionnaire. Encore une fois, toute méthode de communication est un langage, et, pour l'entendre, nous devons nous rappeler qu'il n'a pas de connexion nécessaire avec les mots actuels. Dans les simples exemples que nous venons de donner, nous trouvons l'illustration de trois espèces de langage au moins. Quand un daim rejette tout à coup sa tête en arrière, tous les autres daims en font autant. C'est un signal. Il signifie : « Écoutez ! » Si l'objet qui attire son attention lui paraît suspect, il fait entendre une note basse. C'est un mot et il signifie : « Garde à vous ! » S'il voit ensuite que l'objet est non seulement suspect mais dangereux, il emploie l'intonation : au lieu de la note basse d'« Écoutez ! » il pousse un cri aigu qui veut dire : « Sauve qui peut ! » De là ces trois sortes de langages, le signe ou geste, le signe verbal ou mot, l'intonation.

Jusqu'à cette heure, elles sont restées les trois grandes formes de langage. Le mouvement du pied ou de l'oreille a évolué dans le geste moderne ou la grimace, la note ou cri dans le mot, et l'intonation dans l'inflexion de la voix. Elles sont

[1] Darwin, *Descent of Man*, p. 84.

encore non seulement les principaux éléments du langage, mais ses seuls éléments. L'éloquence qui charme les législateurs de Saint-Stephen, ou l'appel qui remue les adorateurs dans la nef de Saint-Paul, ont leur origine dans les voix de la forêt ou les activités de la fourmilière. La suggestion de la science, en ce qui touche l'origine du langage, comme d'ailleurs beaucoup d'autres de ses suggestions à propos des états primitifs, pourra sembler burlesque à ceux qui n'ont pas saisi l'excessive petitesse des commencements de tout ce qui se développe. Mais deux choses doivent nous faire réserver pour la fin de l'évolution la surprise que nous sommes disposés à montrer pour son début. Premièrement, et c'est un principe important, le développement se fait par degrés imperceptibles, insensibles et lents. Secondement, et ce fait est peut-être encore plus important, le théâtre du changement est le monde actuel et la cause d'excitation quelque chose de réel survenant dans la vie de tous les jours. De nouveaux départs ne se font pas dans l'éther. Ils se produisent en connexion avec quelque événement tout ordinaire et prennent généralement la forme d'une insignifiante réaction. La réciproque est aussi vraie, naturellement, dans d'autres rapports ; mais quand un changement se produit pour la première fois dans la vie d'un organisme, la cause excitante, quels que soient l'adaptation interne ou son défaut, est une modification dans l'ambiance. Nous devons donc chercher la cause excitante des formes primitives de langage dans les événements journaliers dont nous sommes encore les témoins.

La langue la plus simple s'offrant à l'homme, celle que nous avons déjà vue marquant les débuts, c'est la langue des gestes ou des signes. Toutefois il est nécessaire de donner à ce terme de geste un sens plus étendu que celui qu'il exprime généralement pour nous. Par exemple, il ne doit pas être limité aux mouvements visibles des membres ou des muscles faciaux.

Les interjections du sauvage, le roulement du gorille, le cri du perroquet, les grognements, les ronrons, les sifflements, les cris de toutes sortes des autres animaux, sont des formes de gestes. De même il n'est pas possible de séparer le langage par gestes de celui d'intonation. Ils ont grandi côte à côte et ne peuvent être distingués ni psychologiquement, ni dans l'ordre de l'évolution au point de vue de la priorité. Le développement de l'intonation en fait un instrument infiniment plus délicat que l'autre ; elle est encore si importante dans quelques langues — le chinois entre autres — qu'elle en fait partie intégrante ; néanmoins elle a ses racines dans le même sol, et doit être regardée comme forme primitive du langage concurremment à l'autre. Dans le cas de l'homme, il y a évidence que cette langue de gestes marqua, sinon l'aube, au moins un des premiers degrés du langage. Outre l'analogie, il y a trois témoins sans plus qui peuvent être cités en preuve, non du fait lui-même, mais de la perfection à laquelle une langue de gestes peut atteindre. Le premier de ces témoins est l'*homo alalus* de nos jours, l'homme qui ne parle pas, le sourd-muet. Au point de vue scientifique, son autorité est évidente, car il offre l'exemple actuel de l'être humain réduit à l'état de l'homme primitif en ce qui regarde la parole, même si l'on tient largement compte du haut développement de ses facultés mentales. Qu'un homme sourd soit aussi muet constitue presque une réponse concluante à l'affirmation que la parole est une faculté originelle et innée de l'homme. Si elle l'était, il n'y aurait aucune raison au mutisme du sourd. L'appareil vocal est entier chez lui. Pour émettre des sons définis, il lui suffirait d'entendre. Il peut les imiter, mais encore lui faut-il les entendre. Le témoignage du sourd-muet nous oblige donc à conclure que le langage est un fait d'imitation. Incapable d'atteindre au deuxième degré du langage, les mots, il doit se contenter du premier, les signes, qu'il a porté à un haut degré de perfection.

Que le sourd-muet puisse converser sur tous les sujets presque aussi bien que l'homme qui parle, cela montre combien le fait d'articuler des mots est d'importance secondaire en matière de langage.

Le nombre de permutations et de combinaisons possibles avec dix doigts pliables est infini, de même que celui des variétés d'expression des muscles faciaux, et tout ce qui intéresse le sourd-muet peut lui être dit ou traduit par mouvements, gestes ou grimaces. Pour montrer combien les gestes peuvent remplacer la langue parlée, il suffit de décrire les signes dont se servit un sourd-muet, contant, en présence de M. Tylor, une histoire enfantine. « Il commença en mettant sa main à un mètre du sol, la paume en bas, comme nous faisons pour montrer la taille d'un enfant. Puis il noua sous son menton les rubans d'un chapeau imaginaire (son geste habituel pour le sexe féminin) faisant ainsi entendre que l'enfant était une fillette. La mère de celle-ci fut présentée à son tour d'une manière analogue. Elle fit signe à l'enfant et lui remit deux sous, figurés par le mouvement de glisser deux pièces de monnaie d'une main dans l'autre. S'il y avait eu quelque doute sur la valeur des pièces, cuivre ou argent, il l'aurait levé en montrant un objet de couleur brune, ou encore en tendant la monnaie d'un air dédaigneux qui aurait immédiatement fixé la valeur. La mère donna encore à la petite commissionnaire un pot, esquissé dans l'air par l'index. En imitant le tour de main particulier du marchand maniant la spatule à mélasse, il fit comprendre que l'enfant devait acheter de cette denrée. Puis il montra l'enfant courant à sa commission par un mouvement de la main, auquel vint s'ajouter le signe habituel de la marche : deux doigts se promenant sur la table. Un bouton de porte imaginaire tourné, nous entrons dans la boutique, où le comptoir est montré par la main ouverte passant sur lui. Une figure est signalée derrière le comptoir ; c'est celle d'un homme, désigné par le signe de la main frottant le menton et caressant la barbe; le simulacre du tablier attaché autour de la taille nous dit que l'homme est le boutiquier. L'enfant lui donne son pot et son argent, et lui demande de la mélasse en portant l'index à sa bouche. Le pot est placé sur une balance dont le plateau monte et descend. Le grand pot à mélasse est pris de son rayon, et le petit est rempli sans oublier le mouvement final de la spatule coupant le fil du liquide coagulé. L'épicier met les deux sous dans son tiroir, et la petite fille s'en va avec son pot. Le conteur sourd-muet continua en montrant en pantomime comment l'enfant voyant une goutte de mélasse sur le bord du pot l'ôta avec le doigt qu'elle mit à sa bouche, comment elle fut tentée d'en goûter davantage, comment sa mère l'apprit par une tache sur son tablier, etc.[1] »

Un second témoin, c'est le sauvage. Quelques-unes des races primitives, malgré leur évolution au-delà du stade *alalus*, sont encore attachées au langage de gestes, qui dominait si complètement dans les relations de leurs ancêtres. Nul de ceux qui furent témoins d'une conversation entre membres de différentes tribus d'Indiens, — nous disons « témoins », car il s'agit plus d'un spectacle que d'une audition — ne peut avoir de doute sur l'efficacité immédiate de ce mode de langage. En dix minutes de pantomime, chacun aura dit à l'autre tout ce qu'il lui importe de savoir. Des Indiens de tribus étrangères peuvent donc s'entendre parfaitement sur tous les sujets ordinaires, avec aussi peu d'emploi de la voix qu'il en faut pour l'émission de quelques variétés de grognements.

Le fait que les tribus différentes font un si grand usage des gestes dans leurs rapports mutuels, n'implique pas la privation d'une langue verbale particulière pour chacune d'elles. Mais bien peu des peuples primitifs ont une langue complète sans

[1] Tylor, *Anthropology*.

addition de gestes. Il y a des lacunes dans le vocabulaire de presque toutes les tribus sauvages, lacunes qui persistent parce qu'elles sont comblées par des signes dans la langue parlée ; en outre beaucoup de leurs vocables appartiennent plus à la catégorie des signes qu'à celle des mots.

Le premier essai de langage d'un petit enfant est le dernier témoin cité. Règle universelle, l'enfant ouvre les communications avec le monde mental qui l'entoure au moyen de la langue primitive des gestes et de l'intonation. Bien avant d'apprendre à parler, il fait connaître, sans un seul mot, ses besoins primordiaux, et il exprime toutes les variations de son humeur et ses désirs avec une véhémence et une sûreté que des gens d'âge mûr pourraient envier. Ce qui est intéressant dans ces manifestations, c'est qu'elles sont spontanées. Plus tard on lui enseigne à parler — car la parole est un art — mais il n'a besoin d'aucune suggestion pour faire usage du langage primitif et héréditaire de l'humanité. Les mots sont conventionnels, les sons et les mouvements sont naturels. Le langage de la chambre de nourrice est le parler natif de la forêt, le cri inarticulé de l'animal, l'intonation du sauvage. Écoutons Mallery sur ce sujet :

« Les désirs et les émotions de très jeunes enfants sont transmis au moyen d'un petit nombre de sons, mais avec une grande variété de gestes et d'expressions de la face. Les gestes d'un enfant sont intelligents longtemps avant qu'il sache parler, bien que, de très bonne heure, aussitôt qu'il commence *risu cognoscere matrem*, des efforts persistants soient faits pour développer la faculté de la parole aux dépens de l'autre. Il n'apprend les mots qu'autant qu'ils lui sont communiqués et au moyen de signes qui ne lui sont point expressément enseignés. Il est familiarisé depuis longtemps avec le langage de ses parents et de sa nourrice, qu'il consulte encore leurs gestes et leurs expressions, comme s'il y cherchait la traduction ou l'application de leurs mots. Ces faits sont importants si l'on se souvient de la loi biologique d'après laquelle l'ordre de développement de l'individu est le même que celui des espèces... Les déments comprennent les gestes et leur obéissent quand ils n'ont plus aucune connaissance des mots. On constate aussi que des enfants d'un idiotisme prononcé, auquel on ne peut apprendre que les plus simples rudiments du langage, comprennent beaucoup de choses par le moyen des signes et peuvent se faire entendre grâce à eux. Des gens souffrant d'aphasie continuent à se servir de signes intelligents. Un bègue fait mouvoir ses bras et tous ses muscles, comme s'il était décidé à extérioriser ses pensées par leur moyen, et d'une manière qui manifeste non seulement un effort physique quelconque, mais l'emploi du geste comme expédient héréditaire[1]. »

La survivance du geste et de l'intonation dans le langage moderne de l'adulte, et surtout la façon inconsciente dont il en use, montrent combien fortement ces formes primitives du langage sont imprimées dans la race humaine.

Sans doute il y a des exceptions, mais il est de règle, probablement, que les gestes soient appelés à suppléer l'expression surtout quand le sujet du discours n'appartient pas aux sphères supérieures de la pensée, ni celui qui parle au type supérieur de l'orateur. Les sommets les plus élevés de la pensée furent atteints quand le langage parlé devint, dans sa forme la plus parfaite, le véhicule de l'expression. Quand un orateur plane dans les régions éthérées — cette remarque a été faite souvent — ou que son esprit est profondément absorbé par un thème sublime, tout mouvement cesse chez lui, et il ne reprend la langue des gestes qu'en redescendant aux régions moyennes. Ce n'est pas seulement que, beau diseur, il ait à sa disposition un nombre plus considérable de mots, qu'il puisse conséquem-

[1] *First annual Report of the Bureau of Ethnology*, Washington, 1881.

ment se dispenser d'auxiliaires — comme un maître du style peut se dispenser des italiques — mais c'est que, en réalité, la pensée abstraite ne peut se traduire en gestes. Les gestes sont des suggestions et un appel au souvenir de choses vues et entendues. Ils se rapportent presque tous aux objets ou aux sentiments, et ils ne remplacent les mots qu'autant qu'il s'agit de choses usuelles. Romanes nous rappelle que « nul homme parlant par signes, quel que soit le temps dont il dispose, ne pourrait traduire en son langage une seule page de Kant [1] ».

Le degré suivant dans l'évolution du langage doit avoir été atteint aussi naturellement que celui des gestes et de l'intonation. La transition est nécessaire du langage des gestes à celui du mélange des signes et des sons, et finalement à la frappe des sons en mots. Outre le fait que les gestes et les sons demeurent limités, il y aura eu souvent, dans la vie de l'homme primitif, des circonstances où le geste devenait inutile. Il l'est quand un sauvage est à la lisière d'un bois et sa femme à l'autre. Le cri seul convient alors et, pour rendre ce cri intelligible, il doit avoir un vocabulaire complet, toutes les nuances du cri. Les signes sont de même inutiles dans l'obscurité. Là, il faut avoir recours au chuchotement, et posséder également un vocabulaire de chuchotements. Il n'est pas difficile non plus de concevoir d'où il tire sa première et brève liste de mots. Au lieu de dessiner les objets dans l'air avec son doigt, il aura voulu en imiter les sons. Tout ce qui, autour de lui, donnait l'impression d'un son, devait être associé à un mot expressif par lui-même, que tout homme familier avec le son original pouvait instantanément reconnaître. Voici, par exemple, un troupeau de buffles longeant une clairière de forêt africaine. A quelque distance du gros, l'avant-garde entend le rugissement grave d'un lion. Naturellement, ce rugissement est un

[1] *Mental Evolution*, p. 147.

langage que le buffle entend aussi bien que nous le ferions nous-mêmes si nous entendions le mot « lion ». Il n'y a pas de différence d'effet entre le mot parlé « lion » et le rugissement de l'objet lion. Qu'on suppose ensuite le buffle désireux de transmettre à ses camarades la connaissance qu'il a de l'approche d'un lion, d'un lion et non d'un autre animal ; il lui faudrait imiter son rugissement. Mais il n'est pas probable qu'il le fasse, car distinguer entre les différentes causes de danger dépasse sans doute son pouvoir ; il devra se contenter d'un cri d'alarme, le même dans tous les cas. Mais si l'homme primitif avait été placé dans les mêmes circonstances il serait certainement parvenu, grâce au développement — si faible fût-il — de son esprit, à signaler le lion en imitant son rugissement, le loup en imitant son hurlement, et ainsi de suite. Le soupir du vent, le grondement du torrent, le fracas du ressac, le gazouillement de l'oiseau, le chant de la cigale, le sifflement du serpent pouvaient tous être imités pour signifier les objets eux-mêmes. Et, graduellement, un langage devait se former renfermant tout ce qui, dans le milieu, est associé directement, indirectement ou accidentellement, avec le son.

La facilité que les enfants ont toujours de faire des mots de cette manière prouve que cette méthode est naturelle, et on peut déduire de l'âge très tendre où ils commencent à la suivre que le langage des sons est, sans contredit, l'une des premières formes de la langue parlée.

Tous les mots d'un enfant lui viennent naturellement par l'ouïe, mais s'il peut en avoir un donné directement par l'objet lui-même, il s'en servira longtemps avant de répéter le nom de convention que lui enseigne sa nourrice. L'enfant qui dit *meu* pour vache, *woh-woh* pour chien, *tic-tac* pour montre ou *peuf-peuf* pour locomotive, est une autorité pour ceux qui recherchent l'origine des langues humaines. Du reste, quand son père parle d'un *teuf-teuf*, du *glouglou* de la bouteille, du *cliquetis* des armes, il suit simplement les traces des inventeurs du langage. Les mots sont encore manufacturés de cette manière chez les peuples sauvages, chez ceux notamment qui entrent en contact soudain avec des choses ou des pensées nouvelles, apportées sur leurs rivages par le dernier flux de la civilisation ; et le son semble être, partout où c'est possible, le principe favori de cette fabrication [1].

Le philologue sait à quel point toutes les langues sont pleines de ces mots-échos, bien que des multitudes, dans chacune d'elles, aient perdu leur arbre généalogique tombé de vétusté. « Un Anglais déduirait malaisément de la prononciation et du sens actuels du mot *pipe* (pron. : païpe) sa première origine ; mais quand il le compare avec le bas-latin *pipa* ou le français *pipe*, prononcé comme le mot anglais *peep*, gazouiller, et qui signifie pipeau, le chalumeau des bergers, il voit avec quelle habileté on a fait du son même du pipeau à musique un mot général pour la famille des tuyaux, que ce soient ceux des pipes à tabac ou des conduites d'eau (waterpipe). Des vocables de ce genre voyagent comme les Indiens sur la piste de guerre, en effaçant derrière eux la trace de leurs pas. Nous connaissons en effet des multitudes de nos mots usuels qui furent faits de sons entendus, mais qui ont perdu tout ce qui rappellerait leur première signification [2]. »

[1] Dans les îles madréporiques de la mer du Sud, les sauvages de partout appellent les résidents blancs de la Nouvelle Calédonie les *oui-oui*. Des cannibales d'une douzaine d'îles, parlant autant de langues différentes, ont tous ce vocable. La Nouvelle Calédonie est une colonie française pénitentiaire habitée par des milliers de déportés. Le nom qui leur est donné nous offre un intéressant exemple d'onomatopée moderne. Ces déportés libérés ou échappés se fraient une voie parmi ces insulaires ; et ceux-ci, saisissant rapidement le son qui les caractérise, les connaissent sous le nom de *oui-oui*, un nom devenu général pour les Français dans les îles du Pacifique.

[2] Tylor, *Anthropology*, p. 127.

Dans la langue chinouk, côte occidentale de l'Amérique du Nord, — nous citons encore des exemples de Tylor — une taverne s'appelle *hee-hee house*, la maison hi hi, du rire ou des amusements, ce mot « amusement » étant pris, par une association d'idées toute naturelle, du rire qu'il excite. Les dérivations peuvent être très indirectes, comme pour le mot que les Bassoutos du Sud-africain emploient quand ils parlent des courtisans. Le bourdonnement d'une certaine mouche ressemble au son *ntsi-ntsi* et ils appliquent ce mot à ceux qui bourdonnent autour du chef, comme la mouche autour d'un morceau de viande. *Papa* a donné pape, et le vocable hébreu *abba* (père) abbé. Le mot est souvent redoublé pour indiquer le pluriel, mais celui-ci était sans doute exprimé originairement par des gestes ou en comptant sur les doigts. *Orang* est le mot malais pour homme, *orang-orang* pour les hommes, et *orang-outang* veut dire l'homme sauvage. Les verbes sont formés d'après le même principe que les substantifs. Dans le langage tacouna du Brésil, le verbe éternuer se dit *haitschu*, et l'éternuement est *tis* pour un Gallois. D'autres verbes qui se sont étendus jusqu'au sens le plus général proviennent des travaux simples de la vie primitive. Ainsi le premier verbe de la Bible, le *bara* hébreu, signifiant aujourd'hui créer, était employé à l'origine pour couper ou tailler, le premier degré de la facture des choses. Dans le langage africain bornou, le verbe faire vient du mot *tando*, tisser. En anglais *souffrir* (to suffer) signifie « porter un fardeau trop lourd » et *concevoir une idée* était autrefois « conquérir la vue d'une chose ».

Max Müller, qui combattit la théorie onomatopéique en ce qui touche l'origine de la plupart des mots, admet lui-même que les sons provenant des travaux des hommes, et spécialement des hommes travaillant en commun, maçons, soldats ou matelots, sont largement représentés dans les langues modernes.

Bien que l'imitation des sons, ou plus exactement l'écho ou

la suggestion des sons, ait une part dans le matériel du langage, des multitudes de mots ne lui doivent nullement leur origine. Il y a infiniment plus de mots au monde que de sons; nombreuses même sont les choses donnant un son très distinct qui furent nommées indépendamment de ce son. Les inventeurs de la montre, par exemple, n'appelèrent pas cet objet *tic-tic*, mais d'un mot qui rappelait l'heure montrée. Quand la machine à vapeur parut, au lieu de lui appliquer le son vocal *peuf-peuf*, on l'appela en anglais *engine* (latin *ingenium*) pour la signaler comme une œuvre de génie. Ces mots modernes portent d'ailleurs la marque d'un âge intellectuel, où l'on peut s'attendre à voir les inventeurs regarder au-delà des analogies superficielles. Mais que ce processus fût connu des temps primitifs, voilà qui demeure un mystère pour nous. Pour quelques-uns des mots, leur association originelle avec le son est probablement perdue ; pour d'autres, cette association était si indirecte que la trace en est introuvable.

Les sons dont on peut profiter, dans la vie sauvage, pour forger des mots, ne furent jamais aussi nombreux que les choses à dénommer ; à mesure que la civilisation progressait, il fallut se servir des vieux mots pour de nouveaux objets, en même temps qu'on frappait aussi des termes tout neufs.

Les deux méthodes, généralisation inconsciente de certains termes, et frappe habile de mots nouveaux tout conventionnels, sont toujours en usage chez les sauvages comme chez les enfants. Ainsi, pour donner un exemple de la première, M. John Moir, un des premiers blancs établis à l'est de l'Afrique centrale, fut tout de suite nommé *Mandala* par les indigènes, un mot qui signifie « reflet dans l'eau dormante » parce qu'il portait sur son nez des lunettes qui leur paraissaient semblables à une eau tranquille. Plus tard ils en vinrent à donner ce nom aux lunettes elles-mêmes, et finalement au verre quand ils le connurent.

Les exemples de généralisations abondent également dans les chambres de nourrices. Un enfant est porté à la fenêtre par sa bonne pour voir la lune. Ce terme est aisément retenu par le bébé qui, pendant quelque temps, l'applique indifféremment à tout ce qui luit ou brille, gaz, bougie, flamme du foyer, etc. Romanes rapporte le cas d'un enfant qui faisait le même usage du mot « étoile » (*star* en anglais). Il n'est pas étonnant que les philologues aient à trouver la solution de nombreuses énigmes si ceux qui firent les langues procédèrent d'après ce principe.

Romanes cite un exemple que lui fournit Darwin et qui est encore plus typique : « Un enfant à ses débuts appelait le canard « couac », et, par une association d'idées spéciale, il donna à l'eau le même nom. Par son appréciation des ressemblances qualitatives, l'enfant étendit ensuite ce terme de « couac » à tous les oiseaux et aux insectes d'un côté, à toutes les substances fluides de l'autre. Enfin, par une appréciation encore plus délicate des analogies, les pièces de monnaie furent pendant quelque temps des « couacs » pour lui, parce qu'il avait vu une fois l'effigie de l'aigle sur le revers d'un sou français. Ainsi le signe « couac », qui avait eu à l'origine une signification très spéciale, acquit pour cet enfant un sens de plus en plus étendu, jusqu'à désigner des objets d'apparence aussi dissemblables que la mouche, le vin et la pièce de monnaie [1]. »

L'intérêt de ces faits est indéniable, en ceci surtout qu'ils montrent pourquoi le philologue est si souvent embarrassé quand il suit à la trace le sens originel de certains mots. La théorie onomatopéique ne peut ainsi trouver sa confirmation que dans un nombre restreint de cas. L'esprit est si subtil dans ses associations d'idées, si habile à se lancer sur de nouvelles pistes, que le fil d'Ariane d'une multitude de mots doit avoir

[1] *Mental Evolution*, p. 283.

été rongé par le temps, même si les formes et les syllabes primitives sont restées intégrales — ce qui se présente rarement — comme point de départ solide pour les recherches ultérieures.

Mais il n'est point nécessaire non plus d'admettre que tous les mots ont eu leur descendance rationnelle. Beaucoup au contraire sont probablement des inventions tout artificielles, faites de propos délibéré. Si tout être humain, même le sauvage et l'enfant, a la faculté et le droit d'appeler un objet quelconque du nom qui lui convient, il est inutile de chercher, pour tous les cas, un principe général à la base des conjonctions — si souvent arbitraires — des lettres et des sons que nous appelons des mots. A tout le moins les mots ne peuvent être traités scientifiquement sans distinction, comme nous traiterions les formes organiques. D'après la nature des choses, on ne peut pas s'attendre, quand on les dissèque, à les voir révéler une structure spécifique analogue à celle de la fougère ou de l'écrevisse. Une fougère ou une écrevisse est l'expression d'une adaptation infiniment subtile et délicate, alors qu'un mot peut être de pur caprice. En vérité, ce qui est le plus étonnant dans la philologie, c'est peut-être qu'elle existe, et que les langues soient malgré tout si riches en associations, et fertiles en révélations poétiques et historiques.

Comment cette infinie variété de mots fut-elle acquise par une langue, voilà un problème qu'il est inutile d'étudier longuement. Une fois que l'idée a surgi de l'expression de la pensée par des sons, la formation des mots et même des langues n'est plus qu'un détail. Nous avons tous, probablement, inventé des mots. Il n'y a pas de groupe d'enfants qui ne fabrique des mots pour son usage particulier, et l'on connaît des cas d'élaboration de langues déjà développées dans une chambre de bébés. Quand les garçons jouent aux brigands ou aux pirates, ils inventent des mots de passe et des noms et, par amour du mystère et des secrets, dressent des vocabulaires qu'eux seuls peuvent comprendre.

Ce simple fait rend compte d'une manière très plausible des différences entre dialectes de tribus appartenant au même groupe ethnique, et peut nous faire entrevoir une des sources de langues nouvelles. La structure des langues indiennes a longtemps embarrassé les philologues. Whitney nous informe qu'il existe une « diversité irréconciliable » dans leur matériel d'expression. Il y a un nombre considérable de groupes dont les signes vocaux n'ont pas entre eux de rapports plus apparents qu'entre ceux des Anglais, des Hongrois ou des Malais, aucun tout ou moins qui ne puisse être simplement fortuit. Pour expliquer la formation de ces dialectes, le Dr Hale a suggéré une hypothèse aussi intéressante qu'ingénieuse. Imaginons le cas d'une famille de Peaux-Rouges, père, mère, cinq ou six enfants, séparés de leur tribu par les vicissitudes de la guerre. Supposons le père bientôt scalpé et la mère mourant tôt après. Les enfants abandonnés à eux-mêmes dans quelque vallon solitaire, vivant de racines et d'herbes, emploient pendant quelques temps encore les mots peu nombreux appris de leurs parents. En grandissant ils auront besoin de nouveaux mots qu'ils forgeront; puis, multipliés en tribu, il leur faudra d'autres vocables, et une langue nouvelle peut se former ainsi, dont les mots exprimant les rapports simples, père, mère, tente, feu, seront communs aux autres dialectes indiens, tandis que les plus récents, purement arbitraires, constitueront une énigme insoluble pour la philologie. Ce qu'il y a de curieux dans cette théorie, c'est qu'elle est née de certains faits géographiques intéressants.

« Si, sous l'empire des circonstances, la maladie ou les hasards de la vie des chasseurs, les parents sont enlevés, il est évident que la survivance des enfants dépendra principalement de la nature du climat et de la possibilité de trouver en toute saison la nourriture nécessaire. Il est improbable qu'une famille d'enfants au-dessous de dix ans ait pu subsister un seul hiver dans la vieille Europe depuis l'introduction des conditions climatériques actuelles. Nous ne sommes donc pas surpris de ne trouver que quatre ou cinq familles de langues représentées en Europe. Il en est à peu près de même dans l'Amérique septentrionale, à l'est des Montagnes Rocheuses et au nord des tropiques. Le climat et la rareté des vivres en hiver ne nous permet pas d'y voir une famille de jeunes orphelins se soutenant pendant la mauvaise saison, sauf, par fortune, dans quelque lieu privilégié des rivages mexicains, où les coquillages, les baies et les racines comestibles sont abondants et faciles à recueillir. Mais il y a une région où la nature semble s'offrir elle-même en nourrice volontaire et prodigue au faible et au délaissé. C'est la Californie. Nulle autre contrée du globe n'offrirait probablement au même degré, à un petit groupe de très jeunes enfants, les moyens de soutenir leur existence! Son climat merveilleux, doux et égal au delà de toute attente, est bien connu. La pluie n'y tombe pas pendant la moitié de l'année. La neige et la glace y sont presque étrangères. On y compte chaque année deux cents jours sans nuages. Les roses y fleurissent en toute saison. Des baies de toutes sortes y sont indigènes et abondantes. Des fruits savoureux et des noix comestibles s'offrent généreusement à la main au bout des branches basses. Faut-il s'étonner si l'on a trouvé, sur cette douce et fertile terre, un grand nombre de tribus distinctes, parlant, comme de savantes observations l'ont montré, des idiomes qu'on a pu classer en dix-neuf branches tout à fait séparées [1] ? »

Le cas de l'Orégon, dans les régions californiennes, est peut-être encore plus remarquable. C'est aussi un pays favo-

[1] Dr Hale. Comp. Romanes, *Mental Evolution in Man*, p. 260.

risé, fertile et doux. « Le nombre des rameaux linguistiques est, dans ce district étroit, deux fois aussi grand que dans toute l'Europe[1]. »

Nous pouvons parfaitement concevoir l'homme primitif procédant de cette façon pour la formation de sa langue. Avec le temps, son vocabulaire dut s'agrandir et devenir presque complet en tant que se rapportant aux objets de son milieu limité. A mesure que l'homme acquit une connaissance plus parfaite des choses environnantes, qu'il entra en rapports plus intimes avec ses compagnons d'existence, que la vie s'enrichit et se compliqua, les mots s'ajoutèrent aux mots, chaque métier nouveau créant de nouveaux termes, chaque science contribuant au fonds commun, jusqu'à ce que les matériaux de la langue humaine formassent un ensemble de plus en plus complet. Ce processus devait être sans fin. La théorie de l'évolution du langage ne peut être corroborée

[1] La conformation de la bouche et des lèvres a eu, naturellement, une influence sur la différenciation des langues et même sur la possibilité de la parole chez l'homme. Un enfant peut avoir une trompette avant d'être capable d'en tirer un son. Une des raisons pour lesquelles les animaux ne peuvent parler, c'est tout simplement le manque du mécanisme qui le rend possible. Ils peuvent avoir un langage, mais rien qui ressemble à celui de l'homme. Que, presque seul parmi les vertébrés, l'homme ait un corps physiquement assez développé pour fournir un instrument approprié à la parole, c'est un des traits les plus significatifs de l'évolution. Il fut certainement un temps où parler était pour lui une impossibilité physique. « La possibilité du langage articulé ne vint à l'homme, dit le professeur Macalister, qu'avec un raccourcissement et un élargissement de l'arche alvéolaire et du palais, et quand sa langue devint plus courte et plus aplatie par suite de son adaptation à la bouche modifiée; les raffinements de prononciation proviennent de modifications encore plus étendues dans la même direction. » Comme le même écrivain le montre, les différences dans les dialectes ont aussi une raison physique : « Avec l'arche alvéolaire agrandie et la langue modifiée en conséquence le sifflement est difficile, d'où cette pauvreté de sifflantes dans tous les dialectes australiens. » (*British Association; Anthropological Section*, Edimb., 1891.)

mieux que par ce simple fait qu'elle s'est continuée jusqu'ici et se continue toujours.

Des milliers de mots — et non pas des onomatopées — ont fait leur apparition depuis que Johnson publia son dictionnaire, et chaque année y fait des additions nombreuses de termes techniques et de vocables populaires.

La langue anglaise croît aujourd'hui sur deux ou trois espèces de sols, et les fruits et les parfums qui en résultent, se heurtent ou se mélangent pour enrichir ou adultérer la langue commune. Le simple fait que les langues croissent encore à cette heure, s'il n'est pas un argument péremptoire contre la théorie du don spécial d'une langue fait à l'homme une fois pour toutes, montre au moins que l'homme a un don spécial pour les fabriquer. S'il peut ainsi former des mots en aussi grand nombre que le besoin s'en fait sentir, il n'y a pas de raison pour qu'ils lui fussent donnés tout forgés. Le pouvoir de les manufacturer est un don suffisant, et il n'est diminué en rien parce que nous savons quelque chose de la façon dont l'homme le reçut, ou du moins dont il le mit en œuvre. Mais si les mots lui furent accordés tels quels, il est singulier qu'un si grand nombre portent des traces manifestes d'une autre origine. Trench lui-même est obligé de rendre ici les armes devant la théorie du développement, et son témoignage a d'autant plus de valeur qu'il est donné à contre-cœur. Trench commence en affirmant qu'à cette question : quelle est l'origine du langage? « la seule réponse vraie doit être : Dieu l'a donné à l'homme comme il lui donna la raison, et précisément parce qu'il lui donna la raison. Qu'est-ce, en effet, que *la parole* de l'homme, sinon *sa raison* se manifestant et prenant possession d'elle-même? Les deux sont tellement unies par essence que la langue grecque ne les distingue pas. Dieu lui donna le langage parce qu'il ne pouvait, sans lui, être un homme, c'est-à-dire un être social. »

Mais il a une science trop profonde des mots pour ne pas relever ce que nous disions plus haut, et s'il y avait manqué, toutes les pages de son livre bien connu l'auraient accusé d'omission. « Néanmoins, dit-il ensuite, ceci ne doit pas être pris en ce sens que l'homme aurait commencé son existence avec un vocabulaire de mots tout préparés, accompagné de son premier dictionnaire et de sa première grammaire. Il ne commença donc point avec *des noms*, mais *avec le pouvoir de nommer*, car l'homme n'est pas une simple machine à parler. Dieu ne lui a pas enseigné des mots comme nous les enseignons à un perroquet, du dehors ; il lui donna une capacité latente, puis il évoqua la capacité dont il lui avait fait présent[1]. »

Si la théorie proposée de la formation du langage, ou tout au moins de la possibilité de cette formation, est mieux qu'un beau conte, on pourrait peut-être trouver d'une autre manière sa corroboration. Nous avons regardé jusqu'ici, en témoins, les fabricateurs de mots ; il vaudrait sans doute la peine d'appeler maintenant en témoignage les mots eux-mêmes. Un chimiste a deux méthodes pour déterminer la composition des corps, l'analyse et la synthèse. Ayant vu comment les mots peuvent être formés, il nous reste à voir, à l'analyse, s'ils portent les traces de cette formation et celles des éléments supposés.

La philologie comparée a fait récemment des investigations parmi les mots et dans la structure de toutes les langues connues, et les renseignements cherchés par l'évolutionniste sont là, tout préparés, sous sa main. On aurait pu s'attendre à une controverse sur la théorie même du développement : il ne s'en est point produit. Or, le premier fait qui nous intéresse dans cette phase nouvelle, c'est que tous ceux qui étu-

[1] Archbishop Trench, *The Study of Words*, p. 14 et 15.

dièrent le langage humain semblent avoir été forcés de rendre hommage à la théorie générale de l'évolution. Tous souscrivent à cette parole de Renan : « Sans doute les langues, comme tout ce qui est organisé, sont sujettes à la loi du développement graduel. » Même Max Müller, le philologue le moins disposé à partir du point de vue évolutionniste, affirme que « tout homme étudiant la science du langage ne peut être qu'évolutionniste, car, où qu'il dirige son regard, il ne voit rien que l'évolution suivant son cours tout autour de lui ».

L'anatomie des mots nous montre que les langues, pour vastes et compliquées qu'elles apparaissent, sont composées en réalité d'un petit nombre d'éléments simples. Prenons le mot « évolutionniste ». La terminaison « iste » est une addition relativement récente faite à ce mot et à des multitudes d'autres pour un but particulier. On peut en dire autant de la syllabe « tion ». La première lettre *é* distingue « évolution » de circonvolution, de révolution, d'involution, etc., et se trouve être ainsi d'apparition tardive. Aucune de ces syllabes ajoutées n'est d'importance capitale ; elles n'ont presque aucune signification par elles-mêmes. Celle qui ne disparaîtra pas ni ne se fondra dans une simple formule grammaticale, c'est celle qui détermine seule le sens du vocable, la syllabe « vol » ou « volv », regardée comme la racine. En remontant aux langues plus anciennes, on en trouve la source dans un mot encore plus radical, en sorte qu'elle doit être rayée de la liste des mots primitifs. Par la comparaison minutieuse de tous les mots entre eux, de toutes les langues entre elles, des racines apparentes avec les autres racines apparentes, on a trouvé ce qu'on suppose être les racines primitives des langues. Comme les objets multiples répandus dans le monde matériel, l'eau, l'air, la terre, la chair, les os, le bois, le fer, le papier, le drap, etc., sont réduits par le chimiste en soixante-huit éléments, ainsi tous les mots des trois ou quatre grands rameaux des langues humaines laissent voir tout au plus, en dernière analyse, quelques centaines de racines originelles.

Il n'est pas impossible qu'une analyse encore plus subtile en fasse disparaître un bon nombre. Mais les faits tels que nous les connaissons sont suffisamment significatifs. Plus nous remontons le cours des langues et plus nous voyons celles-ci indigentes dans leurs mots et leur grammaire. On a trouvé qu'il était possible de réduire à trois ou quatre grandes familles — probablement trois — les mille langues connues, et chacune des trois est encore susceptible d'un élagage philologique presque illimité.

En analysant le sanscrit, le professeur Max Müller réduit tout son vocabulaire à 121 racines, les 121 concepts originels. « Ces 121 concepts constituent le capital de roulement avec lequel toutes les pensées qui traversèrent jamais l'esprit de l'Inde, aussi loin que sa littérature nous les fait connaître, ont été exprimées. Il serait aisé même de réduire encore leur nombre, car plusieurs peuvent être rangés ensemble sous des concepts plus généraux. Mais je laisse à d'autres le soin de le faire, étant satisfait, pour ma part, de ce premier essai de montrer comment un si petit nombre de semences peut produire — et produisit en effet — la luxuriante végétation intellectuelle qui a couvert le sol de l'Inde dès l'antiquité la plus reculée jusqu'à nos jours[1]. »

Le fait que ce « premier essai » ait permis de réduire cette grande famille de langues à 121 vocables est extrêmement significatif. L'exhumation de ce groupe primitif de mots rappelle la découverte de l'ovule segmenté en embryologie. Ces groupes apparaissent de bonne heure dans l'histoire de

[1] *Science of Thought*, p. 519.

tous les développements. Les processus qui précèdent ce stade sont subtils à l'extrême; mais ils se sont pourtant dévoilés sous le microscope de l'embryologiste. Ainsi en sera-t-il peut-être un jour de l'histoire naturelle du langage. Pour des raisons évidentes il nous est impossible de remonter jamais aux premiers commencements; mais nous pouvons nous en rapprocher. Quand l'embryologiste trouva sa grappe de cellules dans l'ovule segmenté, il ne crut pas avoir découvert l'origine de la vie. Ce que le philologue pourra trouver ultérieurement reste un mystère. Il est possible qu'on ne sache jamais d'où vinrent ces 121 mots, mais le développement au-delà de ce point montre suffisamment que, comme toutes les autres choses, les mots ont suivi la loi universelle, et que les langues, parties de modestes commencements, ont crû en dimensions, en complications, en richesses, en raison même du temps écoulé. « Tous les philologues, dit Romanes, seront maintenant d'accord avec Geiger écrivant : les langues se réduisent à mesure que nous remontons leur cours, et de telle sorte qu'on ne peut s'empêcher de conclure à leur non-existence à un moment donné. »

L'histoire du progrès est ainsi, pour une longue période, l'histoire du développement du langage et de l'accroissement de l'intelligence qui en fut le corollaire obligé.

De son pouvoir de dire ce qu'il voyait, l'homme tira celui d'écrire ce qu'il voyait. L'évolution de l'écriture passa, d'une manière générale, par les mêmes degrés que celle de la parole. On connut premièrement l'écriture onomatopéique, l'idéographie, l'imitation des objets matériels. C'est la forme que nous trouvons à l'état fossile dans les hiéroglyphes égyptiens. On dessinait un homme pour dire un homme, un chameau pour un chameau, un chapeau pour un chapeau. On y ajouta l'intonation, des accents, pour exprimer l'emphase ou des notions complémentaires. Puis, pour gagner du temps, les objets furent dessinés en sténographie : deux traits pour les membres et un autre en travers signifièrent un homme en chinois; quatre traits en carré furent un champ; deux traits de plume à angle obtus, suggérant l'idée d'un toit, dirent la maison. Ces dessins abrégés furent ensuite arrangés d'ingénieuses façons pour exprimer des qualités. Un homme et un champ donnèrent ensemble l'idée de la richesse; possesseur du champ l'homme était réputé heureux, en sorte que la même combinaison de traits signifia, et signifie encore, le contentement. Quand on dessine un toit et une femme dessous, l'idée ressort de la femme au foyer, de la femme paisible; leurs signes représentatifs voudront dire en conséquence tranquillité et repos. L'écriture chinoise est une écriture figurée, dont les peintures ont dégénéré en traits, une forme linguale de l'impressionnisme moderne.

Quand l'écriture eut achevé son évolution, ce sommet ne fut que le point de départ d'un nouveau développement. En évolution, tout sommet forme la base d'un pic plus élevé. Le langage par l'écriture ou par des mots articulés est trop grossier et trop lent pour les besoins sans cesse grandissants de l'esprit. La vie plus large de l'homme demande une spécialisation future de son pouvoir d'expression. Il apprit à parler parce qu'il ne pouvait sans cela communiquer ses pensées à sa femme restée de l'autre côté de la forêt. C'est l'étendue qui le fit parler. Il apprend maintenant à le faire mieux parce qu'il ne peut sans cela communiquer ses pensées à l'autre bout du monde. Ce langage à distance débuta, comme la langue elle-même, par des signes : on inventa le télégraphe, un fil de fer qui fait des signes aux hommes postés de l'autre côté du monde. Le télégraphe est une langue de gestes, et n'est ainsi qu'au premier stade. L'homme a dépassé celui ci, et des signes est arrivé aux sons par l'invention du téléphone. D'après toutes les traditions de l'évolution, ce merveilleux instrument devait devenir, et devient en effet, le premier degré du langage à distance de l'avenir.

Est-ce la fin? D'aucune façon. L'esprit cherche déjà des formes plus parfaites que les mots télégraphiés ou téléphonés pour les relations humaines. Comme il y eut un moment, dans l'ascension de l'homme, où le corps fut mis de côté à la façon d'un produit achevé pour faire place à l'esprit, ainsi il peut y avoir, dans l'évolution de l'esprit, un jour où son organisme matériel — son corps — sera écarté pour faire place à une forme supérieure de l'esprit. Le mot de télépathie n'est plus seulement un vocable de fantaisie; il est devenu un terme scientifique. Il signifie « qu'un esprit est susceptible d'être impressionné par un autre et qu'il a le pouvoir d'impressionner à son tour par un autre canal que celui des sens[1] ». Ce thème fait maintenant l'objet d'observations minutieuses de la part d'hommes de science, adeptes de l'analyse mentale, attentifs aux causes d'erreur et armés contre la fraude. Il est trop tôt pour se prononcer sur leurs travaux; pratiquement, nous sommes encore dans les ténèbres. Mais ceux qui se meuvent dans ces régions mystérieuses et attrayantes, nous disent que la possibilité de rapports plus intimes d'homme à homme, d'âme à âme, ne doit pas être considérée comme réglée par nos vues présentes sur la matière ou sur l'esprit. Si peu que nous en connaissions, quelque éloignés que nous soyons de sa réalisation pratique, la télépathie n'est pas moins théoriquement au prochain stade de l'évolution du langage. Comme nous l'avons vu, l'introduction de la parole dans le monde a été retardée, non pas à cause d'une lacune dans la nature, mais parce que l'instrument n'était pas tout à fait prêt. L'instrument est venu et l'homme a parlé. Le développement de l'organe et celui de la fonction ont marché

[1] *Phantasms of the Living*, p. 6.

de pair, se sont perfectionnés ensemble. Ce qui retarda le langage de gestes du télégraphe, ce n'est pas le défaut d'électricité dans la nature, mais uniquement le manque d'un instrument. Quand celui-ci vint, le langage de gestes vint avec lui, et tous deux se perfectionnèrent ensemble. Ce qui arrêta l'apparition du téléphone, ce n'est pas que son principe ne fût pas dans la nature, mais simplement que l'instrument n'était pas prêt. Ce qui retarde aujourd'hui sa victoire complète de l'espace, ce n'est pas que l'espace ne puisse être franchi, mais c'est l'imperfection de l'instrument. Ne se peut-il pas que ce qui retarde la manifestation du pouvoir de faire parvenir ma pensée où je le veux n'est point que la nature l'empêche, mais simplement que l'heure n'en est pas venue, l'instrument manquant encore de la perfection nécessaire? N'y a-t-il pas des indices que l'évolution l'a donné à la race humaine comme un présent constamment réalisable? Notre recherche de ce pouvoir n'est-il pas déjà un de ces indices? N'avons-nous pas des faits positifs qui le corroborent? Ce qui frappe le plus en suivant la ligne ascensionnelle, c'est que le mouvement se fait dans la direction de ce qu'on ne saurait appeler autrement que spiritualité. Du rugissement du lion nous avons passé au murmure discret d'une âme; du motif crainte au motif sympathie; des glaciales barrières physiques de l'espace au rapprochement intime qui fait se confondre les haleines; de la lenteur mortelle du temps à la suppression du temps. Si l'évolution révèle quelque chose, si la science elle-même prouve quelque chose, c'est que l'homme est un être spirituel et que sa longue carrière est orientée vers une vie infiniment plus large, plus riche, plus élevée. On suppose généralement que la voix de la science est muette sur le problème final de l'être humain. Mais ce perfectionnement graduel des instruments, et, par eux, la révélation progressive de ce qui se cache à l'arrière plan de la nature, cet affinement graduel de l'esprit, ce triomphe croissant sur la matière, cette connaissance plus approfondie, cette efflorescence de l'âme sont autant de faits que la science doit porter en ligne de compte. Après tout, Victor Hugo avait peut-être raison de dire : « Je suis le têtard d'un archange. »

Avant de clore cette esquisse, nous devons parler brièvement de deux points passés jusqu'ici sous silence. En admettant que le langage fût une « découverte », il n'est pas nécessaire de penser que cette découverte impliquât la préexistence de capacités mentales tout à fait supérieures. Celles-ci se développèrent parallèlement avec le langage, sans nécessairement le précéder, au moins pas dans une mesure qui ferait de l'argument de tout à l'heure une pétition de principe. La découverte du langage ne pouvait être, naturellement, à l'origine de l'évolution de l'esprit, puisque l'homme devait avoir assez d'esprit déjà pour le découvrir. Mais cela n'implique pas un très haut degré d'intelligence, au moins comparativement à celle d'autres animaux de la même époque, car il est possible qu'un progrès à peine sensible dans l'intelligence ait pu conduire au degré initial, d'où tous les autres devaient sortir en succession rapide.

Une illustration, suggérée par une remarque de Cope, peut aider à comprendre comment une cause apparemment futile peut amener des changements d'ordre presque radical et sur la plus vaste échelle.

Dans une partie des régions arctiques, il n'y a pas en ce moment de chose analogue à un liquide. La matière n'y est connue que sous une forme solide. La température peut être à 31 degrés (Far.) au-dessous de zéro ou à 31 degrés au-dessus sans que cela fasse la plus légère différence ; il ne peut y avoir là que glace, glaciers, et ces cristaux de glace que nous appelons neige. Mais supposons que la température monte de deux degrés, la différence sera indescriptible. Pendant qu'un changement quelconque dans les 60 degrés au-dessous de ce point ne pouvait amener la moindre différence dans l'aspect des choses, l'addition presque insensible de deux degrés va changer ce pays en un monde liquide. Sous ces nouvelles conditions les glaciers se retireront au flanc des montagnes, le revêtement de glace glissera dans la mer, un manteau de verdure couvrira la contrée. Ainsi, dans le monde animal, un très petit mouvement au-dessus du maximum de l'animalité peut ouvrir la porte à une révolution. Avec un cerveau de tant de centimètres cubes et une masse cérébrale de tant d'hectogrammes, nous aurons une intelligence animale. Tout ce qui est au-dessous de cette limite porte le caractère de l'animalité, quel que soit le nombre de centimètres ou de grammes; mais passons à un cerveau plus pesant de quelques hectogrammes, plus grand d'un certain nombre de centimètres cubes, et beaucoup plus riche en circonvolutions, et il est concevable qu'en allant des chiffres inférieurs aux supérieurs, un changement interviendra pareil à celui qui ferait du monde glacial un monde aqueux. Ce que le chimiste appelle le « point critique » peut être ainsi dépassé, et, d'une condition particulière associée à certaines propriétés, sortira une autre condition associée à d'autres propriétés, ce dernier mot étant pris, puisqu'il s'agit du cerveau, dans le sens de phénomènes accompagnant ses activités. « On a passé un Rubicon, comme le dit Cope; une écluse a été ouverte marquant une des grandes transitions de la nature, de celles qui furent appelées *points d'expression* du progrès. »

Une légère acquisition en intelligence a pu conduire au premier degré du langage, et, de ce point, l'ascension aura été, d'un coup, extraordinairement rapide et poussée dans des directions tout à fait nouvelles. L'illustration ne doit pas être prise pour plus complète qu'il ne convient. Elle prétend éclairer non pas la méthode de transition au point de vue du détail qualitatif, mais simplement le fait qu'un changement très faible en apparence peut avoir des résultats étonnants et illimités.

Voici la dernière difficulté. Si les rapports entre l'esprit et le langage sont d'ordre si vital, pourquoi les oiseaux, dont plusieurs sont doués apparemment de la parole, ne sont-ils pas les émules de l'homme en force mentale? Si son intelligence dépend en si grande mesure de la parole, pourquoi les oiseaux, les perroquets par exemple, n'ont-ils pas atteint le même degré d'intelligence? Des réponses diverses peuvent être faites et de diverses espèces : biologique, physiologique, philologique et psychologique. Mais la vraie réponse est celle-ci, d'ordre général : pour faire sortir l'humain de l'animalité, il faut un concours de circonstances tel que ni les oiseaux ni aucun autre animal ne l'ont rencontré. Une chance unique se présentait, parmi un million d'autres, d'atteindre à la multitude de conditions coopérant toutes à favoriser la marche en avant de l'homme. Bien qu'ignorant peut-être à jamais ces conditions, nous ne pouvons douter que l'homme fut laissé seul durant les derniers degrés de son ascension; on peut le conclure d'abord du défaut de conditions semblables ailleurs, puis du succès qui accompagna la concurrence des espèces ouvrant des issues dans d'autres directions.

Les ancêtres des oiseaux et ceux de l'homme étaient probablement les mêmes à une époque très reculée. Mais ils se faussèrent compagnie à un certain moment et divergèrent dès lors sans espoir de rapprochement. Les oiseaux prirent une route, les mammifères une autre. Ceux-ci, pour la plupart, s'attachèrent à la terre, les oiseaux s'élevèrent dans les airs. Dans le cas des oiseaux, une conséquence au moins de cette tendance générale fut désastreuse. Le mode de vivre aérien devait leur coûter cher, car l'aile fut faite *aux dépens de la main*. Cet organe si parfait une fois enfoui sous la plume devait perdre une grande part de l'utilité qu'il a pour les vertébrés supérieurs.

Les oiseaux ont les os qu'il faut pour la main; ils auraient pu avoir celle-ci, mais ils renoncèrent à leur droit sur elle. Quand on considère ce que l'homme doit à la main, on peut concevoir ce que les oiseaux perdirent à son défaut. Si l'homme n'avait pas été «l'animal à outil», il ne serait probablement jamais devenu un homme. C'est en partie pour avoir abandonné, sur cette piste, la course au progrès, que l'oiseau n'a jamais pu être autre chose qu'un oiseau. Il a été donné à un seul organisme de rester, du commencement à la fin de la course, sur la voie du progrès, et de travailler ainsi sans arrêt ni déviation au plan final de l'évolution.

CHAPITRE VI

LA LUTTE POUR L'EXISTENCE

Dans une page souvent citée, Matthieu Arnold décrit un oiseau volant dans le parc de Kensington et « vaquant sans se lasser au travail inconnu du jour». Mais, paix aux cendres du poète, l'emploi de son temps n'est que trop certain. Sa journée est remplie tout entière par la lutte pour l'existence, et cette lutte est rude. Il s'éveille aux premières lueurs du jour et il sort en quête de son repas du matin; mais un autre oiseau est sorti avant lui, faisant le vide sur son passage. Avec cinquante autres oiseaux à jeun, il doit mettre le temps à profit, fouiller le pays, visiter les arbres, l'herbe, le sol, dresser des embuscades, attaquer et être vaincu, espérer et être déçu. C'est le même programme pour chaque jour et pour chaque repas. Au changement des saisons les besoins deviennent plus pressants : les provisions sont épuisées, et il lui faut à tire d'ailes chercher de nouveaux terrains de chasse à des centaines ou des milliers de kilomètres. C'est ainsi que les oiseaux vivent et c'est par cela qu'ils sont formés. Ce sont des lutteurs-nés. Bec et membres, griffes et ailes, conformation, tout, jusqu'au moindre détail, est l'expression de leur mode de vivre.

C'est ainsi que vivait le sauvage primitif et c'est par là qu'il était formé. Le premier problème pratique rencontré dans l'ascension de l'homme consistait à trouver le moyen de le mettre en marche sur son chemin montant. Il ne suffisait pas à la nature de le fournir d'un corps et de poser son pied sur la première marche. Elle devait introduire dans son économie générale quelque grand principe lui assurant, comme à tout être vivant, le désir irrépressible des sommets. L'inertie des choses est si grande que, sans l'action d'une force irrésistible, elles ne se mettront jamais en mouvement. Or cette force a été ordonnée si admirablement que ses énergies se cachent dans la nature même de la vie; l'acte de vivre inclut en soi les principes du progrès. Un animal ne peut *être* sans *devenir*.

Le premier grand principe auquel fut confié ce travail gigantesque, c'est la lutte pour l'existence. Une des clés du mystère de l'ascension humaine, elle est si importante en tout développement que Darwin lui assigna le rang suprême parmi les facteurs d'évolution. « A moins, dit-il, que ce principe ne soit fortement imprimé dans l'esprit, l'économie de la nature, avec tous les faits de distribution, de rareté et d'abondance, d'extinction et de variation, ne sera perçue qu'obscurément ou restera tout à fait incomprise. » Comment l'ascension de l'homme s'est-elle faite sous les aiguillons de l'inéluctable nécessité, le travail pour la vie, c'est ce qu'il nous faut rechercher maintenant. Sous l'influence de ce stimulant, mais non toutefois dans la mesure généralement admise, l'homme a lentement émergé de l'existence de la brute. S'engageant sur un chemin où les possibilités de développement sont infinies, il a été poussé de degré en degré, sans préméditation ni dessein arrêté, sans pensée venant de lui, jusqu'à cette hauteur où, aux impulsions inconscientes de l'ambiance inférieure, vinrent s'ajouter des incitations supérieures d'idéals conscients, achevant ainsi l'œuvre créatrice en l'être humain devenu vraiment homme.

Commençons avec un sauvage au début de son évolution et voyons ce que la lutte pour l'existence fera pour lui. Quand nous le rencontrons pour la première fois, il est assis au soleil. Supposons — et il n'est pas nécessaire d'avoir beaucoup d'imagination pour cela — supposons qu'il n'a pas d'autre désir que d'être assis au soleil, et qu'il est parfaitement satisfait et heureux. La nature autour de lui, visible et invisible, est aussi paisible que lui-même, aussi inerte en apparence, aussi indifférente. Nul ne moleste l'autre; ils n'ont pas de rapports entre eux. Attention cependant, nous sommes loin de compte : sans qu'on le voie, ce sauvage est victime d'une conspiration des choses extérieures. La nature a des vues sur lui; elle veut faire quelque chose pour lui : le mettre en mouvement. Pourquoi le désire-t-elle? Parce que le mouvement est le travail, que le travail est un exercice, et que l'exercice peut signifier une évolution subséquente pour celui qui s'y soumet. Comment peut-elle l'obliger au mouvement? En se mouvant elle-même. Tout marchant autour de lui, il ne lui est pas possible de résister.

Le soleil s'avance vers l'ouest et l'homme doit se mouvoir ou geler sur place. Le soleil continuant sa marche, le crépuscule s'étend et les animaux sauvages sortent de leurs antres : l'homme doit marcher ou être mangé. Les mets qu'il a goûtés le matin se sont dissous et sont allés jusqu'aux extrémités nourrir les cellules de son corps; il doit en trouver d'autres pour les remplacer, sous peine de mourir de faim. Il se lève donc, il travaille, il cherche de la nourriture, un abri, un lieu de refuge, et ces mouvements laissent des traces dans son corps : ils trempent ses muscles, stimulent ses nerfs, aiguisent son intelligence, créent des habitudes. Il devient bientôt plus apte et plus disposé à répéter ces mouvements, il les trouve finalement agréables, et par eux l'homme se fortifie et s'élève. Multipliez ces mouvements et vous le multipliez lui-même. Faites-lui accomplir des choses qu'il n'a jamais faites auparavant et il deviendra ce qu'il ne fut jamais autrefois.

Que la terre tourne dans son orbite jusqu'à ce que les rayons du soleil se refroidissent et que la neige de l'hiver commence à tomber : il lui faut se hâter à la recherche de l'astre qui s'enfuit, ou chasser promptement quelque animal à fourrure qu'il tuera pour se couvrir de sa peau. Ainsi le voilà devenu un chasseur, une espèce différente d'homme, un autre homme. Il n'a pas désiré devenir un chasseur, il a dû se transformer en chasseur. Tout ce qu'il demandait, c'était de rester assis au soleil, tout seul, et il y serait demeuré jusqu'à sa mort sans la nature enveloppante qui ne voulait pas le laisser assis, ni l'abandonner à sa solitude.

L'univers devait être ainsi ordonné que l'homme fût forcé d'accomplir ce qu'il n'eût pas fait laissé à lui-même. En d'autres termes, il était nécessaire d'introduire dans la nature, et dans la nature humaine, un principe analogue à celui de la lutte pour l'existence. La première loi de l'évolution est en effet la loi fondamentale du mouvement. « Tout corps demeure dans l'état de repos, ou continue sur une ligne droite un mouvement uniforme, à moins d'être obligé, par une force irrésistible, de changer cet état. » La nature entoura le sauvage de forces irrésistibles, contre lesquelles il lui fallut réagir. Sans cela il serait demeuré pour toujours dans son premier état.

Le besoin initial réservé, la faim, nous trouvons que le stimulant du milieu — lequel oblige l'homme à la lutte pour l'existence — se présente sous un double aspect. C'est d'abord la nature inorganique, le monde matériel, avec la chaleur et le froid, le climat et la température, la terre, l'air et l'eau. Puis c'est le monde de la vie, embrassant toutes les plantes et tous les animaux, spécialement ceux contre lesquels l'homme primitif dut lutter constamment, les autres hommes primitifs. Tout ce que l'homme est, tous les arts de la vie, tous les dons de la civilisation, tout le bonheur, et la joie, et le progrès du monde, doivent à cette double guerre une grande part de leur existence.

Allons un peu plus loin. Remontons jusqu'au temps où l'homme, émergeant à peine de l'état purement animal, était dans la condition décrite par Darwin, celle « d'un quadrupède à queue aux habitudes probablement arboricoles », et où, sa conscience s'éveillant, l'esprit chercha les moyens de sauvegarder ses premiers intérêts en s'assurant, par la lutte pour l'existence, quelque succès nouveau.

Cette créature hypothétique n'était probablement pas très vigoureuse physiquement. Si elle avait été plus forte, elle risquait de ne point évoluer. Telle qu'elle était, elle devait avoir recours non pas au corps, mais à l'esprit fertile en stratagèmes. Quand un camarade la menaçait, ou un individu d'espèce hostile, elle appelait à son aide un simple objet étranger, une branche d'arbre. Que la découverte fût fortuite, que l'idée en vînt de la chute d'une branche, ou d'un coup reçu d'une branche agitée par le vent, peu importe. Cette branche cassée devint la première arme; elle fut la mère de toutes les massues. Du jour où la découverte en fut faite, la lutte pour l'existence prit une nouvelle tournure. Jusque là les animaux avaient combattu avec une partie spéciale de leur propre corps, dents, membres ou griffes. Ils prennent possession maintenant de l'arsenal de la nature matérielle.

L'invention de la massue fut bientôt suivie d'un autre changement. Pour se servir efficacement de cette arme, comme pour bien utiliser un poste d'observation, un homme doit garder la station droite. Mais cela ne se fait pas sans changer le centre de gravité du corps, et comme l'acte devient habitude, d'autres changements subsidiaires durent se produire lentement dans diverses parties du corps. Peu à peu l'attitude droite s'affermit. L'homme doit à la lutte pour l'existence ce que Burns appelle « son visage levé vers le ciel ».

Le simple fait qu'il n'a pas encore acquis le pouvoir de rester longtemps debout, montre que le changement est récent et que la station droite est encore une nouveauté pour lui. La plupart des hommes s'asseyent dès qu'ils le peuvent; se tenir droit leur est si peu naturel, leur équilibre est tellement instable, qu'il leur suffit d'être légèrement malades ou languissants pour devoir se coucher.

Il est possible que l'origine de la station droite et de la massue soit autre; mais c'est un détail secondaire. Ce « quadrupède à queue et à poils, aux mœurs arboricoles » doit s'être promené, ou avoir été poussé vers des lieux où les arbres étaient rares. On conçoit qu'un animal, accoutumé à n'avancer qu'en se tenant aux objets à sa portée, ait ramassé une branche et qu'il l'ait tenue dans sa main, soit pour s'en servir en guise de béquille, soit pour s'en faire une arme, soit pour se tenir debout afin de dominer de la vue les grands espaces sans arbres. On peut voir, dans les jardins zoologiques de Java, un orang-outang qui se promène constamment dans son enclos à l'aide d'un bâton, et qui semble préférer la marche du bipède aussi longtemps qu'il tient en main sa canne ou tout autre support.

Le degré supérieur à l'invention d'un objet, c'est le perfectionnement de celui-ci, ou son usage plus intelligent. Ces deux alternatives se sont réalisées pour la branche d'arbre. Un jour, une branche arrachée brusquement du tronc se montra avec un bout pointu. Les propriétés de la pointe étaient découvertes. Il y eut dorénavant deux sortes d'armes dans le monde, le gourdin et le bâton pointu, c'est-à-dire la massue et la lance.

Il est probable qu'à l'origine la main n'abandonnait ni l'une ni l'autre. Mais leurs possesseurs avaient déjà appris à lancer des branches du sommet des arbres et à bombarder leurs ennemis avec des noix ou des fruits. Il était naturel qu'ils en vinssent à jeter leurs massues et leurs lances, introduisant ainsi l'arme de trait dans leurs luttes quotidiennes. Grâce à cet emploi nouveau, les armes primitives furent elles-mêmes spécialisées davantage. De la lourde trique devait sortir, d'un côté la massue, de l'autre le javelot. La lance devait donner naissance à la sagaie ou à l'arme pesante dont se servent aujourd'hui les insulaires du Pacifique. De la pointe naturelle d'une branche arrachée du tronc on arrive, par un perfectionnement subséquent, au bâton appointé volontairement. Un autre pas dans cette voie, c'est de passer de la pointe obtenue par le frottement de l'épieu sur une large pierre rugueuse au couteau fabriqué avec une petite pierre aux bords aiguisés. Le développement se poursuit ainsi sous l'influence des nécessités de la lutte pour l'existence. L'homme est alors un animal capable de se servir d'instruments, et les fondements des arts sont posés. Celui qui lance le plus loin ses armes de trait a les meilleures chances dans la lutte pour l'existence. Pour les jeter toujours plus loin et avec plus de précision, il cherche des aides mécaniques, l'arc, le boomerang, la fronde; puis au lieu de dépenser sa propre force, il emprunte celle de la nature, mélange différentes espèces de poussières, invente la poudre à canon. Toutes nos armes modernes de précision, du fusil au canon de siège, proviennent de l'évolution des armes de jet du sauvage. Ceci n'est pas une simple fantaisie. On peut encore voir les divers stades de cette évolution chez les tribus sauvages existant à cette heure dans le monde.

Après les armes offensives vinrent les armes de défense. Le sauvage combattant se mit d'abord à l'abri d'un arbre.

Puis quand il voulut changer de poste, arrachant un morceau d'écorce il s'en couvrit, faisant ainsi le premier bouclier. Où les arbres étaient dépourvus de l'écorce convenable, il se tressa un bouclier avec des herbes, des roseaux, des nervures de feuilles, ou le fabriqua en étendant de la peau sur un bâti de bois. En temps de paix, ces boucliers creux, suspendus aux huttes, trouvaient de nouveaux emplois, changés qu'ils étaient en paniers, en berceaux, et, sous une forme évoluée, en pirogues. De nouvelles vertus se découvrirent encore, aux heures de loisir, dans les frustes engins de guerre et de chasse. Les vibrations de son arc produisaient des sons agréables aux oreilles de l'homme; provoquant ces vibrations, il fit de la musique. Comme deux arcs vibraient mieux qu'un seul, il prit deux arcs, puis un arc à deux cordes, pour finir avec un « instrument à dix cordes ». Peu à peu la harpe entre en jeu, puis le violon. Le sifflement du vent dans un roseau creux fraie la voie à la flûte. Une conque brisée à l'hélix lui fournit la trompette; deux cailloux se heurtant lui offrent le feu.

Quelque puérils que nous apparaissent aujourd'hui ces petits commencements, souvenons-nous qu'ils furent une fois les réalités de la vie. La massue et la lance du sauvage nous amusent maintenant; mais nous oublions trop que les flèches grossières de bois rude qui ornent nos salles lambrissées étaient le monde pour l'homme primitif et représentaient l'expression suprême et l'instrument journalier de son évolution. Ces armes primitives sont l'expression pathétique de la lutte originaire dans le monde.

Elles sont d'un intérêt durable pour la race humaine en tant que contribution première à la solution du problème toujours aussi ardu de la nutrition. Au lieu d'être, comme on pourrait le supposer, des engins de destruction, elles sont des instruments de préservation ; elles firent leur entrée dans le monde non par haine de l'homme mais par amour de la vie. Pourquoi l'épieu fut-il inventé, de même que la fronde et l'arc ? Tout d'abord parce que l'homme avait besoin de l'oiseau et du cerf pour sa nourriture. Pourquoi, d'engins de chasse qu'ils étaient, devinrent-ils instruments de guerre ? Parce que, d'autres hommes ayant besoin de l'oiseau et du cerf, le premier occupant dut protéger ses provisions contre leur avidité. La faim est la mère de toutes les industries ; la lutte pour l'existence est la créatrice de la civilisation dans ses formes primitives.

En creusant un trou dans le sol, en plantant au centre son épieu ou un bâton pointu, en recouvrant l'ouverture de branches d'arbre, l'homme pouvait capturer le plus gros gibier. Quand le climat devint plus froid, il dépouilla de leur peau les animaux qu'il avait pris, et il eut ainsi des vêtements. Avec une pierre servant de marteau, il ouvrit les mollusques sur le rivage des mers, il harponna les poissons avec sa lance ou les captura dans les bas-fonds. Il vint un temps où, ayant l'habitude de fouiller le sol de son bâton pointu pour en extraire les racines, il eut l'idée de l'agriculture. Imitant la nature qui sème les graines et les fruits sauvages, il devint jardinier et fit croître des moissons. Or, moissonner signifie posséder un coin de terre, et, occuper ce coin, c'est abandonner la vie nomade et embrasser la vie sédentaire favorable au développement de toutes les industries. Capturant les jeunes des animaux sauvages, d'abord pour s'en faire des jouets, puis pour les réserves de viande et de lait qu'il en pouvait avoir, ou, dans le cas du chien, pour l'aide qu'il en recevait à la chasse, il se rendit compte de la valeur des animaux domestiques. Ainsi l'homme s'éleva lentement de l'animalité à l'état sauvage ; ainsi son esprit fut dompté, puis fortifié, éclairé, élevé ; ainsi s'accrut en lui le sentiment de la puissance, et la vertu (*virtus*), ou la force, naquit.

En luttant avec la nature, l'homme ne trouva pas seulement des satisfactions matérielles : il se trouva lui-même. C'est là ce qui le fit, corps, esprit, caractère et dispositions, et c'est là ce qui, dans une grande mesure, donna au monde différentes espèces d'hommes, différentes espèces de corps, d'esprits, de caractères et de dispositions.

Les premiers agents de variations morales et intellectuelles doivent être cherchés, dans la géographie et la géologie, parmi les facteurs qui déterminent les circonstances de la lutte pour la vie. Si tous les hommes avaient eu le même pays, la lutte aurait été la même pour tous, et si la lutte pour la vie avait été semblable pour tous, la vie elle-même n'aurait pas connu de diversité. Mais le monde n'est jamais identique pour deux groupes d'hommes. Le théâtre de la lutte varie avec chaque degré de latitude, avec chaque changement d'altitude, avec chaque différence de sol. On trouve trois régions distinctes dans la plupart des pays : maritime, agricole et pastorale. Dans la première, les rivages des mers, les hommes sont pêcheurs ; dans la seconde, régions basses et plaines d'alluvions, ils sont agriculteurs ; sur les plateaux et les montagnes, ils sont bergers.

Comme les hommes ne sont que l'expression de leur milieu, comme leur genre de vie dépend de la manière dont ils obtiennent le pain quotidien, chaque groupe d'hommes prend une physionomie qui lui est propre. La vie du pêcheur est précaire ; il devient donc hardi, résolu, confiant en ses forces. Celle de l'agriculteur est sédentaire, et elle le fait paisible, amoureux du foyer ; il se nourrit de céréales et de fruits, qui lui donnent un sang calme et un tempérament tranquille. Le berger est un nomade ; il vit beaucoup seul ; la monotonie des pacages le rend taciturne et d'humeur sombre ; les montagnes lui inspirent une certaine crainte et, protecteur de son troupeau, il est homme de guerre.

C'est ainsi que se forment des types différents d'hommes et d'industries, et peu à peu, par les croisements, des variétés infinies de types intermédiaires. « La nature a voulu qu'en luttant pour vivre les hommes développassent leur être physique ; ils acquièrent en outre de faibles lueurs de raison, ils pensent et combinent ; ils deviennent des hommes. Or les primitifs n'ont pas d'autre but que de soutenir l'existence du clan, et la nature a voulu qu'en luttant pour la maintenir non seulement ils acquièrent les connaissances agricoles, la faculté de domestiquer les animaux, la navigation ; non seulement qu'ils découvrent le feu et son utilité pour cuire les aliments, pour la guerre et la métallurgie ; non seulement qu'ils trouvent les propriétés cachées des plantes et les appliquent à la guérison du corps ou à la destruction de leurs ennemis sur le champ de bataille ; non seulement qu'ils apprennent à manipuler la nature et à distribuer l'eau au moyen de machines, mais encore que, par cette lutte qui dure toute la vie, ils se développent en personnes morales [1]. »

La nature étant « tout ce qui est », et l'homme étant complètement enveloppé par elle et dépendant d'elle, il ne peut jamais échapper à sa constante discipline. Il doit toujours y avoir un milieu quelconque, de même que des changements de milieu ; et un changement, quelque minime qu'il soit, s'opérera toujours en lui.

Peut-être voyons-nous mieux maintenant pourquoi l'évolution eut partie liée, à l'aube de la vie, avec un allié aussi étrange que le *Besoin*. L'évolution de l'humanité était chose de trop grande importance pour être confiée à une main débile. L'avantage qu'il y avait à rattacher le progrès humain à la lutte pour l'existence, c'est qu'on peut toujours compter sur elle. La faim ne fait jamais défaut. Tous les autres appétits humains ont leurs périodes d'activité et de repos ; les passions croissent et diminuent ; les émotions sont occasionnelles et capricieuses, mais l'exercice continuel de la fonction de nutrition

[1] Winwood Reade, *Martyrdom of Man*, p. 461.

n'est interrompu que par la mort. En fait, la mort ne signifie guère plus qu'un conflit avec la fonction de nutrition; elle signifie que le combat pour l'existence ayant cessé, il ne peut plus y avoir d'existence, plus d'évolution ultérieure. Il a donc été établi que la vie et la lutte, la santé et la lutte, la croissance et la lutte, le progrès et la lutte, devaient être indissolublement unis; que, en dépit des chances d'erreur, des pertes apparentes, du mystérieux accompagnement de contestations et de souffrances, l'ascension humaine devait être liée au fait même de vivre. Si l'on se souvient qu'à une date postérieure la moralité et la lutte, la religion même et la lutte, furent si étroitement unies qu'il est impossible de les concevoir séparées, l'extraordinaire valeur de ce principe et la nécessité de le pourvoir d'un fondement indestructible nous apparaîtront sans doute plus clairement.

Il faut se rappeler constamment cette association de la lutte pour l'existence avec la fonction physiologique de la nutrition. Car la nature essentielle du principe a été gravement compromise par le nom même que Darwin lui donna. Il est probable qu'aucun autre n'était possible, mais le résultat c'est que les hommes ont souligné emphatiquement le substantif au sens presque éthique « la lutte », et ignoré le terme biologique « la vie ». Un élément secondaire du processus est ainsi monté au premier rang, et, exagéré par l'imagination, il a fait considérer la nature comme une énorme machine meurtrière pour la destruction du grand nombre et la survivance de la minorité. Or la lutte pour l'existence est en tout premier lieu simplement la vie elle-même : dans le cas le plus favorable, la vie conditionnée par un maximum normal et salutaire de pression violente; dans le pire, par un maximum anormal. Comme nous l'avons vu, c'est un autre nom pour la fonction physiologique et primordiale de la nutrition. Pour maintenir la vie, cette fonction est indispensable sans arrêt. La caractéristique du protoplasme, la base physique de toute vie, c'est la faim, celle qui a dicté la première loi de l'être : « Tu mangeras. »

Qu'est-ce qui distingue scientifiquement l'organique de l'inorganique, l'animal de la pierre ? L'animal mange et non pas la pierre. Le monde vivant est redevable à la faim de presque tout ce qui fut accompli de grand au cours de son histoire primitive. La tâche principale de l'évolution pendant des millénaires fut de perfectionner les moyens de la satisfaire et de perfectionner ainsi la vie elle-même. Les formes vivantes inférieures sont-elles beaucoup plus que des estomacs animés ? Dans les groupes supérieurs, le système de la nutrition est le premier qui se développe, le premier qui fonctionne et le dernier qui cesse le travail. La faim a réglé la vie, l'œuvre et la destinée de l'homme, presque complètement au temps des premières vicissitudes de la race, dans une large mesure lorsque le cours des choses fut mieux ordonné. Cette mystérieuse divinité domine toujours si fortement la vie même la plus élevée que les nobles occupations d'un esprit supérieur doivent être interrompues deux ou trois fois le jour pour lui rendre hommage.

Quoi que l'homme ait pu désirer plus tard, et accomplir, il était essentiel que cet arrangement fût pris pour lui à l'origine. Le mécanisme nécessaire à son développement ne devait pas être placé seulement dans la nature ; lui-même devait être mis dans le mécanisme, y être maintenu et ramené aussi souvent qu'il tentait de s'en évader. Néanmoins il est aussi absurde de dire qu'un homme a procédé à sa propre évolution qu'il l'est d'affirmer qu'un journal s'imprime par lui-même. Il l'est autant de dire que le mécanisme fut le principe de cette évolution que de déclarer d'un poème qu'il fut fait par la presse typographique. Le problème final est toujours : qui a fait la machine et qui a pensé le poème offert à l'impression ?

Si l'on dit qu'on ne peut approuver la machine sans réserve

puisqu'elle lacère autant qu'elle relie, la difficulté est plus réelle. Mais il y a un principe que l'étude de l'histoire ne doit point négliger, c'est qu'il faut suspendre son jugement sur le sens et la valeur d'un plan jusqu'à ce que la série de ses conséquences soit parfaite. Quand l'histoire complète de la lutte pour la vie sera dite, quand le point final sera mis au mémorial de ses victoires, quand la balance de ses gains et de ses pertes sera faite, et quand il sera prouvé notamment qu'il y a eu jusqu'ici des pertes, le temps sera venu de juger de sa valeur morale. Ce principe empêche naturellement de se prononcer d'une manière ou de l'autre sur les bienfaits du système des choses. Mais l'évolution est une étude historique et ses résultats sont largement connus. Ce serait donc affecter une réserve étrange que de nier qu'en somme ces résultats sont bons, et qu'ils apparaissent meilleurs à mesure qu'on pénètre plus avant dans l'intelligence de leur sens intime. Quand ils accusent la lutte pour l'existence, les hommes oublient qu'elle doit être jugée au point de vue de la raison autant qu'à celui du sentiment, et qu'il faut tenir compte de son influence permanente sur l'ordre du monde et non seulement de ses effets locaux et superficiels.

Les conséquences défavorables de la lutte pour la vie ont été probablement exagérées, même celles que l'on constate aux degrés inférieurs de la nature. S'il est essentiel à la compréhension du cours de l'évolution de garder en son imagination un sentiment net de la lutte elle-même, nous devons nous garder d'en colorer trop vivement l'idée ou de submerger celle-ci sous le flot d'émotions empruntées à nos propres sensations. Le mot « lutte » est alors à peine plus qu'une métaphore. Quand on dit qu'un animal lutte, cela signifie en réalité qu'il vit. C'est-à-dire qu'un animal n'aura pas à mettre en jeu, à côté de toutes ses autres activités, un grand nombre d'activités spéciales à l'exercice desquelles on puisse appliquer le terme de lutte. C'est la vie elle-même qui est la lutte, la vie tout entière, et la totalité de ses activités et de ses forces sont encloses en elle. Parler de lutte dans le sens de combats spéciaux et occasionnels, songer à une bataille ou même à une série de batailles, c'est diriger la pensée sur une fausse piste, car la lutte est partout et tout est bataille. Nous devons nous garder notamment de mettre en elle nos idées personnelles en ce qui touche la douleur. Il est probable, pour dire le moins, que la lutte pour l'existence n'est pas aussi douloureuse qu'il le semble dans la création inférieure. Que nous considérions la faiblesse des états de conscience chez les animaux inférieurs, ou le fait qu'ils doivent s'habituer à leur condition précaire, ou que la mort est soudaine quand elle les frappe, et qu'elle n'est pas accompagnée de ces craintes anticipées qui la rendent redoutable à l'homme, nous devons admettre que, quoi que la lutte pour l'existence signifie subjectivement pour les animaux inférieurs, elle n'est rien comparée à ce que ses terreurs la font pour l'homme. Quant à vouloir y mettre un élément moral avant un certain degré de développement du monde, il n'y faut pas songer. Jugée d'un point de vue moderne, on trouve en elle de quoi atténuer beaucoup l'impression pénible du premier moment. Sauf exceptions, la lutte est loyale. Dans la règle, elle n'est pas provoquée par la haine, mais seulement par la faim. Elle est rarement prolongée à plaisir, la mort qui la suit est généralement soudaine. Quant au fait même de la mort, tous les animaux doivent mourir, et quant au regret de voir une existence fauchée prématurément, il vaut mieux exister pour être mangé que de ne pas être du tout. Quant au résultat final, il vaut mieux disparaître de ce monde en étant mangé et, par sa mort, aider un autre à vivre, que de souiller le monde par une lente décomposition. Après tout, le mieux qu'on puisse faire d'une vie, c'est de la donner pour les autres. Jusqu'à ce que la nature ait enseigné à ses créatures ce sacrifice volontaire, est-il étrange qu'elle y oblige par la force?

Il y a des hommes qui en veulent à la science de son enseignement de la lutte pour l'existence dans la nature; ils craignent que les faits signalés ne fassent contester la bonté de l'univers. Mais la science n'a pas inventé la lutte pour la vie. Elle est là. Ce que la science a fait en réalité, c'est de montrer non seulement sa signification, mais son grand but moral. Il y a des savants comme Mill qui, voyant les faits mais non ce but moral, ne pardonnent pas à la théologie naturelle de croire encore à la bonté du plan. Il est probable que ni l'une ni l'autre de ces attitudes n'est tout à fait digne des noms associés aux conclusions des savants. Le verdict des deux hommes qui, les premiers, ont signalé les faits à l'attention du monde, Alfred Russel Wallace et Darwin, est plus raisonnable. « Quand nous réfléchissons à cette lutte, dit celui-ci, nous pouvons nous consoler par cette assurance que la guerre n'est pas constante dans la nature, que la crainte n'est pas ressentie, que la mort est généralement prompte, et que le vigoureux, le bien portant et l'heureux survivent et multiplient. » Et dans un langage encore plus énergique, Wallace écrit : « L'idée populaire de la lutte pour l'existence accumulant la misère et la douleur sur le monde animal, est tout juste le contraire de la vérité. En réalité, ce qu'elle apporte, c'est le maximum de vie et de jouissance de la vie, avec le minimum de souffrance et de douleur. La nécessité de la mort et de la reproduction étant donnée, et en admettant que, sans elles, nul développement progressif du monde organique n'était possible, il est difficile d'imaginer un système assurant une plus grande somme de bonheur[1]. »

Nous devons laisser ici la nature pour nous mettre à la recherche de son éthique. Après tout ce qui a été dit, il est

[1] *Darwinism*, p. 30-40.

certain qu'un prix fut payé pour l'évolution du monde, prix de souffrances et parfois de souffrances terribles. Il peut y avoir des divergences d'opinion quant à l'importance de ce prix, mais il n'y en aura pas sur un point au moins, à savoir qu'en l'estimant même au chiffre le plus élevé, l'objet acquis ne fut pas payé trop cher puisque cet objet n'est rien moins que le progrès actuel du monde. La lutte pour la vie a été victorieuse; elle a réussi dans sa tâche gigantesque, et il n'y a rien dans la nature vivante qui ne lui doive quelque chose en fait d'ordre, de beauté et de perfection. Le premier devoir de ceux qui hésitent dans leur estimation du coût du progrès, c'est de s'assurer s'ils englobent dans sa richesse l'immensité du bien acquis, au prix de ce sacrifice, en faveur de l'humanité. Le but de la lutte pour l'existence n'est pas la bataille, pas même la victoire, c'est l'évolution. Le résultat ne consiste pas en blessures, mais en santé. La nature est un système vaste et compliqué assurant le changement, l'agencement des choses, et, semble-t-il, leur progrès. La lutte pour l'existence est une sorte de *vis a tergo* tenant en mouvement les êtres vivants. Il ne s'en suit pas naturellement que le mouvement doive se faire dans le sens vertical : ceci dépend d'autres facteurs. Mais ce qu'il faut remarquer, c'est que, sans la lutte pour la nourriture et la pression du besoin, sans les conflits avec des adversaires et les provocations du climat, le monde aurait été abandonné à la stagnation. Changements, aventures, tentations, vicissitudes confinant aux calamités, voilà ce qui constitue la vie du monde.

Ce principe peut être considéré sous un autre aspect qui révèle encore plus nettement sa signification suprême. Il résulte de la lutte pour l'existence que les animaux qui combattent avec le plus de succès prospèrent, tandis que les faibles disparaissent, d'où le principe bien connu de la sélection naturelle ou de la survivance du plus apte. Renonçant à la discussion générale de cette loi et des diverses significations que prend le mot « aptitude » à mesure que nous nous élevons sur l'échelle des êtres, observons le rôle qu'elle joue dans la nature. Le but de la survivance du plus apte est de produire l'aptitude, et elle y réussit négativement et positivement tout à la fois. Dans le premier cas, elle obtient l'aptitude en supprimant l'inapte; sans l'exclusion rigoureuse de l'imparfait le progrès du monde n'eût pas été possible. S'il avait été permis aux aptes et aux inaptes, indistinctement, de vivre et de reproduire leur espèce, les progrès acquis par quelque individu auraient disparu dans la médiocrité du niveau commun en un petit nombre de générations. Le progrès ne peut partir que d'un ou de deux individus lancés à l'avant-garde de leur espèce, et le gain de leur vie ne peut être conservé que s'ils sont séparés de leur espèce, ou encore que si leur espèce est séparée d'eux. A défaut de cette séparation, leur acquis sera neutralisé au cours du temps par le fâcheux effet des croisements avec la masse, ou affaibli de telle façon qu'aucun progrès réel n'en pourra sortir; ainsi donc la seule chance pour l'évolution, c'est de mettre dans une sorte d'isolement physiologique ces exemplaires corrigés, ou de supprimer les éditions défectueuses par une rafle générale. La première proposition n'est possible qu'occasionnellement, la seconde l'est toujours. C'est la raison de la disparition de ceux qui n'évoluent pas, ou qui ne peuvent s'adapter à un milieu nouveau et supérieur, et ce procédé est essentiel à la perpétuation d'une variation utile. Bien que la sélection naturelle ne travaille point invariablement dans le sens du progrès, — dans les parasites notamment elle a produit une dégénérescence presque totale — aucun progrès ne peut s'accomplir sans elle.

On ne peut discuter sa signification éthique ou téléologique avant d'avoir observé l'œuvre de la lutte pour l'existence sur une vaste échelle et compris sa nécessité pour l'évolution du monde vu dans son ensemble. Pour faire un monde apte, il faut que les inaptes à tous les degrés soient destinés à disparaître, et si quelque loi peut y arriver en quelque sorte automatiquement, encore que son action dans tel ou tel cas individuel puisse paraître injuste, sa nécessité pour le monde en général sera reconnue légitime. S'il naît plus d'individus d'une espèce donnée que le monde n'en peut nourrir, et si un certain nombre d'entre eux doit mourir, ce nombre doit être choisi d'après un principe quelconque, et nous ne pouvons en vouloir au principe de la nature physique d'après lequel le pire est condamné. En prononçant la peine de mort sur la plus légère insuffisance, la sélection naturelle combat l'imperfection jusqu'à l'éliminer pratiquement du monde. Le fait qu'un animal vit est presque une marque de son excellence. Aucun être vivant ne peut être absolument manqué, car au moment où il se gâte, il cesse de vivre. Quelque chose de plus apte, ne fût-ce que de l'épaisseur d'un cheveu, prend sa place, en sorte que toute existence doit être la meilleure possible eu égard à son milieu. La sélection naturelle est le moyen employé dans la nature pour produire la santé parfaite, le développement parfait, l'adaptation parfaite, et, au cours des compétitions séculaires, l'ascension de tous les êtres vivants.

Cela étant, la loi de la lutte pour l'existence est élevée à une place unique dans la nature, comme condition nécessaire de progrès. Elle implique pour tout être vivant l'obligation de vivre le mieux possible, l'utilisation, jusqu'à épuisement, de toutes les ressources, le maintien dans l'ordre le plus parfait de chaque faculté individuelle, et l'épanouissement de toutes ses énergies. Bien loin d'être un obstacle à la vie, elle est la seule chose qui non seulement la développe, mais la perfectionne véritablement. Elle entraîne parfois l'affaiblissement d'une espèce ou son extinction; dans certains cas même, sa dégénérescence, mais son résultat final c'est le perfectionnement graduel des organismes en général et la marche constante vers le type définitif. En contemplant le côté meurtrier de la lutte, il est bien juste de rappeler le but qu'elle atteint. Il ne pouvait y avoir dans l'univers de fin supérieure à la formation d'un monde parfait, et pas de loi plus parfaite que celle qui élimine les inaptes en même temps qu'elle établit fortement les aptes. L'attention du moraliste est trop souvent dirigée sur le côté négatif, qui semble constituer le spectacle tout à fait immoral d'un massacre des innocents, d'une déroute et du meurtre des inaptes. Mais on ne peut parler d'innocents dans la nature primitive, et, à ce niveau, aucun sens éthique ne peut s'attacher au terme « inapte ». Aux jours tourmentés de la jeunesse du monde animal, l'aptitude était nécessairement l'aptitude à la lutte. Nulle part il n'y avait de fin plus haute que la recherche d'un moyen de vivre et son perfectionnement jusqu'à la forme physique la meilleure. La créature qui y parvenait avait rempli sa destinée, et nulle destinée supérieure n'était possible ni même concevable. La survivance du plus apte ne signifie pas naturellement la survivance du plus fort. Elle veut dire la survivance du mieux adapté, du plus capable de se plier aux circonstances de son milieu. Un poisson survit dans l'eau tandis qu'un cuirassé endommagé coule à pic. Ce n'est pas que le poisson soit plus fort, mais il est mieux adapté à l'élément dans lequel il vit.

Un taureau du Texas est plus vigoureux qu'un moustique, et néanmoins un automne trop sec fait mourir le taureau et laisse vivre le moustique. L'aptitude à survivre est simplement une adaptation et n'a rien de commun avec la force ou le courage, l'intelligence ou la ruse comme tels, mais seulement avec la capacité ou l'impuissance de s'adapter au milieu. Un athlète est plus fort qu'un estropié, et cependant les hommes élevés dans le milieu moderne nourrissent l'estropié, le monde moral le juge digne d'être aidé, alors que l'athlète, écrasé sous le poids de sa santé florissante, est laissé à lui-même dans sa lutte pour l'existence. Ici, l'aptitude physique est une disqualification ; ce qui était une inaptitude est devenu par contre aptitude à survivre. A mesure que nous montons, en effet, l'aptitude physique du monde primitif se change en aptitude de qualité différente, et cette loi devient le gardien d'un ordre moral. Pendant une certaine période, c'est le plus rapide à la course qui remporte les couronnes; pendant une autre, ce sont les doux qui héritent la terre. Dans un monde matériel la survivance sociale dépend de la fortune, de la santé, du pouvoir; dans un monde moral, les plus aptes sont les faibles, les pauvres, ceux qui excitent la pitié. Il vient donc un temps où cette même loi est l'agent de fins morales, en assurant la survivance des êtres qui, sans elle, défailliraient et succomberaient.

Si nous passons de l'état animal et sauvage au développement de la lutte pour l'existence dans les temps plus rapprochés de nous, l'impression devient plus forte qu'après tout la théorie de la lutte sans merci peut se justifier. Nous ne retracerons point sa marche progressive ; voyons seulement, avant de clore, ce qu'elle signifie dans la vie moderne. Nous lui connaissons deux descendants directs, que nous n'aurons qu'à nommer pour montrer aussitôt le rôle considérable joué par eux dans les destinées du monde. La guerre est le premier, l'industrie le second. Sous toutes leurs formes et leurs ramifications, elles renouvellent simplement la lutte primitive sur le terrain social et politique. La guerre n'est pas une chose accidentelle comme un orage, ni spécifique comme une bataille. C'est l'ancienne lutte pour la vie, apportée du règne animal, et qui fut un instrument excellent d'évolution dans le monde moderne comme dans l'ancien. Parallèlement à l'industrie, et avant elle pour un temps, la guerre a été la nourrice de la civilisation. Patron des vertus héroïques, purificateur des sociétés, constructeur d'États, le type militaire de cette lutte brille à chaque page de son histoire comme le modeleur et l'éducateur de la race humaine, en dépit de tout ce qu'elle signifie de terrible d'autre part.

L'industrie n'est que la même lutte sous un autre travestissement. Le conflit industriel de nos jours, c'est la vieille tentative de l'homme primitif pour tirer le plus possible de la nature, nourriture, vêtements, combustible, richesses. En raison du nombre croissant de compétiteurs, le produit ne suffit pas aux demandes, ce qui a pour résultat de perpétuer sur le terrain industriel, et trop souvent avec des formes brutales et dégradantes, la lutte primitive pour l'existence. Quand la société s'étonne de ses conflits du travail, elle oublie que l'industrie est un stage encore bien rapproché de la lutte purement animale ; et quand la moralité accuse la lutte pour la vie, elle oublie que presque toute notre civilisation est son ouvrage.

Mais il suffit de considérer les phases subséquentes de la lutte pour observer un fait, le plus important de tous, à savoir le changement qui s'opère dans le principe même à mesure que le temps passe. Qu'on l'examine dans les sphères supérieures aussi soigneusement que nous l'avons fait dans les inférieures, et, bien qu'on voie les éléments cruels persister avec leur vigueur effrayante et fatale, on découvrira des régions entières, et qui s'étendent chaque jour, où tout ce qui n'est qu'action animale se trouve discrédité, découragé ou supprimé. Déjà l'amélioration progresse dans mainte direction, en dépit de la tragédie sociale qui se joue autour de nous ; la puissance maligne s'affaiblit sous la poussée de forces opposées et sous celle de la civilisation qu'elle a contribué à créer. La lutte pour l'existence ne cessera jamais complètement en tant que dynamisme de la vie ; nous l'aurons jusqu'à la fin avec l'acuité de ses énergies, la puissance de son stimulant, ses effets de trempe des caractères, ses tensions salutaires dans tous les domaines de l'action. Néanmoins, il est sûr que la virulence de ses qualités animales s'atténue et s'évanouira. Certains hommes voudraient gouverner la société par la lutte purement animale, et ils ne réfléchissent pas au changement qualitatif que nous avons signalé. Ceux-là en appellent à la sanction de la nature ; ils posent en principe l'égoïsme comme la loi éternelle du développement. Or cette loi, comme nous allons le voir, c'est le désintéressement, et l'égoïsme de la nature primitive perd lui-même, peu à peu, son aiguillon ; le moi qui est en elle devient un moi plus élevé, et le monde dans lequel il agit s'est tellement amélioré qu'il serait immédiatement supprimé s'il s'avisait de lâcher les rênes à l'animal.

La science peut prophétiser avec une pleine assurance l'amélioration de la lutte pour l'existence. Si cet univers est moral, il était nécessaire que ce conflit s'apaisât tôt ou tard, que ce changement se fît au cours de l'évolution, que ce qui devait l'amener fût mis dans le mécanisme même de la nature. Et que voyons-nous en réalité ? Le côté animal de la lutte pour l'existence attaqué de telle façon et par de telles armes que sa défaite est sûre. Ces armes sont dans l'arsenal de la nature ; elles y sont dès le commencement, et maintenant elles sont engagées si brillamment et si ouvertement, que nous pouvons aisément discerner ce que sont plusieurs d'entre elles. La première a commencé de saper la lutte pour l'existence à ses racines. Comme nous l'avons vu, la lutte pour l'existence est, avant tout, un essai de solution du problème fondamental de toute vie, la nutrition. Il est probable qu'elle cesserait si le problème pouvait être résolu autrement que par elle. Or, il est plus que probable que cela sera fait par la science. La chimie se consacre en ce moment aux expériences de la nutrition par l'aliment fabriqué, et avec un enthousiasme que l'espérance d'un résultat prochain peut seule engendrer. Ce ne sont pas des visionnaires qui sont ici les prophètes :

le problème est soumis aux calculs pratiques dans cent laboratoires, et comme l'un des savants les plus autorisés nous l'assure « le temps n'est pas loin où la préparation artificielle d'aliments sera un fait accompli[1] ».

Grâce aux services d'autres sciences, la lutte pour la nourriture est déjà devenue infiniment plus facile; mais si les recherches actuelles réussissent et que la nourriture de l'homme puisse être tirée directement des éléments, la lutte sous sa forme la plus brutale sera pratiquement abolie. La civilisation ne peut alléger le fardeau d'un seul coup; la lutte pour l'existence continuera, seulement ses armes seront émoussées.

Mais la science n'est pas notre seul espoir, il y en a un autre, plus élevé. Attaquée d'en bas par l'intelligence humaine, le coup final sera porté à la lutte brutale de plus loin et de plus haut. Il est impossible de concevoir que l'ascension de l'homme doive dépendre toujours de ses appétits, que, dans le monde de Dieu, il ne puisse rien y avoir de mieux pour le pousser que la nourriture et le vêtement, qu'il ne puisse tenter un seul pas vers une vie supérieure sans y être forcé. Comme il y a, dans la vie de l'enfant, un moment où le choix libre et conscient prend la place de la coercition, ainsi le jour vient pour le monde où les aspirations de l'esprit combattront les appétits du corps, les neutraliseront et les supplanteront. La nature a mis au cœur de l'humanité ce qu'il fallait en vue de cette heure. Il s'y trouve une force accumulée au travers des âges par une chimie plus parfaite encore que celle dont nous disposons pour réduire le côté physique de la lutte, une force en face de laquelle les énergies de la lutte animale ne sont rien. La lutte pour l'existence n'est en effet qu'une phase passagère à côté de *la lutte pour la vie d'autrui*.

Aussi vieille que profondément enfouie dans la nature,

[1] Prof. Remsen, *Mc Clure's Magazine*, janv. 1894.

cette autre force était destinée dès l'origine à remplacer la lutte pour l'existence et à élever sur le fondement posé par celle-ci un plus noble édifice. La lutte animale n'avait d'autre but que de poser ce fondement, et elle a bien accompli sa tâche. Mais ce n'est que le jour où la lutte pour l'existence fut placée en regard de l'influence plus grande qui l'avait accompagnée tout au travers de l'histoire — et, dans un sens profond, tout au travers de l'histoire morale — qu'on s'est rendu compte à la fois de sa valeur et de son ignominie.

CHAPITRE VII

LA LUTTE POUR LA VIE D'AUTRUI

Nous abordons maintenant un chapitre tout nouveau de l'évolution humaine, de beaucoup le plus important. Jusqu'ici nous avons reconnu chez l'homme un corps et un rudiment d'esprit. Mais l'être humain n'est pas un corps seulement, ni même un esprit. Le temple attend toujours son hôte définitif, l'âme humaine.

Pourvu d'un corps, l'homme n'est encore qu'un animal, le plus élevé si l'on veut, mais néanmoins un pur animal, luttant pour sa courte existence sans horizons, vivant pour ses fins médiocres et sans idéal. Ajoutons-y l'esprit, et le progrès est infini. La concurrence vitale prend alors la forme auguste d'une lutte pour la lumière : celui qui était jadis un sauvage ne connaissant que la chasse, devient l'homme idéal d'Aristote « chasseur de vérité ». Mais ce n'est pas la fin. L'expérience nous enseigne que la vraie vie de l'homme ne se poursuit pas dans les hautes régions de l'intelligence seulement, mais dans le monde très chaud des affections. Jusqu'à ce qu'il y soit parvenu, l'homme n'est pas un être humain. Il n'atteint sa pleine stature qu'au jour où l'amour devient la respiration de sa vie, l'énergie de sa volonté, le point culminant de ses désirs. C'est là que se trouve finalement pour lui le bonheur la bonté, la vérité, la divinité.

> Un ver aimant dans sa motte de terre
> Est plus divin qu'un Dieu sans amour.

Il va de soi que l'amour ne nous est pas venu par la lutte pour la vie, le seul grand facteur d'évolution auquel on ait rendu hommage jusqu'ici. Il a une généalogie qui lui est propre. Quelque inexplicable qu'en soit le fait, l'histoire de cette force, la plus étonnante dont le monde ait connaissance, commence à peine d'être étudiée. Les autres principes reconnus dans la nature ont eu des milliers de prophètes, mais ce dynamisme suprême a poursuivi son cours au travers des âges sans être observé. La science ignore ses origines; elle n'a jamais dit son histoire. Et cependant si quelque phénomène ou principe naturel peut être compté sous les catégories de l'évolution, c'est bien celui-ci. L'amour n'est point un nouveau venu dans la création, une pensée d'après coup; ce n'est pas l'invention d'une civilisation romantique, ni un mot pieux de quelque religion. Ses racines plongent dans la première cellule vivante qui se développa sur la terre. L'histoire de l'humanité témoigne de sa grandeur, mais nous commençons seulement à soupçonner son antiquité, sa robustesse, et combien elle est partie constitutive du monde. L'évolution de l'amour, en effet, ressort à la science pure. L'amour n'est pas descendu des nuages comme la neige ou la pluie. Il est sorti de la terre, et bien peu des romans qui, dans la suite des temps, furent inspirés par ce terme immortel, sont aussi merveilleux que le récit de sa naissance et de son développement.

Issu de vies coupées et d'espèces exterminées, comme des fleurs de choix et des essences les plus exquises fournies par l'arbre de la vie, il atteint sa perfection spirituelle après l'histoire la plus étrange que les pages de la nature aient jamais consignée. Il est impossible de concevoir l'état embryonnaire de l'amour à son origine, sa rudesse, son âpreté. Mais grâce à une foi et à une patience sans mesure, aux cultures répétées sans relâche, aux transplantations indéfiniment variées, le germe méconnaissable de ce nouveau fruit fut conduit à maturité au travers des âges; il est devenu l'arbre sur lequel sont nés finalement l'humanité, la société et la civilisation.

Dans l'histoire de l'évolution, telle qu'elle est ordinairement narrée, l'amour, la forme évoluée de la lutte pour la vie d'autrui, n'a point de place. La science a relevé avant tout la part opposée, la lutte animale pour l'existence. Les naturalistes ont vu dès l'abord dans la faim le premier appétit et le plus impérieux besoin de tous les êtres vivants, et ils ont compris le cours de la nature comme un combat perpétuel. Puisqu'il naît un bien plus grand nombre de créatures qu'il n'en peut survivre, puisque cent d'entre elles doivent se disputer chaque portion de nourriture, la vie animale n'est-elle pas une longue tragédie? La poésie elle-même s'emparant de ces vues incomplètes a dépeint la nature sous les traits d'un carnassier aux griffes ensanglantées. Avant donc de retracer les progrès de l'amour dans les sphères supérieures, il est nécessaire de remettre au point cette conception erronée, et aucune de nos paroles ne sera superflue, si elle sert, fût-ce dans une mesure imparfaite, à remettre en honneur ce qui est réellement le facteur suprême dans l'évolution du monde. Interpréter tout le cours de la nature par la lutte pour l'existence est aussi absurde que de définir le caractère de saint François par les traits de son enfance. Les mondes croissent, aussi bien que les enfants. Leurs caractères se modifient, la nature meilleure s'épanouit, les désirs changent d'objet, les activités supérieures s'ajoutent aux inférieures. Le premier chapitre de l'histoire de l'évolution peut bien être écrit sous le titre de *lutte pour l'existence*;

mais prenons le livre dans son ensemble, et nous n'aurons plus un récit de batailles, mais une histoire d'amour.

Comme nous l'avons déjà fait remarquer dans notre introduction, les circonstances où le monde reçut sa première impression de l'évolution ne lui permirent pas d'en voir les éléments supérieurs. La résurrection de la théorie de l'évolution s'est faite presque entièrement sous l'influence des recherches poursuivies dans le domaine inférieur de la nature, et sous l'impulsion de purs naturalistes, de Darwin notamment. Mais ce que celui-ci avait entrepris tout d'abord, c'était simplement d'expliquer l'origine des espèces. Son œuvre était une étude d'enfances, de rudiments; il mettait en relief les forces primitives et les phases les plus humbles du développement du monde.

La lutte pour l'existence était là le fait le plus saillant, au moins à la surface; elle forma le *leit motiv* de son enseignement, et ce qu'il y a de tragique dans la nature se fixa de lui-même dans l'esprit populaire. L'erreur fut double : le public confondit darwinisme et évolution, une théorie spécifique de l'évolution applicable à une fraction et le plan universel ; en outre, il se trompa sur la pensée même de Darwin. On admit que le fondement du darwinisme — ou ce qu'on tenait pour tel — était celui de toute la nature. Charmés par l'apparente solidité de ce fondement, les hommes se hâtèrent de bâtir un système où toutes les grandes séries de la vie étaient encloses — végétale, animale et sociale — reposant sur une loi qui n'explique que la moitié des faits, et qui, dans la forme brutale universellement admise, ne s'applique qu'à l'enfance du monde. Un édifice pareil ne pouvait subsister. L'histoire naturelle est incapable d'expliquer parfaitement tous les faits de l'histoire humaine; interprétés par elle, ils ne peuvent être que déformés. L'erreur eût été bien moindre si les successeurs de Darwin avaient vu le fondement tel que le maître l'avait posé; mais comme l'auteur de la théorie ne voyait lui-même que confusément les conséquences de sa thèse, il est naturel que peu de ses disciples aient eu le sentiment de ce qui manquait. La sagacité de Darwin lui avait pourtant fait voir clairement que des interprétations fausses seraient données certainement de sa fameuse phrase « la lutte pour l'existence ». Dans les premiers chapitres de l'*Origine des espèces*, il avertit ses lecteurs que ce terme doit être pris « dans son sens large et métaphorique, qui implique la dépendance réciproque des êtres, et — ce qui est encore plus important — non seulement la vie de l'individu, mais le succès d'une descendance[1] ».

L'emphase avec laquelle il a marqué la lutte individuelle pour l'existence semble, en dépit de cet avertissement, avoir fermé les yeux de la plupart de ses successeurs sur cette vérité, qu'il existe un autre grand facteur de l'évolution.

Il y a, effectivement, en chaque être vivant, la lutte pour l'existence et la lutte pour la vie d'autrui. La trame de la vie est tissée sur une double rangée de fils, aux couleurs alternées, ce qui donne un dessin totalement différent à la pièce finie. Comme l'aspect du monde dépend de cette diversité des fils dans la chaîne, il est nécessaire d'en voir clairement les deux couleurs. Leur nature a été déjà brièvement exposée dans les chapitres d'introduction; mais il y faut revenir au risque de se répéter.

Nous sommes arrivés au point d'où l'évolution humaine va prendre un nouveau cours, sous un aspect tout autre. Rien d'aussi grand ne s'était produit pour le progrès du monde avant la lutte pour autrui devenant une puissance dans la vie humaine.

Cette expression de « lutte pour la vie d'autrui » est le

[1] *Origin of Species*, 6me édit., p. 50.

terme physiologique pour le mot le plus beau de l'éthique, l'altruisme, l'amour. La transition suprême de l'histoire, c'est celle de l'égoïsme à l'altruisme. On ne peut donc insister trop fortement sur le simple fait biologique servant de fondement à la lutte altruiste. Si celle-ci n'était qu'une phase postérieure de l'évolution ou un facteur applicable à des genres particuliers seulement, elle n'en aurait pas moins une importance capitale; mais elle est plus que cela, radicale, universelle, enclose dans la nature même de la vie. Comme la matière doit être traduite par la science dans les termes de ses propriétés, ainsi la vie doit l'être dans les termes de ses fonctions.

Quand nous disséquons à l'extrême cette forme de matière avec laquelle toute vie est associée, nous la trouvons — dans les organismes les plus menus visibles au microscope — exerçant déjà la fonction sur laquelle l'étonnante superstructure de l'altruisme repose indirectement. Prenons la cellule protoplasmique la plus minuscule, mettons-la dans un milieu favorable, et bientôt elle accomplira ces deux grands actes qui résument la vie et constituent l'éternelle distinction entre ce qui est vivant et ce qui est mort, la nutrition et la reproduction. En conséquence de la lutte pour l'existence, elle s'assimilera de la matière prise du dehors; un autre moment, en raison de la lutte pour autrui, elle mettra à part une portion de cette matière, y ajoutera encore et, finalement, la rejettera pour former une autre vie. Même à son aurore, la vie reçoit et donne; même dans le protoplasme, il y a égoïsme et altruisme. Ces deux tendances ne sont pas fortuites; ce ne sont pas des greffes sur l'arbre de la vie; elles sont sa nature, son essence même. Elles ne sont pas peintes sur le canevas, elles sont tissées avec lui.

Les deux activités principales de tout être vivant sont donc la nutrition et *la reproduction*. L'exercice de ces fonctions dans les plantes, et plus encore dans les animaux, résument l'œuvre de la vie. L'objet de la nutrition est d'assurer la vie de l'individu ; l'objet de la reproduction est d'assurer la vie de l'espèce. Les deux sont ainsi entièrement différents. Le premier a une fin purement personnelle; son attention est tournée vers le dedans; il n'existe que pour le présent. Le second est impersonnel à un degré plus ou moins éminent ; son attention est dirigée vers le dehors ; il vit pour l'avenir. Naturellement tous deux sont égoïstes à l'origine; tous deux font partie intégrante de la lutte pour l'existence. Cependant on voit déjà dans cette région amorale la tendance aux deux directions. Égoïsme et désintéressement sont deux termes capitaux dans la vie morale. Même dans la nature physique, le premier est accompagné du second. Le simple fait que l'intérêt pour autrui forme l'une des deux principales sources de la vie est une sorte de prophétie, de suggestion du jour de l'altruisme. En organisant le mécanisme physiologique de la reproduction dans les plantes et chez les animaux, la nature posait déjà les fils que les courants de toutes les choses supérieures devaient suivre dans un temps infiniment éloigné.

Cette seconde lutte, cet effort pour préserver la vie de l'espèce, n'est pas moins réelle que la première ; ses préparatifs ne sont pas moins remarquables, et le tout n'est pas moins une part du système des choses. Prise au sens prophétique, la fonction de reproduction est plus grande que celle de nutrition, comme l'homme est plus grand que l'animal, l'âme plus grande que le corps, la coopération plus grande que la compétition, l'amour plus fort que la haine. Si la nature était jamais accusée d'égoïsme sans tempérament, on trouverait à son aurore déjà sa pleine justification. Le désintéressement est une des deux fonctions fondamentales de toute vie, végétale ou animale. Cela ne veut pas dire que, dans la fougère ou dans le chêne par exemple, la fonction de reproduction offre tous les caractères du désintéressement; néanmoins, bien que provenant du moi, c'est, dans un sens, un acte d'intérêt pour autrui. Dans le monde physique, il est aussi impropre de parler de la lutte pour la nourriture comme d'une chose égoïste, que d'appeler la lutte pour la conservation de l'espèce un acte désintéressé. Mais si l'on attaque la moralité de la nature en se basant sur la lutte universelle pour l'existence, on peut tout aussi bien relever ce qu'il y a de moral dans la lutte universelle pour les espèces. On ne peut voir chez l'une ou l'autre un côté de pure morale, mais l'une marque du moins les commencements de l'égoïsme et l'autre ceux de l'altruisme. Presque tout ce qui est de l'intérêt personnel provient de la lutte individuelle pour l'existence; presque tout ce qui est du désintéressement a ses racines dans la lutte en faveur de la vie d'autrui.

Pour que le monde devînt un monde moral, il fallait de toute nécessité qu'un principe de vie pour autrui y fît tôt ou tard son apparition. Et comme dans le monde moral tout doit avoir pour commencer ce que nous pourrions appeler une base physique, nous ne serons pas surpris de trouver dans le processus physiologique de la reproduction lui-même un pressentiment de relations supérieures ou plus exactement d'y constater les relations supérieures se manifestant tout d'abord par des relations physiques. La lutte pour la vie d'autrui a formé un degré indispensable pour le développement des vertus altruistes.

Or, la nature travaille toujours en se servant de longues racines. Pour élever l'altruisme sans qu'il fît fausse route jusqu'aux sphères supérieures, pour l'y établir à toujours, la nature devait l'envelopper dans le passé le plus reculé, dotant et organisant le protoplasme de telle sorte que la vie ne pût se développer sans lui et que son activité fût soumise à une nécessité physiologique inéluctable.

Dire que l'esprit proteste contre une association des fins éthiques supérieures avec des forces rudimentaires presque uniquement physiques, c'est confesser une vérité sensible à tous. Haeckel lui-même mettant en contraste la racine infime de l'attraction sexuelle entre deux cellules microscopiques et la luxuriante efflorescence ultérieure de l'amour dans l'histoire de l'humanité, s'arrête au milieu de son observation scientifique, effrayé de l'audace de cette pensée, et il réfléchit. Il avait dit, sur un ton de panégyrique : « Nous glorifions l'amour comme la source des créations artistiques les plus splendides, des productions poétiques, musicales ou plastiques les plus nobles ; nous révérons en lui le facteur le plus puissant de la civilisation humaine, la base de la vie familiale, et conséquemment du développement de l'État. » Il ajoute maintenant : « L'amour est si merveilleux, son influence sur la vie mentale est d'une importance si considérable, qu'en ce point plus qu'en tout autre, l'explication naturelle semble devoir laisser la place à la cause surnaturelle. »

On voudrait trouver, entre les hauteurs spirituelles les plus sublimes et les abîmes du monde physique, un sentier que l'intelligence de l'homme fût capable de suivre. Existe-t-il? C'est encore le secret de la nature. Haeckel a parlé du point de vue de l'humanité ; avec un droit égal, se plaçant au point de vue du naturaliste, il continue : « Malgré tout, l'histoire comparée de l'évolution nous ramène invinciblement à la source la plus éloignée et la plus simple de l'amour, aux affinités électives de deux cellules différentes[1]. »

[1] Haeckel, *Evolution of Man*, vol. II, p. 394.

LE SACRIFICE DE SOI DANS LA NATURE

Cependant ce n'est pas dans « les affinités électives de cellules différentes » dont parle Haeckel, que nous devons chercher la base physique de l'altruisme. Elles peuvent être la base physique d'une passion qui est fréquemment confondue avec l'amour; mais l'amour lui-même, dans son vrai sens d'auto-sacrifice, l'amour avec ses éléments admirables de sympathie, de tendresse, de pitié, de compassion, a une autre origine. Il est bon de s'entendre sur ce sujet sans plus tarder, car la fonction de reproduction conduit le biologiste à limiter l'action de ce facteur à un domaine qui n'est qu'une fraction du tout. Comme nous le verrons, la lutte pour la vie d'autrui est certainement connexe aux relations des sexes; mais nous ne pouvons en parler scientifiquement que dans son sens physiologique étendu, comme étant, littéralement, une lutte pour autrui, un don de soi pour les autres. Or, ces « autres » ne sont pas de l'autre sexe ; ils n'ont rien de commun avec le sexe. Ce sont les fruits de la reproduction : œuf, semence, oisillon, nourrisson. Bien loin que sa principale manifestation soit dans la sphère des sexes, l'altruisme trouve son expression essentielle dans les soins donnés aux jeunes, dans la prévoyance qui s'exerce par toute la nature en faveur de la semence et de l'œuf, dans les sacrifices illimités et infinis de la maternité.

Que nous devions envisager ainsi l'œuvre de ce second facteur, c'est ce qui paraît évident par l'acte initial de la reproduction chez les plantes ou les animaux les plus humbles. Entraîné à se soutenir lui-même par la première loi de son être, celle de la préservation personnelle, l'organisme est sollicité en même temps par la seconde au don de soi. Observons un des organismes unicellulaires les plus minuscules au temps de la reproduction. La cellule arrivée à un certain point de développement se partage en deux, et chaque partie commence une vie indépendante. On sait maintenant pourquoi il en est ainsi. Le protoplasme que contient la cellule a continuellement besoin de nourriture nouvelle. Il y est pourvu par un phénomène d'endosmose au travers de la paroi environnante. Mais quand la cellule grossit, il n'y a plus assez de paroi pour toute la nourriture que l'intérieur réclame.

En effet, tandis que le volume s'accroît en raison du cube de son diamètre, la surface ne s'étend qu'en raison du carré du même diamètre. Bref, le volume de la cellule a dépassé la surface absorbante, la faim a crû au delà des possibilités de sa satisfaction, et la cellule doit mourir de faim, à moins qu'elle ne trouve un moyen de gagner en surface. De là cette division en deux cellules plus petites. La surface absorbante est maintenant beaucoup plus étendue que dans la cellule primitive unique. Quand les deux petites cellules seront devenues aussi grandes que leur génératrice, le revenu et la dépense se balanceront de nouveau. Encore un pas et la dépense excédera le pouvoir de réparation ; la vie de la cellule sera menacée derechef. L'alternative est claire : elle doit se diviser ou mourir. Or, si elle se divise, qu'est-ce qui aura sauvé sa vie ? Le sacrifice d'elle-même. En abandonnant sa vie individuelle, elle a donné naissance à deux individus, et ceux-ci capituleront un jour de la même façon. Sauf les différences provenant de leurs sphères respectives, c'est là le premier grand acte de la vie morale. A l'origine, toute vie est comme repliée sur elle-même, emprisonnée dans une cellule unique. Le premier pas vers une vie plus abondante, c'est la libération de ces limites étroites, et le premier acte du prisonnier est simplement de pratiquer une brèche dans les murs de sa cellule. La plante y procède par un moyen mécanique ou physiologique, l'être moral par un acte conscient qui signifie à la fois la rupture avec l'égoïsme et l'acquisition d'un moi plus vaste dans l'altruisme. Biologiquement, la reproduction commence sous forme de rupture. C'est l'abandon d'elle-même par la cellule gavée et pourtant insatiable. « Si le grain de blé qui tombe en terre ne meurt pas, il demeure seul ; mais s'il meurt, il porte beaucoup de fruit. »

Ces faits ne sont pas arrangés en vue d'une thèse. La science elle-même ne peut employer un autre langage pour les exposer. « La reproduction commence par une rupture. Les grandes cellules sur le point de mourir sauvent leur vie par le sacrifice. La reproduction est littéralement l'acte de sauver une vie de la mort qui menaçait. Que ce soit la rupture presque fortuite d'une des formes pr' aitives telles que les *schizogènes*, ou le trop plein et la sécession de boutons multiples comme dans l'*arcella*, ou la dissolution de certains infusoires, un organisme épuisé se sauve lui-même et se multiplie par la reproduction [1]. »

Il n'y a pas de reproduction dans la plante, l'animal ou l'homme, qui n'entraîne le sacrifice de soi-même. Tout ce qui est moral, social, altruiste est venu dans le monde par le ministère de cette fonction. Bien plus, comme ces faits physiologiques le dévoilent, le sacrifice n'est pas un accident, un simple accompagnement de la reproduction : il en est une part intégrante. C'est la loi universelle et la condition universelle de la vie. L'acte de la fécondation est la restauration anabolique, le renouvellement, le rajeunissement d'une cellule catabolique : c'est une résurrection d'entre les morts opérée par le sacrifice d'une vie, la mort d'une part de vie pour assurer une vie nouvelle.

Passons de la plante unicellulaire à l'une des plantes phanérogames supérieures, et la fonction du sacrifice apparaîtra sous une forme encore mieux déterminée, car nous avons ici

[1] *The Evolution of Sex*, p. 232.

un contraste plus frappant avec l'autre fonction. Pour le physiologiste, un arbre n'est pas simplement un arbre, mais un appareil compliqué exerçant tout d'abord la fonction de nutrition. Les racines, le tronc, les branches, les rameaux et les feuilles sont autant d'organes — bouches, poumons, système circulatoire, canal alimentaire, — pour soutenir avec la plus grande perfection possible la lutte pour l'existence.

Mais ce n'est pas tout. Il y a dans cet appareil un autre appareil d'un ordre entièrement différent. Il n'a rien de commun avec la nutrition, rien non plus avec la lutte pour l'existence. C'est la fleur. Plus on étudie ses diverses parties, mieux on voit, en dépit de toutes les homologies, que sa construction est unique et d'un caractère merveilleux. Cet appareil extraordinaire a paru si important à la science qu'elle a nommé phanérogame — plante à fleurs visibles — la grande division du règne végétal à laquelle ces plantes supérieures appartiennent ; elle reconnaît la complexité et la valeur physiologique de ce système spécial de reproduction en lui donnant la place d'honneur dans la création végétale. Observons cette fleur à l'œuvre et nous serons les témoins d'un miracle. Au lieu de lutter pour conserver son existence, elle donne sa vie. Après s'être revêtue de beauté, ce qui est en soi un acte désintéressé, elle s'étiole, dépérit, sacrifie enfin sa vie. L'arbre continue de vivre, les feuilles sont toujours vertes et fraîches, mais cette vie au sein d'une autre vie est livrée à la mort. Pourquoi? Parce qu'une vie est cachée dans cette mort. Cherchons parmi les pétales flétris, et là, dans un berceau d'un travail admirable, nous trouverons couchée, en grappe de semences, la progéniture, le présent d'avenir que cette mère mourante lègue au monde au prix de sa propre vie. La nourriture qui aurait conservé ses forces a été cédée à ses enfants, accumulée avec prodigalité autour de chacun des embryons minuscules en sorte qu'au moment où ils s'éveillent à la vie, il est pourvu à leurs besoins et à leur impuissance. Tout ce qui, dans la plante, se rapporte à la fleur, au fruit et à la semence, est une création de la lutte pour la vie d'autrui.

Bien qu'on suppose la science adversaire de toute poésie dans la nature, personne ne révère la fleur comme le biologiste. Il reconnaît dans sa tendre coloration la pudique rougeur de la jeune mère, dans ses pétales fanés l'éternel sacrifice de la maternité. Une primevère jaune n'est pas pour lui une simple primevère. C'est un appareil exquis et compliqué ajouté à la plante de primevère dans le but de produire d'autres plantes de même espèce. Couchés dans un coffret délicat, quelques menus objets blancs, pas plus grands que des œufs de papillon, reposent au pied de la fleur. Ce sont les œufs de la primevère. Les tubes membraneux du pollen, attirés de leur cachette sur les étamines et rassemblés sur le stigmate, entrent par une porte secrète et microscopique ouverte dans la paroi de l'œuf, et déposent au cœur même leur poussière fécondante. De mystérieux changements se font alors. L'embryon d'une future primevère est né. Enveloppé de plusieurs pellicules, il devient une semence. Le coffret originel se gonfle, durcit, se transforme en une capsule ronde s'ouvrant par des valves ou au moyen d'une charnière. Un jour, cette capsule grosse de semences éclate et complète le cycle de reproduction en les éparpillant sur le sol. Là, elles déchireront peu à peu leurs enveloppes, enfonceront leurs radicelles dans la terre et répéteront la vie de sacrifice de leurs parents.

Avec des variations de détail infinies, c'est dans le monde végétal, l'acte final de la lutte pour la vie d'autrui. Pour illustrer le point en question, nous nous sommes servis des plantes parce qu'elles appartiennent à la région la plus basse où l'on puisse voir à l'œuvre le processus biologique. Or il est essentiel d'établir, sans contestation possible, la nature fondamentale de la fonction de reproduction. On peut suivre à la trace son influence grandissante, en remontant de ces niveaux inférieurs au travers de toutes les séries du règne animal jusqu'à son point culminant, la mère humaine, son expression la plus haute. L'évolution de la maternité est si compliquée et si merveilleuse qu'elle mérite d'être étudiée à part ; mais auparavant nous devons examiner quelques-uns des autres dons répandus sur la terre par la reproduction. Au sens strict, il est impossible de séparer les gains de l'humanité provenant de la reproduction de ceux qui lui vinrent de la fonction de nutrition. Elles sont des coopératrices et non pas des compétitrices, et leurs lignes, en apparence rivales, s'entrecroisent sans cesse. Mais observons quelques-unes des choses qui se sont développées autour de cette seconde fonction, et voyons si oui ou non celle-ci fut une digne alliée de la lutte pour l'existence dans l'évolution de l'homme.

Pour commencer avec ce qu'il y a de plus éloigné, considérons ce que le monde doit aujourd'hui à la lutte pour la vie d'autrui dans le monde végétal. C'est la sphère la plus humble dans laquelle on puisse attendre quelques dons ; or ceux-ci sont déjà d'une telle importance que, sans eux, le monde supérieur serait extraordinairement appauvri, bien plus, dans l'impossibilité d'exister. Comme nous l'avons vu, tout ce qui concerne la fleur dans la vie des plantes est une création de la lutte pour la vie d'autrui. La fleur n'est créée que pour la reproduction ; quand le processus est terminé, elle retourne à la poussière. Ce miracle de beauté est un miracle d'amour. La splendeur et la diversité de ses couleurs, sa forme, sa symétrie, son parfum, son miel, sa contexture, tout est œuvre d'amour, appel d'amour, piège d'amour, provisions d'amour pour le monde des insectes, dont l'aide est nécessaire pour transporter le pollen de l'anthère au stigmate et rendre parfait le développement des rejetons. Cependant ceci n'est qu'accessoire à côté de choses plus importantes. Botaniquement, la fleur est l'annonciatrice du fruit. Botaniquement, le fruit est le berceau de la semence. Combien ces arrangements sont admirables ! Quelle place occupent dans l'histoire du monde ces deux choses si humbles : les fruits et les graines des plantes ! Sans elles, la lutte pour l'existence aurait bientôt pris fin. En effet, qu'est-ce que la lutte animale pour la vie ? Une lutte pour des fruits et des graines. Dans la longue suite de leurs générations, tous les animaux ont dépendu, pour leur nourriture, des fruits et des semences, ou de créatures inférieures utilisant des fruits et des graines. En ce moment même les trois quarts des habitants de la terre ne vivent que de riz. Or qu'est-ce que le riz ? Une semence, un produit de la reproduction. Les trois quarts de la dernière fraction vivent surtout de graines, d'orge, de froment, d'avoine et de millet. Que sont ces graines ? Des semences, des dépôts d'amidon ou d'albumen légués par les plantes à leurs rejetons avec l'admirable prévoyance de la reproduction. La nourriture du monde, notamment celle des enfants, est constituée par les rejetons des plantes, les aliments déposés par des activités désintéressées autour du berceau d'êtres minuscules, abandonnés à leur impuissance, en sorte qu'ils ne souffrent pas du besoin quand le soleil les éveille à leur monde nouveau. Toute plante vit pour les autres. Elle met de côté quelque chose, quelque chose de précieux, la plus haute expression de sa nature. La semence est la dîme de l'amour, la dîme offerte à l'homme par la nature. Quand l'homme vit de graines, il vit d'amour. Littéralement et scientifiquement, l'amour c'est la vie. Si la lutte pour l'existence a fait l'homme, l'a trempé et discipliné, c'est la lutte pour l'amour qui le soutient.

Passons des aliments de l'homme à ses boissons, et ici encore les dons de la reproduction rempliront la liste. C'est peut-être une simple coïncidence ; mais une coïncidence qui enclôt à la fois aliments et boissons mérite au moins d'être remarquée. L'aliment primordial et universel du monde, c'est le lait, un produit de la reproduction. Les boissons distillées en sont aussi, de même que les bières qui sont faites d'embryons de plantes. Le vin est un jus de la vigne. Dans la sphère des appétits animaux, en ce qui touche simplement la faim et la soif de l'homme, on voit donc que le facteur reproduction est fondamental. Interpréter sans lui le cours de l'évolution, ce serait renoncer même à expliquer le côté le plus riche de la nature matérielle.

Jetons un dernier coup d'œil sur le terrain hâtivement traversé, et voyons combien la création est pleine d'intentions, de biens préparés pour l'homme, et à quelle distance il faut remonter pour trouver les premières assises de l'amour. Rappelons-nous que presque toute la beauté du monde est une beauté d'amour : la corolle de la fleur et la houppe de l'herbe, la lampe de la mouche luisante et le plumage de l'oiseau, la corne du cerf et le visage de la femme ; que presque toute la musique du monde de la nature est un chant d'amour : les notes du rossignol, l'appel du mammifère, le chœur des insectes, la sérénade de l'amoureux ; que presque tous les aliments du monde sont des produits d'amour : la datte et le raisin, la banane et le fruit de l'arbre à pain, le miel, les œufs, les graines, les semences, les céréales et les légumes ; que presque toutes les boissons du monde sont des breuvages d'amour : le jus du grain germé et du houblon flétri, le lait de la vache ou le vin de la grappe. Souvenons-nous que la famille, couronnement de toute vie supérieure, est une création de l'amour, que la coopération, — qui signifie puissance, richesse, loisirs, et par conséquent arts et civilisation, récréation et éducation, — est un don de l'amour. Rappelons-nous en outre l'effusion des sentiments qui accompagnent ces choses, élans, idéals, bonheur, bonté, foi en plus de bonté, et avouons que le monde où nous vivons est un monde d'amour.

LA COOPÉRATION DANS LA NATURE

Bien que la coopération ne soit pas exclusivement un don de la reproduction, elle lui est si intimement unie que nous pouvons étudier ici quelques-uns des fruits de ce principe éminemment altruiste. Car il y a ici un principe en jeu, — profondément enraciné dans la nature et ayant pour but immédiat l'établissement de l'aide mutuelle, — et non pas seulement une série de phénomènes intéressants. Sans doute, dans des cas innombrables, la coopération a été introduite plutôt sous l'action de la lutte pour l'existence, circonstance frappante, qui montre comment le côté égoïste de la vie a dû payer lui-même son tribut à la loi plus générale ; mais dans un beaucoup plus grand nombre, elle est alliée directement à la lutte pour la vie d'autrui.

Pour illustrer le principe général, nous devons remonter à l'aurore de la vie. Au début, toute vie se concentrait dans une cellule unique. A ce moment, la coopération était inconnue. Chaque cellule, parfaite en elle-même, se suffisait pleinement, et à mesure que de nouvelles cellules se formaient de l'ancienne, elles se séparaient pour continuer leur vie solitaire. Cet état de suffisance ne mène à rien en évolution. Les organismes unicellulaires peuvent se multiplier à l'infini sans que le règne végétal s'élève d'un degré, ni ne gagne en symétrie ou en puissance productrice. Il faut un changement radical. Mais bientôt nous trouvons le principe de coopération inaugurant son mystérieux travail de perfectionnement. Deux, trois, quatre, huit, dix cellules se groupent et forment une petite natte, ou un cylindre, ou un ruban, les formes les plus humbles de la vie en commun dans la plante, où chaque cellule individuelle partage avec les autres les responsabilités et les profits de la vie. La colonie réussit et croît ; la coopération s'affirme plus intime et plus variée. La division du travail se fait dans des directions nouvelles pour le bien commun ; des feuilles se forment pour la nutrition, des cellules spéciales sont organisées pour la reproduction. Tous les organes se spécialisent, et le temps vient où le monde végétal sortant du cryptogame s'épanouit dans la fleur. Celle-ci est créée pour la coopération. La fleur n'est pas une entité, mais un système social très complexe. Sépale, pétale, étamine, anthère, chacun d'eux a son rôle spécial dans l'économie générale, chacun est nécessaire à l'autre et à la vie de l'espèce considérée comme un tout. L'aide mutuelle ayant atteint ce degré ne peut plus être enrayée, sinon par l'extinction de la vie végétale elle-même.

Le succès du principe coopératif s'affirme si bien alors qu'ayant épuisé les possibilités d'un développement subséquent dans le règne végétal, il déborde ses limites et transporte les activités des fleurs dans des régions inaccessibles au monde des plantes. Avec une initiative et une audace uniques dans la nature organique, les plantes florifères supérieures, stimulées par la coopération, ouvrirent des communications avec deux mondes entièrement séparés jusqu'alors ; elles conclurent des alliances assurant aux sujets de ces états éloignés un service vital et constant. L'histoire de ces relations forme le chapitre le plus passionnant de la science botanique. Mais cette illustration du principe a si puissamment agi déjà sur l'imagination populaire qu'on peut se borner à en parler pour la forme. Cependant, quelque chose encore nous intéresse dans ces phénomènes, c'est qu'ils sont en rapports directs avec la lutte pour la reproduction. Car ce n'est pas pour trouver de la nourriture que les plantes voyagent dans des sphères étrangères, mais pour perfectionner le labeur suprême de leur vie.

Le règne végétal est un monde de vie sédentaire. Aucune plante supérieure n'a le pouvoir d'aller à l'aide de sa voisine, ni même de s'aider elle-même au moment le plus critique de son existence. Or ces nouvelles coopérations sont suscitées par cette impuissance même. Le pollen fécondant croît sur une partie de la fleur; le stigmate qui doit le recevoir croît sur une autre partie, ou parfois sur une autre plante. Mais comme ces organes ne peuvent aller à la rencontre l'un de l'autre, ils appellent à leur aide des choses en mouvement. En volant de fleur en fleur, le papillon et l'abeille accomplissent leur service d'aides inconscients, à l'instar du vent qui souffle sur la prairie et qui porte la poussière fécondante au stigmate dans l'attente. Sans ce service, les espèces s'éteindraient au bout d'une génération. Nulle fleur au monde, à tout le moins nulle fleur entomophale, ne peut produire constamment des rejetons vigoureux sans la coopération d'un insecte, et des multitudes de fleurs ne pourraient jamais, sans son aide, développer leurs semences. C'est à ces coopérations que nous devons toute la beauté et tout le parfum du monde des fleurs. Pour attirer l'insecte et le récompenser de sa peine, un festin de miel est préparé à son intention au cœur de la fleur ; pour permettre au visiteur de trouver le nectar, les pétales sont faits beaucoup plus voyants que les autres feuilles. Ils sont blancs sur un grand nombre de fleurs pour les insectes qui aiment le crépuscule ; pour ceux qui attendent l'obscurité complète, les fleurs nocturnes répandent dans l'atmosphère leurs plus doux parfums. La grâce, la diversité des formes et des teintes, les ornements, les aromes, les découpures des fleurs sont tous des dons de la coopération. La fleur est en fait, dans tous ses détails, un monument du principe coopératif.

Les coopérations entre les fleurs elles-mêmes sont à peine moins singulières ; elles visent à attirer l'attention du monde des insectes. Certaines fleurs sont si petites et si insignifiantes, que les insectes ne condescendraient pas à les remarquer. Mais l'altruisme est toujours inventif ; au lieu de disperser les fleurettes sur la plante, il les rassemble sur un point, pour faire sortir de leur réunion un objet imposant. Dans certains cas, chaque fleur associée garde son individualité, et, comme dans le sureau ou la ciguë, continue de vivre sur son propre pédoncule. Mais dans d'autres espèces encore plus ingénieuses, les associées sacrifient leur tige séparée et se groupent étroitement sur une plateforme commune. Le chardon, par exemple, n'est pas une fleur unique, mais une colonie de fleurs, chacune d'elles parfaite en toutes ses parties, et toutes ensemble acquérant l'avantage de la visibilité en se serrant les unes contre les autres. Chez les tournesols et chez d'autres, le sacrifice est encore plus complet. De la multitude des fleurettes groupées pour obtenir la couleur, quelques-unes arrêtent tout à fait le développement des organes de reproduction et mettent toutes leurs forces à augmenter la visibilité de l'ensemble. Les fleurettes massées au centre ne peuvent rien pour cela, mais celles qui sont en marge allongent leurs périanthes en un cercle de flammes brillantes et laissent le travail intime de la reproduction aux autres de l'intérieur. Quels sont les avantages de cette aide mutuelle? Elle rend ceux qui la pratiquent plus aptes à survivre. Les plantes coopératrices sont parmi les plus nombreuses, les plus vigoureuses et les plus largement répandues dans la nature. Le sacrifice et la coopération sont ainsi reconnus en principe comme parfaitement sains. La bénédiction de la nature les accompagne. Les mots eux-mêmes en tant qu'ils signifient quelque chose de plus qu'une opération physique sont forcément exclus de l'interprétation scientifique des choses. Mais il est à remarquer que la sélection naturelle récompense les équivalents mécaniques de ce qui doit jouer ensuite un rôle éthique. Les organismes faiblement ou nullement coopérateurs disparaissent; ceux qui pratiquent l'aide mutuelle survivent et peuplent le monde de leurs espèces.

Sans nous arrêter à étudier les coopérations compliquées des fleurs qui ravissent l'œil du spécialiste — la subtile alliance conclue avec l'espace par les fleurs dioïques, avec le temps par les espèces dichogames, avec la dimension par les formes dimorphes et trimorphes — voyons seulement l'extension du principe à la semence et au fruit. Sans secours, sans force, quand il s'agit de la fécondation efficiente de ses fleurs, la plante supérieure doit encore résoudre un problème presque plus difficile quand elle en vient à la dispersion de ses semences. Si chaque graine tombait où elle a crû, c'en serait bientôt fait de la propagation des espèces. Mais la nature, travaillant d'après le principe de la coopération, augmente notablement ses moyens d'action. Grâce à une série de nouvelles alliances, les rejetons peuvent commencer leur existence sur des terres éloignées et encore inoccupées, et les agencements sont si parfaits dans ce domaine de la lutte pour la vie d'autrui que des plantes isolées, immuablement enracinées au sol, peuvent disperser leurs enfants bien loin sur la terre. Les fruits et les semences sont confiés, à l'heure de la maturité et par cent moyens divers, à des mains étrangères, pourvus d'ailes ou de parachutes, emportés par le vent, attachés à l'oiseau, à l'animal par d'ingénieux artifices, entraînés au fil de l'eau par la vague ou le courant marin et transportés ainsi à travers le monde.

Si nous nous tournons vers le règne animal, nous rencontrons partout le principe de la coopération. Il est étrange que, hormis quelques exceptions, la science connaisse si peu de chose de la vie quotidienne des animaux même les plus communs. Un petit nombre de mammifères favoris, quelques oiseaux, trois ou quatre des insectes les plus développés ou les plus remarquables, voilà qui épuise presque la liste de ceux dont les mœurs sont bien connues. Mais si nous jetons un regard plus étendu sur la nature, un fait général nous frappe, à savoir que les animaux sociables l'emportent de beaucoup sur les insociables. L'affirmation de Darwin est absolument prouvée que « les communautés qui comprennent le plus grand nombre de membres en sympathie profonde sont les plus florissantes ». Qu'on parcoure les noms des mammifères les plus communs ou les plus puissants et l'on trouvera que ce sont ceux qui possèdent au moins une certaine mesure de sociabilité. La tribu des chats exceptée, presque tous vivent groupés en troupeaux, l'éléphant par exemple, le buffle, le daim, l'antilope, la chèvre sauvage, le mouton, le loup, le chacal, le renne, l'hippopotame, le zèbre, la hyène et le phoque. Ce sont des *mammifères,* notons-le, une association portée au plus haut degré de développement, avec spécialisation de la fonction de reproduction. Il y a certainement des cas où la sociabilité ne dépend pas premièrement de cette fonction ; mais, dans la plupart, les principales coopérations trouvent leur centre dans l'amour. Toutes les formes de l'entr'aide sont si avantageuses qu'on peut se demander sérieusement si, après tout, la coopération et la sympathie — d'abord instinctives, puis raisonnées — ne sont pas les plus grands faits, même dans la nature organique.

Citons à ce propos le prince Kropotkine :

« Dès que nous étudions les animaux, écrit-il, non dans les laboratoires ou les musées, mais dans la forêt et la prairie, dans les steppes ou sur les montagnes, nous voyons immédiatement que malgré le nombre énorme de guerres d'extermination qui sévissent dans les espèces diverses, et notamment parmi les classes variées d'animaux, il y a autant, sinon plus, de support mutuel, d'aide mutuelle, de défense mutuelle chez les animaux appartenant aux mêmes espèces ou tout au moins à la même société. La sociabilité est autant une loi de nature que la lutte fratricide... Si nous recherchons un témoignage indirect et demandons à la nature qui sont les plus aptes, ceux qui, sans cesse, se font la guerre les uns aux autres, ou ceux qui s'entr'aident, nous aurons immédiatement cette réponse : les animaux qui acquièrent des habitudes d'aide mutuelle sont incontestablement les plus aptes; ils ont plus de chances de survivre, et atteignent, dans leurs classes respectives, au plus haut degré de développement de l'intelligence et d'organisation du corps. Si les faits innombrables qui peuvent être invoqués en preuves de ces vues sont pris en considération, nous dirons avec assurance que l'aide mutuelle est une loi de la vie tout autant que la lutte intestine; mais que la première a probablement une importance plus grande comme facteur d'évolution, attendu qu'elle favorise le développement des habitudes et des caractères qui assurent la conservation et le développement ultérieur des espèces, en même temps que la plus grande somme de bien-être et de jouissance de la vie pour l'individu, avec la moindre dépense d'énergie[1]. »

Plus encore que dans ces régions spécifiques, la dépendance réciproque des parties est établie d'une façon inaltérable dans les vastes domaines de la nature. Du sommet à la base, le système des choses se compose de séries ininterrompues de réciprocités. Un règne correspond avec un autre règne, l'organique avec l'inorganique. C'est ainsi que des myriades de créatures vivantes doivent être retenues dans la terre elle-même, en vue des grands travaux agricoles entrepris par la nature, pour préparer et renouveler le sol — bientôt épuisé sans cela — et lui permettre de fournir sans relâche les dons merveilleux d'une végétation féconde. Longtemps avant que l'homme parût avec ses outils aratoires, les agriculteurs de la nature, le ver dans les régions humides, les termites dans les zones tropicales, labouraient la terre et la hersaient; sans la coopération de ces humbles formes de vie, la suprême beauté et la fécondité du globe eussent été impossibles. Pour prendre un autre exemple dans l'économie générale de la terre, l'existence même de la vie animale n'est possible que par l'intervention de la plante.

[1] *Nineteenth Century*, 1890, p. 340.

Aucun animal ne peut répondre à une seule des atteintes de la faim sans la coopération du règne végétal. Un des mystères de la chimie organique, c'est que la chlorophylle enfermée dans les parties vertes des plantes a seule, parmi les autres substances, le pouvoir de pénétrer le règne minéral et d'en utiliser les produits comme nourriture. Bien qu'on l'ait découverte récemment dans les tissus de deux animaux tout à fait inférieurs, la chlorophylle appartient particulièrement au règne végétal et forme le seul point de contact de l'homme et de tous les animaux supérieurs avec leurs approvisionnements. Ainsi donc toute parcelle de matière mangée par un homme, tout mouvement de son corps, toute fraction de travail accompli par ses muscles ou son cerveau, dépendent des contributions d'une plante ou d'un animal nourri d'une plante. Qu'on éloigne le règne végétal ou qu'on mette un terme au cours de ses dons inconscients et toute la vie supérieure prendra fin dans le monde. Tout, en effet, arrive à l'être en vertu de quelque chose d'autre et continue d'être en vertu de ses relations avec d'autres choses. La matière terrestre est composée d'atomes en coopération ; elle doit son existence, son mouvement et sa stabilité à des astres en coopération. Les plantes et les animaux sont faits de cellules en coopération. Les nations se forment d'hommes en coopération. La nature n'a aucun mouvement, la société n'atteint aucune fin, le cosmos n'avance pas d'un empan, sinon en vertu de la coopération. Pendant que les dissensions s'apaisent dans le monde à mesure que la connaissance s'accroît, la science seule révèle avec une clarté grandissante l'universalité de ces échanges.

Mais revenons aux effets plus directs de la reproduction. Après avoir créé les « autres », une tâche non moins nécessaire s'imposait à l'évolution, c'était de les unir. Créer des unités, même en quantités innombrables, et les disperser dans le monde, ce n'est pas encore mettre en branle le progrès. Avant toute évolution supérieure, il faut que ces unités soient mises en rapport par un moyen quelconque, en sorte que non seulement elles agissent de concert, mais qu'elles réagissent les unes sur les autres. Selon des lois biologiques bien connues, c'est uniquement dans des combinaisons d'atomes, de cellules, d'animaux ou d'êtres humains que les unités peuvent progresser, et la condition d'entrée du développement, c'est de créer ces combinaisons. De là le premier commandement de l'évolution : « Tu te mettras en masse, en agrégat ; tu te combineras, tu croîtras. » « L'évolution organique », dit Herbert Spencer, « est en premier lieu la formation d'un agrégat. » Sans doute les nécessités de la lutte pour l'existence tendaient à remplir ces conditions par tous les moyens, et l'organisation des sociétés primitives, animales et humaines, est en grande partie sa création. Sous son influence, ces sociétés se formèrent pour l'entr'aide et la protection mutuelle, et les coopérations dirigées sur cette voie jouèrent un rôle prépondérant dans l'évolution. Mais les coopérations sorties immédiatement de la reproduction sont bien plus radicales, universelles et efficaces. La lutte pour l'existence est partiellement une force de désagrégation. La lutte pour la vie d'autrui est entièrement une force sociale. Les efforts de socialisation de la première sont secondaires, ceux de la lutte pour autrui sont primaires. L'organisation des sociétés n'aurait jamais commencé sans le lien très fort et très résistant introduit dans le monde par la lutte pour la vie d'autrui.

Une illustration rendra sensible l'ingéniosité de la reproduction pour arriver à ses fins. Nous le choisissons de nouveau dans un domaine inférieur de la vie pour que la nature fondamentale de ce facteur se manifeste d'autant mieux. Il y a plus de vingt siècles, Hérodote observa une coutume remarquable de l'Égypte. A un moment donné, les Égyptiens sortaient au désert, coupaient des branches de palmiers sauvages, et, les rapportant dans leurs jardins, les agitaient au-dessus des fleurs des dattiers. Ils ne connaissaient pas la raison de cette cérémonie; mais ils savaient que sa négligence entraînait une récolte de dattes pauvre ou nulle. Hérodote en fournit cette singulière explication, savoir que certaines mouches douées d'une « vertu vivificatrice » qui donne, de façon ou d'autre, une fertilité exubérante aux dattiers, étaient emportées du désert avec les palmes. Mais la vraie raison de l'incantation est maintenant connue. Il y a, chez les palmiers, des mâles et des femelles. Les plantes cultivées, celles qui portent les dattes, sont des mères; les arbres du désert sont les mâles, et le balancement de leurs branches sur les fleurs des dattiers a pour effet de déposer sur celles-ci la poussière fécondante du pollen.

Quel étrange phénomène! Voici deux arbres vivant d'une vie tout à fait distincte, séparés par des kilomètres de désert sablonneux; ils sont inconscients de leurs existences respectives, et néanmoins ils sont si bien liés que leur séparation en êtres distincts est une pure illusion. Physiologiquement ils sont un; ils ne peuvent demeurer séparés. Ce n'est pas qu'ils soient doués du pouvoir de locomotion ou de choix conscient; mais il y a quelque chose dans la nature qui unit ces êtres en apparence séparés, qui effectue des combinaisons et des coopérations où on les croirait le moins possible, qui entretient des relations d'arbre à arbre au moyen d'agencements admirables. Par l'expédient du sexe, le plus subtil de tous ceux qui favorisent l'évolution supérieure du monde, la nature accomplit cette tâche ardue d'enlacer dans un filet inextricable des êtres séparés et d'établir entre eux des sympathies telles qu'ils doivent agir de concert ou forfaire à la vie même de leur espèce. Le sexe est un paradoxe; il sépare aux fins d'unir. Comme la nature tend un fil mystérieux entre les deux palmiers séparés, ainsi le tendit-elle entre les quelques unités éparpillées qui devaient former le noyau de l'humanité.

Considérons l'état de l'homme primitif, la crainte qu'il a de son congénère, sa haine pour lui, son insociabilité, son isolement, et nous verrons combien grande fut l'œuvre du sexe par la simple mise en train de la cristallisation de l'humanité. A la vérité, l'homme ne fut absolument seul à aucun moment de son histoire. Il n'y a rien dans la nature qui ressemble à *un homme* ou, au même titre, à un animal, sauf parmi les formes les plus humbles. Où qu'il y ait un animal supérieur il y a un autre animal; où qu'il y ait un sauvage il y a un autre sauvage, une sauvage femelle. A tout le moins, le sexe a fait pour le monde cette chose énorme d'abolir le chiffre *un*. Retenons ceci, qu'il n'a pas seulement entravé l'existence de l'*un*, mais qu'il l'a réellement supprimé. L'animal solitaire doit périr et ne peut laisser de successeur. Par le fait, l'insociabilité est bannie du monde; l'existence du groupement familial, ou au moins de la paire, est devenue finalement la condition même de la continuité de la vie. Le plan de la nature visant à poser ici la pierre de fondation de l'existence nationale organisée et à intégrer pour toujours la sociabilité dans la constitution de l'humanité, n'est manifeste qu'autant que nous réfléchissons à l'extraordinaire perfection dont l'évolution du sexe fut marquée. Il n'y a pas dans la nature d'autre exemple de division du travail produisant une spécialisation aussi parfaite. Non seulement les deux sexes furent mis à part pour accomplir deux moitiés différentes de la même fonction, mais chacun d'eux perdit si complètement le pouvoir de remplir la fonction intégrale que, même avec un enjeu de cette importance, la continuité de l'espèce, ils devinrent impuissants à y pourvoir isolément. C'est ainsi que l'association, la combinaison, l'aide mutuelle, la sociabilité et les affections, ces choses sur lesquelles tout le progrès matériel et moral repose en dernière analyse, furent imposées au monde.

Ce fait que le cours de l'évolution a pris une direction sociale plutôt qu'individuelle est d'une signification considérable. Si ces choses ont pu être produites par la lutte pour la vie d'autrui — et les chapitres suivants montreront qu'il en est vraiment ainsi — il ne peut y avoir aucun doute sur la place occupée par le facteur qui en fut l'artisan. Non seulement l'altruisme a pénétré dans le monde par la route qu'ouvrit la fonction physiologique de la reproduction, associée à ses activités et relations nécessaires, mais le champ indispensable à son expansion et à son expression parfaite y est entré avec lui. Si la nature doit être étudiée à la seule lumière de la lutte pour l'existence, ces anticipations éthiques pour un monde social et une vie morale — dont nous n'avons encore aperçu que les rudiments — demeurent un problème insoluble à la science et à la téléologie.

LA VALEUR ÉTHIQUE DU SEXE

Quelques autres contributions de ce plan nouveau et extraordinaire, le sexe que nous avons vu tout à l'heure en première place, doivent être étudiées en leur qualité de dons de la reproduction. Les conséquences directes, et plus spécialement les indirectes, sont ici d'une telle valeur, qu'il est essentiel de les examiner en détail. Qu'on se représente la nouveauté et l'originalité de cette spécialisation supérieure, et l'on verra immédiatement que quelque chose d'une importance exceptionnelle doit être caché derrière. Voici un phénomène unique dans le champ de la nature. Non seulement il n'y a rien de semblable dans le monde, mais tandis que toutes les autres choses ont des homologies ou des analogies quelque part dans l'univers, celle-ci est sans parallèle. Nous y sommes tellement accoutumés que nous acceptons comme chose toute naturelle la séparation des sexes; et pourtant aucun mot ne peut rendre le merveilleux de cette étrange ligne de séparation qui descend jusqu'à la racine de l'être dans tout ce qui vit.

Nul thème d'importance égale n'a moins attiré l'attention de la philosophie évolutionniste. Les problèmes particuliers que le sexe suggère ont été étudiés avec une pénétration et un éclat qui ne furent jamais auparavant apportés dans cette région mystérieuse. La théorie, vraie ou fausse, de Darwin sur la sélection sexuelle a attiré l'attention sur une multitude de traits de la nature vivante qui semblent trouver ici une explication possible. Mais le simple et grand fait de cette division en mâles et femelles dans presque toutes les plantes et tous les animaux existants doit avoir des conséquences d'une nature exceptionnelle.

On commence seulement de voir combien vieille est cette séparation des deux sexes. Voici l'une des plantes marines les plus humbles, la spirogyra. Elle consiste en fils flottants ou rubans de cellules tous semblables à l'œil. Cependant, quoique les mêmes extérieurement, l'un a la valeur physiologique du mâle, l'autre de la femelle. Dans ce cas, bien que le processus de reproduction se poursuive d'après une méthode primitive, il fait prévoir la loi de toute vie végétale supérieure. Au-dessus de ce point, sauf dans certains cas où la reproduction a lieu sans sexes, celle-ci se fait par spores, ou, si la semence est absente, on peut tenir pour certain que c'est anormal et qu'on est en présence d'une dégénérescence. Quand nous atteignons les plantes supérieures, les différences des sexes deviennent aussi marquées que chez les animaux supérieurs. Les fleurs mâles et femelles croissent sur des arbres séparés ou vivent côte à côte sur la même branche, mais si dissemblables de formes et de couleurs que des yeux non exercés ne reconnaîtraient jamais leur parenté. Même quand les mâles et les femelles ont crû sur le même pédoncule, qu'ils sont enclos dans un périanthe commun, l'hermaphrodisme n'est généralement qu'apparent, grâce aux barrières physiologiques de l'hétéromorphisme et de la dichogamie. Dans le monde des plantes phanérogames, la séparation des sexes n'est pas seulement marquée, elle est encore maintenue par une variété de procédés compliqués, et le retour à l'hermaphrodisme est empêché par les précautions les plus minutieuses.

Si nous revenons au règne animal, le même contraste s'impose à notre attention. Quand, il y a un demi-siècle, Balbiani décrivit les éléments mâles et femelles chez les infusoires microscopiques, ses observations furent toutes mises en suspicion par la science. Mais des recherches subséquentes ont mis hors de doute le synchronisme du sexe à son aurore et de ces premières formes de vie. Partant d'un état marqué par les simples variations des éléments nucléaires, état qu'on pourrait décrire comme un antécédent du sexe, la distinction des sexes s'accuse lentement, au travers d'une variété infinie de nuances et de formes, jusqu'au degré suprême de séparation observé chez les oiseaux et les mammifères. Souvent, même chez les métazoaires, la distinction disparaît extérieurement, comme chez les étoiles de mer et les reptiles ; souvent aussi on la discerne au premier coup d'œil, tandis qu'elle est parfois poussée à un tel point de spécialisation que le naturaliste seul peut identifier le mâle et la femelle dans deux créatures absolument dissemblables. La ligne de démarcation est ainsi fixée tout au travers du vaste champ de la nature. Chaque page du grand livre généalogique des espèces est comme partagée en deux, un côté pour le mâle, l'autre pour la femelle. Naturellement, la classification ne tient qu'un compte minime de cette distinction, et pourtant elle est fondamentale. Les dissemblances de choses semblables sont plus significatives que celles de choses différentes ; et les dissemblances entre mâle et femelle sont presque toujours importantes. Bien que la différence fondamentale soit interne, la forme extérieure varie ; les dimensions, les couleurs et une foule de caractères sexuels secondaires plus ou moins frappants les séparent l'un de l'autre. En outre, et ce qui est plus important, le cycle d'une année n'est pas le même dans la vie du mâle et de la femelle ; ils sont destinés, dès le commencement, à suivre des sentiers différents, à vivre pour d'autres fins.

Quelle est donc la valeur de ces choses ? Dire que la distinction des sexes est nécessaire pour maintenir la vie dans le monde ne constitue pas une réponse, puisqu'il est au moins possible que la vie se continue sans elle. On sait maintenant, de façon certaine, par les phénomènes de parthénogenèse observés chez les abeilles et les termites notamment, que la reproduction peut s'effectuer sans fécondation ; or, le fait que la fécondation est néanmoins la règle, prouve que, sans être nécessaire, cette méthode est cependant profitable à la vie de quelque manière. Il est important de marquer cette absence de nécessité, tout au moins de nécessité *connue*, dans la création du sexe en se plaçant au simple point de vue physiologique. Mais est-il donc inconcevable que la nature agisse parfois en vue d'un but ultérieur, un but éthique par exemple ? Nul homme ayant quelque connaissance de la marche de la nature ne pourrait le nier. Quand le sexe fut institué, aux jours primitifs, l'univers physique existait seul. Sans doute le sexe avait alors des avantages physiologiques ; mais les avantages éthiques sont devenus apparents plus tard ; ils ont pris même une telle importance que le monde supérieur paraît reposer presque uniquement sur eux ; nous avons donc le droit, en observant le monde de ce poste élevé, de soupçonner sous la raison physique un autre motif plus profond.

Or, il est remarquable que, en dehors de la simple nécessité, aucun avantage très saillant de la distinction des sexes n'ait jamais été signalé par la science. Hensen et van Beneden ne peuvent rien voir de plus dans la conjonction des sexes qu'un rajeunissement de l'espèce. A cause de ses activités épuisantes, le mécanisme vivant s'arrête et a besoin d'être remonté ; quelque nouveau ressort doit y prendre place de temps à autre pour maintenir la vie. C'est ainsi que le protoplasme s'épuisant lui-même cherche un renouveau dans la fécondation et repart de plus belle [1]. Pour Hatschek, c'est un remède contre l'action des variations préjudiciables, tandis que pour Weismann elle est plutôt une source de variations : « Je ne sais pas, dit ce dernier, ce que l'on pourrait attribuer à la reproduction sexuelle, hormis la création des caractères individuels héréditaires, pour former les matériaux sur lesquels la sélection naturelle travaillera. La reproduction sexuelle est si générale dans toutes les classes d'organismes multicellulaires, et la nature s'en départit si rarement, qu'elle doit être nécessairement d'une importance de premier ordre. S'il est vrai que de nouvelles espèces sont produites par des processus de sélection, on doit admettre que le développement de tout le monde organique dépend de ces processus, et la part de l'amphigonie dans la nature qui rend la sélection possible parmi les organismes multicellulaires n'est pas seulement considérable, mais capitale [2]. »

Chacune de ces vues peut être vraie, et probablement elles le sont toutes dans une certaine mesure ; mais le fait demeure que les dernières conséquences psychiques du sexe sont d'un caractère si transcendant qu'elles rejettent dans l'ombre toutes les considérations d'ordre physique. Quand nous arrivons à elles, leur signification est aussi claire que le sens des autres était obscur. Nous le verrons nettement si nous considérons même la plus biologique de ces théories, celle de Weismann.

[1] Geddes et Thomson, *The Evolution of Sex*, p. 163.
[2] *Biological Memoirs*, p. 281.

A ses yeux, le sexe est la grande source de variations dans la nature, ou, si l'on préfère, de la variété des organismes dans le monde. Or, bien qu'elle ne soit pas l'objet principal du sexe, cette variété est précisément ce qu'il était essentiel à l'évolution de produire par quelque moyen. Nous l'avons vu, la première œuvre de l'évolution est toujours de créer une masse de choses similaires : atomes, cellules, hommes, et la seconde de partager cette masse en un nombre aussi grand que possible de différentes espèces. Par l'agrégation, les matières premières sont rassemblées, l'argile est recueillie pour le potier ; par la différenciation, les amas informes et monotones sont détruits aussi rapidement que formés, et leurs débris reparaissent ensuite sous des figures nouvelles et variées. Si donc l'évolution projetait d'entreprendre notamment la différenciation de l'humanité, elle ne pouvait le faire d'une manière plus effective qu'au moyen des sexes. Tout l'intérêt varié du monde humain est dû au mélange infini des différents caractères du père et de la mère, au travers des nombreuses générations de pères et de mères, sous la baguette enchantée de l'hérédité. Quand on songe à l'état transitoire du tempérament dominant et du type, aussi bien que des menus détails de caractère et de dispositions, aux proportions nouvelles de tendances mélangées déjà à l'infini, au milieu transformé pour chaque génération en développement, on reconnaît la perfection de l'instrument qui produira la variété dans l'humanité. Si le sexe n'avait rien de plus à son actif que la façon d'un monde intéressant, la dette de l'évolution envers la reproduction serait, même alors, incalculable.

LA VALEUR ÉTHIQUE DE LA MATERNITÉ

Mais ne nous laissons pas détourner de la route principale par ces résultats secondaires de la sexualité. Une conséquence beaucoup plus importante se présente à nous. Comment les formes simplement physiques des « égards pour autrui » commencèrent-elles d'être accompagnées ou surmontées par des caractères éthiques? Voilà le problème qu'il nous reste à résoudre. Et la solution ne réclame rien moins que l'examen du fait fondamental du sexe lui-même. Nous trouvons dans ce qu'il est et ce qu'il implique nécessairement les origines du monde moral et social. Ce sont ses développements qui, par la place qu'ils occupent, constituent le point tournant dans l'histoire morale du monde. Disons tout de suite que ces développements ne doivent pas être cherchés dans la direction où, d'après la nature des facteurs, on serait le plus tenté de les voir. Ce qui, à cette phase, semble être la fin naturelle à laquelle tout conduit, c'est l'établissement, en des formes définies, de l'affection entre mâle et femelle. Mais ce serait faire fausse route que de s'arrêter à cette idée. L'affection entre mâle et femelle est d'apparition tardive, moins fondamentale et moins essentielle dans ses origines. Bien avant son arrivée, et en grande partie comme sa condition, on trouve le phénomène plus beau dont nous devons retracer maintenant les progrès. La base de ce nouveau développement est vraiment bien éloignée dans le temps des relations mutuelles des sexes; elle repose dans les éléments mâle et femelle eux-mêmes, dans leur qualité intime et leur nature essentielle, dans le but auquel ils conduisent, dans ce qu'ils deviennent. Certainement, la superstructure doit beaucoup aux relations psychiques du père et de la mère, du mari et de la femme, mais l'évolution de l'amour commença longtemps avant que celles-ci fussent établies.

Un des problèmes qui s'est imposé au monde a été la détermination exacte de ce qui est mâle et femelle. Cinq cents théories au moins de leur origine ont été présentées, sans que la solution soit trouvée. Presque jusqu'à cette heure le sexe est demeuré mystère impénétrable, et les hommes paraissent connaître aussi peu ce qu'il est que son origine. Cependant, parmi les derniers mots de la science moderne, il en est un ou deux qui sont comme les premiers balbutiements d'une solution possible. Presque pour la première fois, la méthode qui permit d'atteindre ce résultat est purement biologique, et si ses inférences sont encore incertaines, elle a tout au moins établi quelques faits importants.

Partant de cette observation que la fonction de nutrition est l'alliée la plus intime de la reproduction, les derniers expérimentateurs ont découvert des cas de fixation apparente du sexe par la quantité et la qualité de la nourriture. Des expériences récentes sur certains organismes ont montré la possibilité de produire des mâles ou des femelles en variant simplement la quantité de leur nourriture, des femelles quand celle-ci était abondante, des mâles dans le cas contraire.

Rappelons une expérience authentique. Quand Yung commença ses observations sur les têtards, il assura que le nombre des femelles et celui des mâles produits dans les conditions naturelles était sensiblement égal, soit un pourcentage de 57 femelles et de 43 mâles, laissant une avance de 7 aux femelles. Mais en nourrissant copieusement une famille de têtards, le pourcentage des femelles s'éleva à 78, et même à 81 pour une autre famille traitée plus généreusement encore. Dans une troisième expérience, un régime nutritif supérieur fournit des résultats absolument remarquables, car il donna 92 femelles pour 8 mâles seulement. On a trouvé que si les chenilles des papillons et des mites sont affamés avant leur entrée en état de chrysalide, les rejetons sont des mâles, tandis que d'autres de la même ponte se développent en femelles si elles sont nourries plantureusement. Un cas peut-être plus instructif est celui des aphidiens (pucerons). Pendant les mois chauds d'été, quand la nourriture abonde, ces insectes ne produisent, par parthénogenèse, que des femelles, tandis que dans les jours de famine de l'arrière-automne, ils ne donnent la vie qu'à des mâles. En confirmation de ce fait, on a montré que, dans une serre où les aphidiens jouissaient d'un été perpétuel, la succession parthénogénétique des femelles se continua pendant quatre années et ne s'arrêta que lorsque la température fut abaissée et la nourriture réduite. Des mâles virent alors immédiatement le jour[1]. On ne dira plus que la science ne fait aucun progrès dans l'étude de ce problème unique, puisqu'elle est capable de déterminer le sexe en détournant la vapeur d'une serre ou en l'y amenant. Quant aux abeilles, il semble que la relation entre la nutrition et le sexe soit également bien établie. « Les trois sortes d'habitants d'une ruche sont connues de chacun sous les noms de reines, d'ouvrières et de bourdons, ou sous ceux de femelles fécondes, de femelles stériles et de mâles. Quels sont les facteurs qui déterminent les différences entre ces trois formes? On croit en premier lieu que les œufs d'où sortent les bourdons ne sont pas fécondés, alors que ceux qui se développent en reines et en ouvrières ont une histoire normale. Mais quel sort gouverne la destinée des deux dernières, déterminant si un œuf donné formera la mère possible d'une nouvelle génération ou si son germe restera au niveau inférieur de la femelle ouvrière inféconde. Il semble que le sort c'est surtout la quantité et la qualité des aliments qui lui sont accordés. Un régime royal et abondant développe les reines futures.... Jusqu'à un certain point les abeilles nourricières peuvent déterminer la destinée de leurs nourrissons en changeant leur régime, et cela se fait sûrement en quelques cas. Si une larve en passe de devenir ouvrière reçoit par hasard les miettes du superflu royal, la fonction de reproduction peut se développer, et il en résulte ce que l'on appelle, au-dessus d'un certain degré moyen de stérilité, l'ouvrière féconde; mieux en-

[1] *The Evolution of Sex*, p. 41-46.

core, une modeste ouvrière peut être promue intentionnellement au rang de reine[1]. »

Il n'est pas nécessaire d'illustrer davantage le fait sur lequel nous désirons attirer l'attention et qui est maintenant en vue, à savoir que le résultat de la nutrition abondante est de produire des femelles, tandis que des conditions défavorables d'alimentation produisent des mâles. Cela signifie qu'en tant que la nutrition réagit sur les corps des animaux, — et rien ne les affecte davantage, — il y aura, à mesure que le temps accumulera les effets, une différence croissante entre l'organisation et les mœurs respectives du mâle et de la femelle. Chez le mâle, la dépense l'emportera en processus de destruction sur les réparations, entraînant des habitudes cataboliques du corps; chez la femelle, les processus de construction seront prépondérants, occasionnant des habitudes contraires ou anaboliques. En langage moins technique, cela signifie que la note prédominante chez le mâle sera l'énergie, le mouvement, l'activité; chez la femelle, la passivité, la douceur, le repos. Bien qu'ils semblent appartenir à la terminologie psychique, ces mots, notons-le, sont ici monnaies à l'usage de la physiologie. La différence ne pourrait être décrite en d'autres termes. C'est ainsi que Geddes et Thomson écrivent : « La femelle de la cochenille, chargée des produits de réserve sous la forme du pigment bien connu, passe une grande partie de sa vie sur une plante de cactus comme une simple noix de galle. Au contraire, le mâle en son âge adulte est agile, remuant, et sa vie est brève. Ce fait n'est pas uniquement un objet de curiosité pour l'entomologiste; en réalité, c'est un emblème vivant de cette vérité reconnue généralement dans toute l'étendue du règne animal, à savoir la passivité prépondérante des femelles, l'indépendance et l'activité des mâles. » Les paroles de Rolph

[1] *The Evolution of Sex*, p. 42.

sont encore plus significatives, parce qu'il n'écrit pas à propos des hommes et des animaux, mais qu'il remonte aux recoins les plus éloignés de la nature, et qu'il caractérise la cellule elle-même : le mâle est l'organisme le moins nourri, donc le plus petit, le plus affamé et le plus mobile ; la femelle est le plus nourri et généralement le plus tranquille.

Que signifient ces faits ? Que le sexe masculin est une chose, le sexe féminin une autre, et que chacun d'eux a été spécialisé en vue d'un rôle séparé dans le drame de la vie. Chez les peuples primitifs autant que dans les temps modernes, « les travaux qui exigent un fort développement des muscles et des os, d'où résultent de grandes dépenses d'énergie suivies de périodes de repos, sont le lot de l'homme ; le soin des enfants et toutes les industries variées qui rayonnent du foyer et qui demandent une dépense d'énergie plus constante avec une tension moindre, sont celui de la femme. »[1] Que cette théorie ou telle autre de l'origine des sexes soit prouvée ou rejetée, le fait demeure, mis partout en relief par la nature, qu'il existe une certaine différence constitutionnelle entre le mâle et la femelle, différence qui incline l'un vers une vie plus virile, et met dans l'autre une tendance mystérieuse à ce qu'on est obligé d'appeler les dispositions féminines.

D'un côté de la grande ligne de démarcation des hommes se sont développés, dont la vie a été occupée, pendant une longue suite de générations, par un genre particulier de travaux ; des femmes se sont élevées de l'autre côté, qui, pendant de longs siècles, ont eu des travaux d'un genre tout à fait différent. Or les occupations réagissant inévitablement sur l'esprit, le caractère et les dispositions, les deux classes ont lentement divergé dans l'esprit, le caractère et les dispositions. Ainsi cette barrière qui commença dans les régions purement physi-

[1] Havelock Ellis, *Man and Woman*, p. 2.

ques, s'élève maintenant jusqu'au domaine psychique, dotant le monde de deux grands types à jamais séparés. Aucune explication, aucune contestation n'abattra cette distinction entre les sexes, ni ne fera jamais croire qu'ils ne furent pas destinés dès l'origine à jouer un rôle différent dans l'histoire humaine. Mâle et femelle n'ont jamais été ni ne seront jamais identiques. Leur origine est différente; ils ont marché à leurs destinations par d'autres routes; ils ont eu en vue des fins différentes. Le résultat c'est qu'ils sont différents et que la contribution de chacun d'eux à l'évolution de la race humaine est conséquemment spéciale et unique. En avançant, nous aurons à marquer ce que l'homme a fait pour le monde en vertu de son don particulier; mais nous avons déjà rappelé ici quelque chose de sa contribution. C'est à lui que fut assignée principalement la mise en œuvre de la première grande fonction, celle de la lutte pour l'existence. La femme, dont la tâche suprême n'a pas encore été nommée, est l'agent choisi pour livrer la lutte en faveur d'autrui. En somme, la vie de l'homme est déterminée surtout par la fonction de nutrition, celle de la femme par la fonction de reproduction. L'homme satisfait à l'une au dehors, dans les rivalités de la guerre et les ardeurs de la chasse, dans les conflits avec la nature, dans l'effort des travaux industriels, dans la réalisation de la loi de préservation personnelle. La femme marche à sa destinée en exerçant les industries et les saintes affections du foyer, et en payant à sa race la dette de la maternité.

De cette différence initiale, — si faible au premier abord qu'elle apparaît comme une divergence à peine perceptible, sont sorties d'importantes conséquences; car, par chaque détail de leurs carrières spéciales, les deux tendances originales — activité extérieure de l'homme, activité intérieure de la femme, appelée à tort *passivité*, s'accentuèrent à mesure que le temps s'écoula. Une des vies tendait à l'égoïsme, l'autre à l'oubli de soi. Pendant que l'une maintenait l'individualisme, l'autre fortifiait l'altruisme. Ces deux principes majeurs, entrelacés chez les enfants, agissent et réagissent dès le point de départ et tout au travers de l'histoire, cherchant la voie moyenne qui est celle de toute vie véritable. Les conditions de l'évolution de l'homme furent ainsi posées, par la volonté de la nature, dans une division du travail.

Mais le point essentiel reste encore à voir, car nous devons examiner maintenant comment ceci touche à l'évolution de l'amour. Le passage de la simple attraction pour autrui, au sens physiologique, à l'altruisme, au sens moral, s'effectue en relation avec l'accomplissement de la tâche naturelle dévolue à celle qui fut chargée de la lutte pour la vie d'autrui. Appelée de son grand nom, cette tâche est la maternité, qui n'est pas autre chose que la lutte pour autrui transfigurée, transportée dans la sphère morale. Cette fonction, qui a son centre chez un être humain d'un seul sexe, est accompagnée lentement, à mesure que nous descendons le cours de l'histoire, par ces états psychiques nés d'en haut, qui transforment le caractère femelle de l'ordre ancien en la maternité de l'ordre nouveau. Quand on suit la maternité dès les profondeurs de la nature inférieure et qu'on considère sa croissance qualitative lorsqu'elle atteint la sphère humaine, son caractère et celui de son processus d'évolution apparaissent dans leur divine grandeur. De quoi, en effet, la maternité est-elle génératrice? D'enfants? Non, car ceux-ci sont le simple véhicule de sa manifestation spirituelle. De l'affection entre mâle et femelle? Non, car ceci, contrairement à l'opinion reçue, n'a qu'une importance minime au premier âge dans les relations des sexes. De quoi donc? De l'amour lui-même; de l'amour en tant qu'amour; de l'amour en tant que vie, en tant qu'humanité, en tant que source pure de tout ce qui est éternel dans le monde. L'humanité est née dans le long apaisement qui suit la crise de la maternité, dont le seul témoin est la vie nouvelle et sans défense, dernière expression de l'ancienne fonction et instrument inconscient de la nouvelle tout à la fois. Par une alchimie qui restera toujours le secret de la nature, les forces physiologiques font place à ces principes supérieurs de sympathie, de sollicitude et d'affection, qui, dès cette heure, changeront le cours de l'évolution et détermineront une destinée plus divine encore de la race humaine.

Cette transition est si étonnante que sa simple possibilité nous semble tenir du prodige. Quelles affinités peuvent bien exister entre les processus de la reproduction et de l'altruisme, séparés par toute la largeur de l'intelligence consciente et de la volonté? Quelle analogie peut-il y avoir entre la lutte physiologique pour la vie des autres et la lutte postérieure de l'amour? Cependant, si on les examine soigneusement, on verra qu'elles marchent de pair à tous les moments essentiels, quelles que soient leurs divergences secondaires. Dans les deux cas, le but est la préservation de l'espèce, leur essence à toutes deux est le sacrifice de soi, la première manifestation du sacrifice étant d'amasser pour les autres en leur aidant à aspirer les premiers souffles de vie. Mais qu'est-ce que l'amour a de commun avec les espèces? L'altruisme a-t-il une relation avec la vie dans son expression la plus simple? La réponse, c'est qu'aux débuts il n'a pour ainsi dire affaire avec rien d'autre. Supposons que la reproduction a fini son œuvre, la plus parfaite dans la sphère physiologique : un enfant humain est né dans le monde. Mais la reproduction étant la lutte pour la vie des espèces, sa tâche n'est accomplie qu'autant qu'elle assurera la vie de l'enfant représentant l'espèce. Si l'enfant meurt, la reproduction a fait banqueroute ; en tant que cet effort la concerne, l'espèce a pris fin. La reproduction, considérée comme simple fonction physiologique, peut-elle compléter le processus? Non. Seuls les soins et l'amour maternels le peuvent.

Sans eux, la nouvelle vie n'en a que pour peu d'heures ou de jours; tout le travail antérieur de la reproduction a été vain. De là, nécessairement, un moment où les deux fonctions se rencontrent, où elles agissent en se complétant l'une l'autre, où la physiologie transmet à l'éthique sa tâche inachevée, où l'évolution, — si l'on peut faire usage pour une fois d'une distinction fausse, — dépend du processus *moral* pour l'œuvre commencée par le processus *cosmique*.

Il n'importe pas de savoir à quel degré de l'ascension et avec quelle classe d'animaux l'attrait pour autrui commence d'incliner vers l'altruisme au sens éthique; pas davantage de connaître si l'altruisme primitif est réel ou apparent, profond ou superficiel, libre ou automatique. Ce qui nous touche, c'est qu'il est là, c'est qu'un jour vint où il fut une réalité, encore que rudimentaire ; puis surtout que les préparatifs de son introduction et de son perfectionnement furent des réalités. Pendant de longues périodes, son prototype peut s'être manifesté seulement dans la forme, dans les circonstances extérieures; puis pendant des siècles encore il a pu n'y avoir d'altruisme qu'autant qu'il en fallait absolument pour la préservation de l'espèce. Mais, regarder à ce lointain passé et déclarer que parce qu'il était alors apparemment automatique il a dû l'être toujours dans la suite, c'est oublier le caractère progressif de l'évolution aussi bien qu'ignorer les faits. Tandis que, en nombre de cas, les actes ayant une apparence d'égard pour autrui, dans le monde animal, sont purement égoïstes et automatiques, il y en a certainement d'autres qui contiennent quelque chose de plus. En dehors même des relations avec leurs propres rejetons — lesquelles peuvent toujours être soupçonnées d'automatisme; — en dehors également des animaux domestiques — qu'on supposera éduqués en vue de ces actes, — des animaux ont une certaine spontanéité dans leurs rapports avec d'autres: ils ont des compagnons de jeu;

ils cultivent des amitiés et parfois des amitiés très vives. On a déclaré, il est vrai, qu'il y avait encore beaucoup plus ; mais il n'est pas même nécessaire d'admettre ce plus. Aucun évolutionniste ne s'attend à trouver chez les animaux — les animaux domestiques exceptés — un grand développement d'altruisme, parce que les conditions physiologiques et psychiques qui mènent directement à ce développement chez l'homme ne sont remplies pour aucune autre créature [1].

Quelque simple que paraisse la méthode par laquelle les premières et rares étincelles d'amour devinrent une flamme dans le sein de la maternité, les détails de cette évolution sont si complexes qu'ils demandent un chapitre pour eux seuls. Mais on peut juger de l'importance que la nature attribue à ce processus par le fait qu'une moitié de la race humaine a dû être mise à part pour le soutenir et l'achever. Pour l'évolutionniste qui discerne les proportions exactes des forces en jeu dans l'ascension de l'homme, l'institution des sexes fut l'un des deux ou trois événements capitaux dans l'histoire natu-

[1] C. M. Williams a répondu comme suit à ceux qui arguent en faveur de l'automatisme : 1° Les fonctions conservées par héritage doivent être chez l'homme, aussi bien que parmi les plantes et les animaux, celles qui favorisent la préservation de l'espèce ; celles qui ne la favorisent point doivent disparaître avec l'individu ou l'espèce auxquels elles appartiennent. 2° On ne peut admettre qu'un résultat inconnu dans l'expérience de l'espèce puisse être voulu comme fin, quoiqu'en ce qui touche l'espèce une fonction assurant des résultats considérés comme tels d'un point de vue humain, puisse être conservée. 3° Mais si nous admettons l'existence d'un état quelconque de conscience dans une espèce ou un individu, nous devons admettre le plaisir et la peine, le plaisir dans une fonction habituelle, la peine dans son empêchement. 4° Si nous admettons la mémoire, nous devons nous sentir libres d'admettre que le souvenir d'une action puisse être associé à celui des résultats appartenant à l'expérience de l'animal, dont quelques parties peuvent ainsi devenir, combinées avec les impressions de plaisir ou de peine, des fins à rechercher ou des conséquences à éviter. (*Evolutional Ethics*, p. 386.)

relle. C'est ici que prennent naissance les forces principales destinées à dominer les derniers plans et les plus élevés du processus ; c'est ici qu'elles se séparent, spécialisées dans l'égoïsme et l'altruisme, et c'est ici qu'ayant suivi leurs chemins respectifs, elles se réunissent pour répartir leurs gains à une race en progrès. Poussées par les impulsions initiales de leur sexe, que renforce la routine de la vie à laquelle chacune aboutit, ces deux forces ont traversé l'histoire, déterminant l'ordre et le progrès du monde par leurs incessantes réactions, ou son désordre et sa déchéance partout où leur équilibre était rompu. D'après la philosophie évolutionniste, il y a trois grandes conditions nécessaires de tout vrai développement : l'agrégation des choses qui se massent, leur différenciation et leur intégration ou réunion en des touts supérieurs. Le sexe agit sur ces processus plus parfaitement que tout autre agent connu. En partant d'une étude minutieuse de ce seul phénomène, la science pourrait presque déclarer que le progrès fut le but de la nature et que l'altruisme fut celui du progrès.

Cette relation vitale entre l'altruisme à ses débuts et des fins physiologiques n'implique pas qu'il soit limité par ces fins ni défini par les termes de celles-ci. Tout doit commencer quelque part. Or, à chaque nouveau commencement, les efforts de l'évolution ont tendu constamment à justifier cet aphorisme : « le naturel vient le premier, puis le spirituel. » Ce principe résout pleinement aussi la difficulté qui renaît à chaque pas de l'évolution touchant le jugement qualitatif que nous devons porter sur les développements supérieurs. Bien qu'à nos yeux le spirituel émerge du naturel, ou pour parler d'une façon plus précise, qu'il soit accompagné par le naturel aux premiers degrés de son ascension, il n'est pas nécessairement contenu dans ce naturel, ni défini dans les termes qui conviennent à celui-ci. Ce qui vient premièrement n'est pas le critère de ce qui arrive en dernier lieu. Dans la critique de l'évolution, il y a peu de choses plus oubliées que celle-ci : la nature d'une chose ne dépend pas de son origine, et la vue d'ensemble d'un long processus de développements ascendants ne doit pas être subordonnée au premier coup d'œil que le microscope permet de jeter sur lui. Les processus d'évolution évoluent aussi bien que leurs produits ; ils évoluent avec eux. Dans les milieux qu'ils aident à créer ou à rendre profitables, ils trouvent un champ pour de nouvelles créations aussi bien que des renforts pour eux-mêmes. Avec l'apparition des enfants, l'altruisme trouva une aire d'expansion comme il n'y en avait point existé jusqu'alors dans le monde. Sur ce sol vierge, il se développa de plus en plus ; il y acquit une énergie potentielle qui le rendit capable de briser les entraves des conditions physiques et d'envelopper le monde d'une force morale. Le simple fait que les premiers usages de l'amour eurent un caractère physique, montre la perfection du sceau de l'évolution imprimé sur ce processus. La dernière fonction relève la première de sa tâche au moment où elle cesserait sans son aide, pour continuer sans arrêt la marche ascensionnelle.

On a dit que la nature a pu continuer l'ascension de la vie chez les animaux sans l'appui de principes psychiques. On peut répondre que cela n'aurait pas été possible dans le cas de l'homme à cause des conditions physiologiques. Mais il n'est pas même exact que chez les animaux la reproduction achève son œuvre sans principes supérieurs, car là aussi des phénomènes se produisent, toujours mieux définis, qui représentent au moins les instincts et les émotions de l'homme. Il est vrai, sans doute, que les affections sont moins soumises à la volonté chez les animaux que chez une mère humaine. Mais dans les deux cas elles doivent avoir été involontaires à l'origine. C'est aux degrés supérieurs de l'évolution seulement que la nature a pu se fier à son produit le plus élevé pour continuer le processus d'une façon indépendante. Avant que l'altruisme fût assez fort pour agir de sa propre initiative, c'est par la nécessité que toutes les mères, animales et humaines, ont dû être mises sur la voie voulue. En partie physiologique, cette nécessité était actionnée par le principe chargé de toute l'œuvre dans le monde jusqu'à l'apparition de la volonté humaine, à savoir la sélection naturelle. Une mère qui eût négligé ses enfants les aurait eus faibles et maladifs. Les enfants de ses enfants eussent été à leur tour faibles et maladifs. Au jour du règlement inéluctable des comptes, ils auraient été supplantés par une race plus forte, c'est-à-dire issue de meilleures mères. De là la prime accordée aux bonnes mères par la nature ; de là également l'élimination de tous les produits au rabais, de toutes les mères qui eussent négligé d'accomplir le processus dans ses moindres détails. De là enfin l'introduction par la force dans le monde, au moyen de la loi de survivance des plus aptes, de l'altruisme, lequel, à ce stade, signifie bonne maternité.

Ce but atteint, les fondations du monde humain sont achevées. Rien d'étranger ne doit y être ajouté. Tout ce qu'on peut attendre, c'est que la lutte pour la vie d'autrui développe dorénavant sa destinée. Suivre au delà les gains de la reproduction, ce serait écrire l'histoire des nations, celle de la civilisation, des progrès de l'évolution sociale. La clé de tous ces processus est ici. Il n'y a pas d'exposé compréhensible du monde qui ne soit fondé sur l'intelligence de la place qu'occupe ce facteur dans le développement des choses. En pratique, la sociologie ne peut que s'agiter vainement, sans faire faire un pas en avant à la science, jusqu'à ce qu'elle reconnaisse cette base biologique et l'accepte franchement. Ce n'est pas tant d'avoir méconnu la suprématie de ce second facteur qui a vicié presque tous les systèmes de philosophie sociale, c'est plutôt d'avoir ignoré ce second facteur lui-même. Il y a longtemps, c'est vrai, qu'on s'est aperçu que la société est un organisme, et un organisme croissant d'une façon naturelle, comme un arbre. Mais l'arbre auquel on la compare habituellement est tel qu'on n'en vit jamais de semblable sur cette terre. C'est un arbre sans fleurs, réduit au tronc et aux feuilles, un arbre qui accomplirait la fonction de nutrition, et qui aurait oublié celle de reproduction. La grande vérité méconnue par la science sociale, c'est que l'organisme social a crû, fleuri et porté du fruit en vertu des activités continues et des relations réciproques des deux fonctions corrélatives de la nutrition et de la reproduction, puisque ces deux forces étant à l'œuvre, cet organisme ne pouvait que croître, et croître de la manière que nous savons.

Quand la double nature des forces évolutives est perçue, quand leurs réactions réciproques sont comprises, quand on a observé les matériaux changeants avec lesquels elles ont affaire, les obstacles qu'elles doivent renverser à chaque pas en avant, les nouveaux milieux qui modifient leur action à mesure que les siècles ajoutent leurs développements et les débarrassent de leurs parties hors d'usage, alors tout l'ordre social se déroule harmonieusement. Dès l'aube de la vie deux forces ont agi concurremment, l'une divisant sans cesse, l'autre unissant sans relâche, l'une regardant constamment à ses propres affaires, l'autre aux affaires d'autrui. Toutes deux sont grandes dans la nature, mais « la plus grande de ces choses, c'est l'amour ».

CHAPITRE VIII

L'ÉVOLUTION D'UNE MÈRE

Bien que ces mots sonnent d'étrange façon, qu'ils soient presque sacrilèges, l'évolution d'une mère est l'objet d'une étude biologique sérieuse. Même par son côté physique cette tâche fut l'une des plus considérables que l'évolution pût jamais entreprendre. Elle commença quand le premier bouton bourgeonna sur la première plante cellulaire et elle ne fut achevée qu'au jour où le faîte le plus merveilleusement ouvragé du temple de la nature couronna la création animale.

Qu'était ce faîte ? La science ne se pose pas de question plus instructive. La réponse, en effet, met en relief un de ces points saillants de la téléologie que l'ordre naturel connaît bien, et dont le plus étonnant de beaucoup est sans doute celui-ci. Suivons du regard l'échelle de la vie animale. Au pied voici les protozoaires, les premiers animaux. Les cœlentérés viennent ensuite, puis en rangs divers les échinodermes, les vers et les mollusques. Au-dessus arrivent les poissons, les amphibies, les reptiles, les oiseaux, puis quoi ? Les mammifères, les mères. Les séries s'arrêtent ici. La nature n'a jamais rien ajouté depuis lors.

Est-ce trop s'aventurer de dire que le but de la nature organique était de faire des mères ? A tout le moins, il est certain que ce fut sa création principale. Demandons au zoologiste, jugeant du point de vue scientifique, à quoi la nature tendit dès l'origine ; il ne pourra que répondre: aux mammifères, aux mères. Nous disons qu'une usine est faite pour monter des locomotives, pour fondre et tourner des cloches. On peut dire dans un sens aussi vrai que le mécanisme de la nature est là, en définitive, pour modeler des mères. A tous les degrés de la nature inférieure imparfaite on trouve des mères ; on surprend partout des essais de types plus élevés et meilleurs ; on trouve les traces de vieilles formes abandonnées et des modèles supérieurs arrivant au premier plan. Et quand on atteint le sommet, on trouve que le dernier et grand acte fut de présenter au monde un type physiologiquement parfait. Il y a un fait que nulle mère humaine ne peut envisager sans étonnement, que nul homme ne saisit sans respecter la femme davantage et sans avoir une foi plus entière dans les vues supérieures de la nature, c'est que le but final des règnes végétal et animal semble avoir été la création d'une famille que le naturaliste lui-même devait appeler mammifère (à mamelles).

S'il atteint ici sa plus haute expression, ce soin des autres, d'où les mammifères tirent leur nom, fut introduit dans la nature sous une forme plus grossière presque à l'aube de la vie. Dans le règne végétal, nous nous élevons des cryptogames primitifs sans maternité à la maternité élémentaire préfigurée dans les plantes phanérogames. Celles-ci préparent une graine, une noix ou un fruit, avec d'infinies précautions, enveloppant l'embryon de multiples couvertures protectrices et d'une abondante réserve d'aliments pour l'usage futur. Bien que rudimentaire, cette manifestation de sollicitude nous oblige à penser aux soins maternels, surtout quand nous nous rappelons qu'il ne s'agit point ici d'un simple incident dans la vie de l'arbre, mais de sa fleur et de son couronnement. Ce soin des autres est si éminent dans la vie de l'arbre que, comme le zoologiste, le botaniste place les plantes maternelles au point culminant du domaine qu'il étudie. Sa division supérieure est celle des *phanérogames*, nommées ainsi de la spécialisation de leurs organes de reproduction.

En passant au règne animal, nous observons les mêmes commencements sans maternité, la même fin avec elle. Tous les animaux élémentaires sont des orphelins, ne connaissant ni foyer ni soins ; la terre est leur unique mère, l'océan inhospitalier leur seul foyer. Ils s'éveillent à la vie pour l'isolement, l'apathie, pour attirer l'attention de ceux-là seulement qui sont en quête de nourriture. Mais à mesure que nous nous rapprochons du sommet du règne animal, le spectacle de la maternité protectrice vient réjouir la vue. Il est difficile de dire le point précis de son apparition ; mais il est clair qu'elle ne commence pas tout à coup et qu'il y a une longue évolution graduelle de la maternité.

On pourrait inférer d'observations incomplètes et de livres populaires que les soins pour les rejetons — on ne peut encore parler d'affection — sont caractéristiques de tout le champ de la nature. Or, il est douteux qu'ils existent dans une mesure quelconque dans une moitié de cette nature, chez les invertébrés. S'ils y sont, c'est rarement, et, même chez les vertébrés, on ne les rencontre que peu jusqu'aux deux classes supérieures. Ce qui existe, et parfois dans une merveilleuse perfection, c'est la sollicitude pour les œufs, chose très différente de l'amour pour les rejetons, tant physiquement que psychiquement. En réalité, la nature forma les animaux primitifs de telle sorte qu'ils pussent se passer de mères. A leur naissance, ils étaient parfaitement capables de subvenir à leurs besoins. En ces temps-là, les mères eussent été superflues ; aussi tout ce qui importait à la nature, c'était la procréation au sens physique ; la maternité vint plus tard comme un développement plus précieux. Les petits d'alors n'étaient pas réellement des petits, mais seulement des rejetons, *rejetés* du foyer. D'un saut ils se lançaient dans la mêlée à leurs propres risques, et celle qui les avait procréés ne les connaissait plus. Pendant des millions d'années, ce monde primitif resta froid parce que dépourvu d'amour: un monde sans enfants et sans mères. Il est bon de se rendre compte de l'indifférence de la nature jusqu'à ce que ceux-ci parussent.

Les choses sont demeurées au même état dans les régions inférieures de la nature. La mère ne méconnaît pas ses enfants; elle ne les a jamais connus. Les crabes terriens des Indes occidentales descendent de leurs refuges des montagnes une fois l'an, vont en procession jusqu'au bord de la mer, confient leurs œufs à la vague et font demi-tour. Les escarbots fossoyeurs déposent leurs capsules fragiles dans la carcasse d'une souris ou d'un oiseau, enfouissent le tout dans la terre et les abandonnent à leur sort. Des myriades d'autres créatures sont nées dans le monde après la mort de leur mère, et cela conformément à leurs destinées. Chez les éphémères, le moment de la naissance est aussi celui de la mort. Dans ces cas divers la sollicitude n'a pourtant pas manqué, seulement elle s'est manifestée au plus haut point en faveur des œufs. Ceux-ci ont été placés juste à l'endroit convenable, abrités contre les intempéries, protégés contre leurs ennemis, pourvus d'une réserve de nourriture. Le papillon dépose ses œufs sur la feuille que la future chenille préférera, et sous le revers de cette feuille, où ils seront le moins exposés. Ce cas illustre d'une façon tangible la différence essentielle entre une génératrice et une mère. La génération, dans son sens restreint de soins physiques appropriés, est poussée ici au plus haut point de perfection. Tout est accompli de ce qui peut être fait pour l'œuf. Mais la maternité n'existe pas; elle est même une impossibilité anatomique. Si un papillon pouvait vivre jusqu'à l'éclosion de ses œufs, il ne verrait pas un papillon en sortir, ni aucun être aérien semblable à lui, mais une chenille attachée au sol. S'il la reconnaissait pour son enfant, il ne pourrait jamais jouer auprès d'elle le rôle d'une mère. Sa forme anatomique est si différente qu'il ne saurait la nourrir si elle mourait de faim, ni la sauver d'un danger menaçant, et on ne conçoit vraiment pas de quelle façon il pourrait lui être de la moindre utilité. On voit clairement que la nature n'eut jamais l'intention d'en faire une mère; tout ce qu'elle voulut jusqu'ici, c'est de perfectionner le premier instinct maternel. Le tragique de la situation, c'est que le jour où sa préparation à la vraie maternité devrait commencer, le papillon disparaît du monde.

Outre la précocité des rejetons, il y a une autre raison du peu de valeur des soins maternels sur le marché du monde inférieur : la multitude de ces créatures est si grande, qu'il ne vaut presque pas la peine de s'inquiéter d'elles. Les plus humbles occupants de la terre procréent par milliers et millions, et une population aussi nombreuse rend inutile les soins maternels pour garantir l'existence de l'espèce. Produire un million de rejetons et les abandonner à leur sort était après tout un plan d'une exécution plus facile que d'en fournir un dont il aurait fallu prendre un soin spécial. En outre il était plus aisé pour la nature, mille fois plus aisé, de faire un million de jeunes qu'une seule mère. Mais dans cet arrangement primitif, l'effet moral — si l'on ose employer ce terme ici — devait être nul. Éviter le travail de la maternité signifie, pour un long espace de temps, l'absence complète d'éducation maternelle dans la nature. La maternité n'avait aucune chance de se former avec des enfants de cette sorte ; il n'y avait aucun temps pour aimer, aucune occasion d'aimer, personne à aimer. C'était une période d'installations physiques, où le côté psychique n'est représenté que par les premiers degrés de l'instinct maternel, la sollicitude pour les œufs avant leur éclosion. Ce commencement est aussi nécessaire qu'il est imparfait ; il s'arrête juste au point critique, alors que le souci des petits pourrait réagir sur la mère.

Avant que l'amour maternel puisse évoluer de ce premier état, avant que l'amour devienne une nécessité et passe de l'œuf encore intact à l'être vivant qui en sortira, la nature doit modifier toutes ses voies. Quatre grands changements au moins seront faits à son programme. En premier lieu, elle doit arriver à réduire le nombre des petits à chaque parturition ; puis ces petits doivent être formés extérieurement de telle sorte que leur mère les reconnaisse. Troisièmement, au lieu qu'ils voient le jour dans un état si parfait qu'ils soient capables de se suffire à eux-mêmes immédiatement, elle doit les faire dépendants, pour qu'ils restent quelque temps auprès de leur mère s'ils veulent survivre. Et enfin, il faut arriver à ce que la mère elle-même demeure près de ses petits, à ce qu'ils lui soient physiquement nécessaires pour l'obliger à s'attacher à eux. Or, nous retrouvons, poussés jusqu'à la minutie, tous ces magnifiques arrangements. Une mère est créée au travers des quatre processus. Sa formation demande, comme celle d'une gravure en couleurs, quatre impressions distinctes, chacune d'elles ajoutant quelque effet nouveau au tableau précédent. Notons la route suivie pour que la femme sauvage devînt attentive, vigilante et nourrice, pour qu'elle passât de l'état de femelle aux hauteurs suprêmes de la maternité.

Le premier grand changement à introduire dans l'ordre de la nature, c'était la réduction du nombre des jeunes à chaque parturition. Comme nous l'avons vu, presque tous les animaux inférieurs ont des rejetons par douzaines, centaines, milliers et millions en une fois. Or, aucune mère ne peut aimer un million de petits. Évidemment, si la nature désire former de vraies mères, elle doit modérer ses prétentions au nombre. Elle dut s'y résoudre un jour, le réduisant constamment, jusqu'à ce qu'il fût assez petit pour rendre possible la maternité.

On ne peut comprendre la portée de ce changement qu'en songeant à l'énorme fécondité des premières formes créées de la vie. Quand nous examinons la génération des plantes inférieures, nous nous trouvons en face de chiffres tellement élevés que le meilleur microscope ne permet plus de les compter. Le *Protococcus nivalis* manifeste son extraordinaire fécondité en rougissant en une nuit les paysages arctiques de ses innombrables rejetons. Quand nous pressons la boule à semences du fongus bien connu, un nuage fait de millions de spores obscurcit l'air. L'*Hydatina senta,* l'un des rotateurs, se multiplie quatre fois en trente-quatre heures, et en douze jours devient l'ancêtre de seize millions de jeunes. Chez les poissons, le nombre de ceux-ci est encore très grand. La morue et le hareng pondent un million d'œufs; la grenouille a un frai de milliers d'œufs, et il en est ainsi pour la plupart des créatures du même degré. Au-dessus, un changement graduel se produit. Les chiffres tombent aux centaines en arrivant aux reptiles. Chez les oiseaux, les œufs se comptent par dizaines ou unités. Chez les mammifères supérieurs, le chiffre un devient la règle. Cette réduction des nombres est remarquable. Elle signifie l'introduction d'un élément nouveau dans l'économie de la nature, de soins rendus possibles, se concentrant enfin sur un seul, se résumant dans l'amour.

Il était nécessaire ensuite que la génératrice pût reconnaître son petit. S'il était difficile d'aimer un million d'êtres, il était impossible d'aimer un embryon. Dans les régions inférieures, les jeunes ne ressemblent en rien à leurs parents; même en admettant que la mère ait une capacité extraordinaire pour reconnaître ses rejetons, il n'est pas croyable qu'elle se retrouve en ceux-ci. La science elle-même a été longtemps en défaut ici, et beaucoup de formes de vie décrites et classées en espèces distinctes furent reconnues ensuite pour les jeunes d'autres espèces. Rappelons le cas si frappant de la *Planula* ciliée et de l'*Aurelia* adulte, formes capricieuses qui trompèrent le naturaliste si longtemps, car il est douteux que des créatures du type méduse possèdent des yeux. Mais dans les groupes supérieurs, où le pouvoir de reconnaître est plus certain, la dissemblance des rejetons et des parents est souvent aussi marquée.

Les larves de l'étoile de mer, de l'oursin et de leur congénère l'holothurie, sont déguisées au delà de toute attente, et chez les insectes, le rapport existant entre les papillons, les mites et leurs chenilles respectives, ne saurait être découvert. Sans doute, il y a dans la nature d'autres modes de reconnaissance que ceux qui la font dépendre du sens de la vue; mais il n'en reste pas moins que le pouvoir d'identifier leurs jeunes manque aux géniteurs jusqu'à ce que les animaux supérieurs apparaissent.

La nature devait donc s'efforcer de faire ressembler le jeune à ses parents, c'est-à-dire de rendre les petits présentables au jour de leur naissance. Il est intéressant de noter les moyens mis en œuvre pour y arriver. La nature opère toujours ses changements avec une merveilleuse économie, et généralement, comme c'est le cas ici, avec une surprenante simplicité. Elle ne songe point à faire une nouvelle espèce d'embryons; elle aurait perdu tout le temps déjà dépensé pour les premiers. Si la nature commence une chose et désire la modifier, elle ne revient jamais au point de départ pour recommencer à nouveaux frais. Elle a un profond respect pour son œuvre. Recommencer *ab ovo* serait non seulement une perte de travail, mais d'un temps à venir précieux, et bien qu'elle semble très lente, l'évolution ne manque jamais de prendre le chemin le plus court. Elle ne fit donc pas de nouveaux embryons; elle ne modifia pas même les anciens; elle se borna à les tenir cachés jusqu'à ce qu'ils fussent plus présentables. Ainsi elle les laissa tels qu'ils étaient; seulement elle tira sur eux un voile.

Au lieu de dire : « recréons ces petits êtres », elle décréta : « leur apparition sera retardée jusqu'à ce qu'ils soient plus beaux à voir ». Et dès ce jour les embryons restèrent dans les œufs, les œufs furent gardés dans les nids, les jeunes demeurèrent dans le corps, retenus dans l'obscurité pendant des semaines et des mois, en sorte qu'ils parussent, au premier regard de la mère, « forts et agréables à la vue ».

Bien que, dans la nature supérieure, le jeune ne soit en aucun cas la reproduction exacte de ses parents, on admettra que la ressemblance est beaucoup plus grande que chez quelque animal inférieur que ce soit. Les petits de maints oiseaux sont au moins une imitation passable de leurs parents. Les oisons sont assez semblables aux oies pour n'être pas confondus avec les cygnes ; aucun chien ne pourrait être amené à prendre un chaton pour un de ses petits — en faisant même abstraction du flair —, et un lièvre ne se trompera pas en présence d'un lapereau. Chez les animaux domestiques, la ressemblance atteint son point culminant : l'agneau et le veau au moment de leur naissance sont presque des fac-simile de la brebis et de la vache. Mais il n'est pas besoin d'insister : ces choses ne touchent qu'à la superficie et sont d'importance secondaire. En physiologie, on n'admettra pas que la nature, sortant de sa voie, ait eu pour but final d'établir des ressemblances de famille plus frappantes.

Ces illustrations doivent simplement confirmer l'impression que la nature ne travaille pas au hasard, pas même mystérieusement, mais dans une direction spécifique ; que l'idée *des mères* est de quelque façon dans son esprit, et qu'elle essaie de resserrer toujours plus les liens qui unissent les enfants des hommes. Nous serons satisfait s'il ressort de cette parenthèse que, dans des âges reculés, parents et enfants furent présentés les uns aux autres ; que le jeune se rapprocha graduellement de la forme parentale, qu'il ne choqua bientôt plus « par sa laideur de larve », en sorte que la première mère humaine dont la tradition se souvienne, voyant son fils premier-né, put s'écrier: « J'ai formé un *homme*, de par l'Éternel[1]. »

Si ce second processus dans l'évolution de la maternité est d'importance secondaire, on accordera que le troisième était nécessaire. A quoi sert, en effet, de perfectionner le pouvoir qu'ont les parents de reconnaître leur enfant, si celui-ci agit comme le rejeton dans la nature inférieure, entrant de plein saut, à sa naissance, dans la vie indépendante. Si la mère doit apprendre à connaître sa progéniture, celle-ci doit certainement apprendre aussi à ne pas abandonner sa mère. La nature était donc en présence d'une nouvelle tâche, apprendre le cinquième commandement aux jeunes de ce monde. Jetons encore un coup d'œil sur les séries animales, et voyons combien sérieusement elle enseigna cette leçon. On a dit quelquefois que la nature n'a point d'impératifs. En réalité tout est impératif chez elle. Ce commandement fut imposé au monde primitif accompagné de la menace la plus terrifiante qui pût être édictée, celle de mort.

Choisissez quelques enfants et passez-les en revue. Prenez l'un aux régions inférieures de la nature, un autre aux régions moyennes et un troisième aux supérieures; voyez si l'on constate quelques progrès dans l'accomplissement du devoir filial à mesure que nous montons. Le premier, le jeune de l'aurelia, si l'on veut, ou un infusoire cilié, représentant d'innombrables millions d'êtres semblables, est l'enfant précoce. A peine né, cet embryon abandonne le foyer domestique. Il est plus que probable qu'il n'a jamais vu ses parents; s'il les a vus, il les désavoue sur-le-champ. Meilleur nageur qu'eux, car dans la plupart des cas les parents ont désappris la nage, il ne peut être rejoint. Il ignore sa mère et la méprise. Le second est le

[1] *Mammalian Descent*, Prof. W. P. Parker, p. 11.

fils bien disposé. L'enfant, disons un oiseau, débute bien, reste sagement à la maison, mais joue ensuite à l'enfant prodigue. Étant demeuré paisiblement dans l'œuf pendant quelques semaines, il reste un peu plus longtemps, mais moins paisiblement, dans le nid ; quelque temps encore on le voit dans son voisinage, avec une terrible envie de s'envoler au loin. Néanmoins, c'est un bon sujet. Il est réellement une espèce d'enfant, et sa mère est une vraie mère. Le troisième est l'enfant modèle, le mammifère. Dans celui-ci, tel qu'on le trouve seulement aux degrés supérieurs de la nature, l'enfance atteint sa suprême perfection. Gardé à couvert, protégé, nourri copieusement, cet enfant de l'abondance reste aux côtés de sa mère pendant des mois et des années, et ne quitte le toit paternel qu'au jour où son éducation filiale est achevée.

Une lecture superficielle du rapport de l'observateur sur ces divers enfants de la nature pourrait induire le physiologiste, s'il n'est pas pédagogue, à penser que cette gradation mérite une censure bien loin qu'on l'admire. Si la nature primitive pouvait faire en une heure des enfants tout formés, n'est-ce pas rétrograder que de mettre un temps aussi long pour les derniers venus? Quand on met en contraste le pouvoir qu'a l'embryon de la méduse de nager librement, entrant ainsi dès sa naissance dans sa vie héroïque, et l'impuissance du chaton ou celle du petit chien encore aveugle, n'est-il pas légitime de se demander si la nature n'a pas perdu son habileté de main pour la formation de vies robustes? Sa nouvelle expérience ne risque-t-elle pas de faire *fiasco*? Pourquoi ne poursuit-elle pas l'exécution de son plan primitif et beaucoup plus éclatant de faire d'emblée de ses enfants des chevaliers errants? Parce que l'éclat n'est pas son but. Son but est moral aussi bien que physiologique ; et, quoiqu'une explication purement physiologique de l'énigme surgisse dès que notre regard descend sous la surface, le gain moral n'est pas moins apparent. En posant ces limites devant les animaux, la nature les éduque, les domestique, les arrache à une vie sauvage et désordonnée. Les embryons vagabonds sont de simples bandits ; leur nature et leurs habitudes doivent changer, une race plus policée doit naître et non point une plus rude. De nouveaux mots sont attendus dans le monde : foyer domestique, amour, mère. Et cette lente et réciproque attraction des parents et des enfants est le préliminaire obligé de la civilisation de la race humaine. Au point de vue éthique, il y a peu de choses plus significatives que cette subjugation de la jeunesse du monde rampant, que cette formation du lien familial, que cette douce introduction de la tendresse dans un monde glacé d'orphelins, sur une terre sans affections de mères dépouillées de leurs enfants.

Le lien personnel tressé une fois entre générateurs et rejetons ne peut plus être défait ; dès lors, au contraire, il se resserrera de plus en plus. Une génération est venue en effet pour laquelle ce lien est une nécessité de l'existence. Dans ce monde, tout enfant mammifère doit venir à sa mère pour être nourri, se mettre quelques heures chaque jour à l'école maternelle et en apprendre les leçons, qu'il les aime ou non. Aucun jeune de mammifère ne saurait se nourrir lui-même. C'est cela qui l'oblige à rechercher sa mère, et ce qui oblige la mère — poussée par une nécessité physique — à rechercher son enfant : et ceci constitue le quatrième processus sur lequel il est inutile d'insister. Physiologiquement, le nom de ce pouvoir irrésistible c'est la lactation ; moralement, c'est l'amour. Dès lors, il n'y a plus qu'un seul moyen de rompre la communion de la mère et de l'enfant, la mort. Que ce nouveau lien se brise, et c'en est fait des mammifères. Ici, plus que partout ailleurs, le jeu de la nature est sérieux. On voit que l'éducation de l'humanité est soumise à une loi d'un caractère obligatoire. C'est dans la sévérité et la terreur de ses pénalités, dans l'impossibilité d'échapper à la moindre d'entre elles, que la volonté de la nature et le sérieux de ses projets se manifestent le plus éloquemment. Effectivement, les avantages physiologiques cachés sous ces relations éthiques sont de toute importance. C'est grâce à eux surtout que les mammifères ont pris leur place en tête du cortège de la vie. Avec le vieux système, les commencements étaient particulièrement difficiles, chaque animal devant faire son chemin par lui-même dès la sortie de l'œuf. Il était placé, pour ainsi dire, sur le premier degré de l'échelle, et avait à courir tous les innombrables risques inhérents à l'enfance. Avec le nouveau système, il est lancé dans la bataille bien nourri, déjà fort, et il traverse sans dommage les premières vicissitudes de la jeunesse. Grâce au placenta, les jeunes des mammifères supérieurs ont de fortes chances d'heureux départ. En fait, le développement des formes supérieures de la vie sur la terre a dépendu du perfectionnement physique des mères et de leurs attaches physiologiques à leurs petits. Avec le progrès énorme dans la structure des mammifères, un ordre d'êtres, dont la succession ne peut plus être interrompue, est introduit dans la nature. Ainsi, quelles que soient les relations morales cachées sous les caractères physiques extraordinaires de cette classe supérieure d'animaux, la perpétuité leur est garantie.

Le programme physique étant exécuté jusqu'au moindre détail, le drame moral est ouvert. Un résultat immédiat de l'action de la première mère sauvage, c'est la fondation, soit par son sexe même, soit par son effort de passivité, d'un état social nouveau et revêtu de beauté, l'état domestique. Pendant que l'homme, remuant, agité, affamé, est un voyageur sur la terre, la femme fait un home. Et bien que ce home ne soit qu'une plateforme de feuilles entourée de bâtons, comme le gorille en construit sur un arbre, il devient la première grande salle d'école de la race humaine. Un jour, en effet, paraît dans cette chambre sans toit celui qui enseignera les instituteurs du monde, un petit enfant.

Nul jour plus grand ne se leva pour l'évolution que celui où naquit le premier enfant humain. C'est alors qu'on vit dans le monde ce qui manquait pour compléter l'ascension humaine, un maître pour les affections. Il se peut qu'une mère enseigne un enfant, mais, dans un sens bien plus profond, c'est l'enfant qui enseigne la mère. Des myriades de mères avaient vécu auparavant dans le monde, mais les affections supérieures n'étaient pas encore nées. La tendresse, la douceur, le désintéressement, l'amour, le souci des autres, le don de soi, n'existaient pas ou n'étaient qu'en bouton. L'engendrement était connu en d'humbles formes, mais non pas la maternité. Il fallait un enfant humain pour créer la maternité et tout ce qui se cache de saint et de grand sous ce mot. La création des mammifères établit deux écoles dans le monde, deux écoles de morale, les plus vieilles, les plus sûres, les mieux agencées qu'il ait vues : l'une pour l'enfant qui doit connaître au moins sa mère, l'autre pour la mère, qui doit s'attacher à son enfant. La seule chose nécessaire maintenant, c'est d'obliger l'un et l'autre à une scolarité aussi longue que possible. L'effort nouveau de l'évolution, le cinquième processus, sera par conséquent d'allonger ces jours d'école et de donner à l'affection le temps de croître.

L'homme, seul parmi les animaux, eut la permission de prolonger ainsi le temps de son éducation. Pour beaucoup de créatures, ce temps fut réduit à quelques jours ou quelques semaines ; une seule eut un cours assez complet pour atteindre sa fin supérieure. Observons deux des plus hauts organismes pendant leur première enfance, et voyons quelles différences frappantes existent entre les périodes d'éducation maternelle qui leur sont accordées. Le premier est un enfant des hommes ; l. second, né le même jour, est un rejeton du tronc simien. Au bout de peu de jours ou de semaines, le jeune singe peut presque quitter sa mère : il est apte déjà à grimper, à manger, à babiller comme ses parents; encore quelques semaines et cette créature sera aussi indépendante des adultes que la semence ailée peut l'être de l'arbre qui la porta. A ce moment et pour de longs mois encore son petit jumeau est incapable de se nourrir, de s'habiller, de se protéger lui-même; c'est un simple meuble à demi-conscient, un jouet des forces extérieures, le type achevé de l'impuissance. Le corps est là dans son intégralité : les os et les muscles sont à leur place, comme chez l'autre, et néanmoins ce corps ne peut faire son œuvre. Quelque chose en lui demeure en suspens. Il a des yeux et ne voit pas, des oreilles et il n'entend pas, des jambes et il ne marche pas. L'entreprise serait-elle en faillite? Pourquoi l'enfant humain gît-il comme un plot sur le sol sylvestre, tandis que son agile prototype lui fait la nique de la branche au-dessus? Pourquoi ce qui n'est pas humain marche-t-il dans la vie si longtemps avant ce qui l'est?

John Fiske a répondu pour nous à cette question, et le monde lui doit ainsi une des plus belles contributions à l'évolution de l'homme. Nous savons ce que ce délai signifie éthiquement: il était nécessaire pour son éducation morale que l'enfant humain demeurât le plus longtemps possible près de sa mère. Mais qu'est-ce qui le détermine physiquement? Ce qui constitue la différence entre le bébé simien et le bébé humain, c'est une partie spéciale du mécanisme que le dernier possède et non pas le premier. C'est elle qui met l'enfant en retard. Et quoi donc? Un cerveau humain. Pourtant l'enfant ne s'en sert pas. Pour quelle raison? Parce qu'il n'est pas encore achevé. La nature y travaille assidûment; mais grâce à sa complexité et à sa fragilité, le processus exige beaucoup de temps, et jusqu'à ce qu'il soit achevé, l'enfant reste *une chose*. Pourquoi le cerveau du singe est-il prêt plus tôt? Parce que c'est un mécanisme plus facile à faire. Pourquoi est-il plus facile? Parce qu'on ne demande de lui que l'œuvre d'une vie animale, tandis que l'autre doit accomplir l'œuvre d'une vie d'homme. En fait, l'évolution mentale entre ici en jeu et apporte une contribution inattendue au développement éthique du monde.

Un appareil directeur pour l'un des animaux inférieurs peut être fait en un jour parfois dans l'atelier de la nature. Il y a peu de rouages, les pièces sont simples, les ajustements se font rapidement. Tout ce que cet humble organisme fera a été fait un million de fois par ses ancêtres, et ses facultés déjà soigneusement instruites par l'hérédité, répèteront automatiquement toute la vie et tous les mouvements de sa race. Mais faire un homme, ce n'est pas construire un automate. Cet être accomplira de nouvelles entreprises, élaborera de nouvelles pensées, ouvrira de nouvelles voies à la vie. Ses ancêtres immédiats ont fait les mêmes choses, mais quelques-unes si rarement et d'autres pendant un temps si court que l'hérédité n'a pu en prendre note. Aucune réserve d'habitudes n'a été préparée par le passé pour une moitié de la vie du rejeton humain.

Chaque descendant doit se frayer sa voie dans le monde et apprendre à se comporter le mieux qu'il pourra, en face des incidents variés que la vie lui ménage. Sa préparation est naturellement compliquée. Il faut introduire dans la structure de l'enfant non seulement l'appareil pour la répétition automatique de ce que firent ses parents, mais encore celui de l'initiative intelligente ; non seulement le mécanisme indispensable pour l'exécution des actions involontaires et réflexes — involontaires et réflexes parce qu'elles furent faites si souvent par ses ancêtres qu'elles en sont devenues automatiques — mais aussi celui d'une vie volontaire et consciente, accomplissant des choses nouvelles, choisissant des alternatives inconnues, cherchant des fins supérieures et variées ; il y faut l'instrument qui s'appliquera à la respiration, même quand nous l'aurons oubliée, l'appareil qui fait battre le cœur, même quand nous nous efforçons d'en arrêter le mouvement, le ressort qui abaisse de lui-même la paupière au moment où l'œil est menacé. Ces vieilles inventions et cent autres semblables, mises à l'épreuve génération après génération, sont pratiquement parfaites en chaque nouvel individu au moment de sa naissance. La nature donc ne perd pas de temps aujourd'hui pour les perfectionner. Mais le cerveau est un organe relativement récent dans le monde ; il doit remplir une tâche bien plus étendue, des devoirs d'ordres souvent nouveaux ; il doit faire des choses que ses prédécesseurs n'apprirent à faire qu'imparfaitement, ou à les faire sans y penser, et la machine extraordinairement compliquée exige un temps prolongé pour être mise à l'œuvre. Les processus cérébraux les plus anciens ont déjà été singulièrement accélérés, et ils apparaissent en pleine activité aux premiers jours de la vie de l'enfant ; mais les nouveaux et supérieurs ne sont en ordre parfait qu'après un long intervalle d'élaboration et d'agencement.

Physiologiquement, l'enfance signifie la mise au point de ce mécanisme cérébral particulier, et le temps exigé pour cela sera naturellement en rapport avec sa perfection. Un voilier peut être mis à la mer dès que ses agrès sont placés. Un vapeur doit attendre sa machinerie ; mais une compensation de son attente plus longue se découvre peu à peu dans sa plus grande utilité, dans son pouvoir de varier sa course à volonté, dans la sécurité qu'il offre en temps de guerre ou de tempête. C'est ainsi que l'humanité doit payer tribut à l'évolution pour son utilité supérieure subséquente, par la prolongation d'une faible enfance, par un processus de construction critique et lent. A ses premiers degrés, l'enfance est une série d'installations et de mises à l'épreuve du nouveau mécanisme, une lente expérimentation de forces et de facultés de si fraîche date que l'hérédité, en les communiquant, n'a pu les accompagner de directions suffisantes sur leur utilisation.

Pour changer d'image — si vraiment on peut représenter cette merveilleuse structure moléculaire sans se tromper lourdement — le cerveau de l'homme est un haut plateau de matière nerveuse stratifiée, sillonné de ravins profonds et sinueux, traversé par un vaste réseau de routes que les pensées parcourent en tous sens. Les pensées anciennes, ou processus mentaux souvent répétés, suivent les chemins battus; les pensées plus récentes ont des sentiers moins marqués, et les nouvelles sont obligées de se frayer leurs propres routes. Graduellement, celles-ci deviennent des boulevards fréquentés; mais grâce au trafic croissant et à la complexité de la vie, des chemins nouveaux et innombrables doivent être ajoutés, et des sentiers tracés dans tout le système entre les anciennes chaussées. Les stations routières d'où partent les voyageurs sont les cellules; les chemins sont les fils de transmission; les voyageurs eux-mêmes sont, en termes physiologiques, les décharges nerveuses, en langage psychologique, les processus mentaux. Chaque nouveau processus mental suppose une nouvelle distribution de matière nerveuse entre les cellules, une nouvelle décharge nerveuse sur un ou sur plusieurs fils de transmission. Des multitudes de cellules ou même de groupes de cellules peuvent être engagées dans chaque nouvelle série d'idées, en sorte que si telle ou telle combinaison de ces centres précis n'a jamais été faite auparavant, il est clair que nulle route ne peut exister entre eux et qu'il s'agit maintenant d'en ouvrir. Toute nouvelle pensée est ainsi un pionnier, un constructeur de routes ou un prospecteur à travers le cerveau, et on peut juger du nombre infini des possibilités de développement continu du réseau par celui des combinaisons possibles. Dans le cerveau le plus vieux et le plus utilisé, il reste toujours de vastes territoires à explorer et, pourrait-on dire, à civiliser; chez tout homme, des multitudes de groupements possibles restent jusqu'à la fin non réalisés. Quand on se souvient que le cerveau même est très grand, qu'il forme la masse de matière nerveuse la plus volumineuse dans le monde organique; quand on conçoit en outre que chacune des cellules qui le composent ne mesure qu'un cinq millième de centimètre en diamètre, que les fils de transmission qui les mettent en relation sont d'une ténuité inimaginable, on comprend quelque peu les pouvoirs illimités de la pensée et la complexité inconcevable de ces processus.

C'est la nécessité de l'établissement préalable d'un certain nombre des routes les plus utiles, avant que le bébé puisse s'éloigner sans danger de sa mère, qui rend indispensables les longs délais de l'enfance. Et même après que l'enfant aura commencé de pratiquer l'art de vivre par lui-même, il faudra lui accorder du temps encore pour diverses fins: construire de nouvelles routes, se familiariser avec d'anciens boulevards, s'exercer à franchir les obstacles et les talus, apprendre à voyager rapidement et sans fatigue, permettre aux actes répétés de gagner en célérité et de s'incorporer en habitudes. Dans l'état sauvage, où la vie ultérieure sera simple, les agencements sont faits avec une hâte et une facilité relatives; mais à mesure qu'on s'élève sur l'échelle de la civilisation, la période nécessaire de l'enfance s'allonge progressivement, jusqu'à celle de l'homme d'une éducation tout à fait supérieure, dont l'âge de tutelle s'étend presque à un quart de siècle, parce que chez lui les correspondances doivent s'établir avec un milieu intellectuel très vaste.

L'utilité de tout ceci pour la morale, les réactions sur la mère notamment, sont trop visibles pour que nous y insistions. Jusqu'à ce que le cerveau fît son apparition, tout était trop bref, trop rapide pour une action éthique: les animaux avaient hâte de naître; les enfants avaient soif de liberté. Point d'entière dépendance sur laquelle s'apitoyer, point de souffrances à soulager, d'heures paisibles, de veilles; pour la mère point de ces moments d'anxiété, les plus utiles pour l'éducation, où l'étincelle de vie semble près de s'éteindre chez le faible petit être. Les parents ne pouvaient rien pour aider physiquement leurs rejetons, et ceux-ci ne pouvaient être, psychiquement, d'aucune utilité à leurs générateurs. Les jeunes n'avaient pas besoin d'enfance; les vieux n'acquéraient point de sympathie. Même chez les autres mammifères ou chez les oiseaux, la vraie mère n'avait guère l'occasion de se former. Là, l'enfance ne dure que quelques jours ou quelques semaines; elle n'est au fond qu'un incident dans une vie où se succèdent des tâches très rudes. Une lionne versera aujourd'hui son sang pour son lionceau; demain, dans la lutte pour l'existence, elle combattra à mort contre lui. Une brebis ne connaît son agneau qu'aussi longtemps qu'il est un agneau. Dans ces cas, l'affection, assez vive pendant qu'elle dure, est bientôt oubliée, et les traces qu'elle laisse dans le cerveau sont effacées avant qu'elles aient pu former des habitudes. Il est intéressant d'observer que, chez les carnivores, si la brève enfance du jeune permet à la mère d'apprendre un rudiment d'amour, le père, auquel manque même cette courte leçon, demeure si froid que la femelle doit souvent éloigner de lui ses petits de peur qu'il les dévore. Ainsi l'amour n'a aucune chance de se développer jusqu'à ce que la mère humaine paraisse. Elle seule reçut un cours assez prolongé pour qu'elle pût prendre ses grades à l'école des affections. Pendant des mois, et non plus seulement pendant des semaines ou des jours, aussi longtemps que la faiblesse de son enfant se trahit par ses pleurs, elle veille sur la flamme vacillante de la vie, et durant des années, jusqu'au jour où l'intelligence en bouton se sera épanouie, cet amour ne doit pas se refroidir, ni s'arrêter une heure dans son ministère désintéressé.

Revenons aux commencements et rappelons-nous la disposition passive de la femme. Une tendance à la passivité signifie entre autres choses la capacité de rester tranquillement assis. Peu importe que ce soit pendant une minute ou une heure; il suffit qu'il y ait ici une capacité possible. C'est l'embryon de la patience, lequel, soigné longuement, se développera en une patience pleinement éprouvée. Qu'on fournisse à cette nouvelle vertu un objet défini lui permettant la mise en pratique, un enfant par exemple. Quand cet enfant souffrira, la mère observera les signes de sa douleur. Ses pleurs exciteront chez elle des associations de sentiments. La mère souffrira de quelque façon avec lui. Mais « sentir avec un autre », c'est, en d'autres termes, sympathiser. En sentant avec lui, les parents seront conduits tôt ou tard à faire quelque chose pour lui venir en aide, puis quelque chose de plus, et enfin à lui aider constamment. Or, veiller sur une chose, c'est acquérir le sens de la sollicitude, soigner une chose, c'est obtenir celui de la tendresse. Nous avons ici quatre vertus, la patience, la sympathie, la sollicitude, la tendresse, qui jettent leurs premiers rayons sur l'humanité.

A certains moments, la sympathie sera excitée d'une façon toute particulière. Des crises éclateront: dangers, famines, maladies. Tout d'abord la mère ne se montrera pas à la hauteur des circonstances; son fond de sympathie est encore trop pauvre. Elle ne sait pas se donner une peine exceptionnelle, ni s'oublier elle-même, ni accomplir un acte vraiment héroïque. L'enfant étant incapable de surmonter seul le danger est condamné à mourir. Et il est bien qu'il en soit ainsi. La nature manifeste sa sévérité et sa droite justice; c'est la tragédie d'Ivan Ivanowitch anticipée dans l'évolution. Une mère qui n'a pas aidé son enfant ne laisse point de successeur pour perpétuer son indignité. Une autre mère paraît quelque autre part, se développant sur une ligne similaire, meilleure en un point. Quand l'occasion se présentera, elle lui fera face dignement: pour une heure, elle se surpassera elle-même. Ce jour-là, une coudée est ajoutée à la stature morale de l'humanité ; le premier acte d'auto-sacrifice est enregistré au crédit de la race humaine. Il se peut ou non que l'enfant acquière la vertu maternelle ; peu importe d'ailleurs, le désintéressement s'est affirmé et son enfant a donné la preuve qu'il était plus apte à survivre que l'enfant de l'égoïsme. Il ne s'en suit pas que le plus noble sera toujours victorieux dans toutes les circonstances ; cependant la chance en est grande. Encore quelques douzaines de siècles, encore quelques millions de mères, et les germes de patience, de sollicitude, de tendresse, de sympathie, d'auto-sacrifice, auront poussé leurs racines au sein de l'humanité.

Voilà donc ce que la mère sauvage et son nourrisson ont introduit dans le monde. Quand la première mère s'éveilla à sa première tendresse et qu'elle réchauffa sa solitude à l'amour de son enfant ; quand elle s'oublia pour un moment et pensa à la faiblesse et à la souffrance du petit être ; quand elle manifesta l'inexprimable élan de sa maternité par l'acte le plus imperceptible, ou par un signe ou un regard de sympathie, le délicat attouchement d'une nouvelle main créatrice se fit sentir sur le monde. Quelque courtes qu'aient été les enfances primitives, ou faibles les étincelles projetées, quelque long que fût le temps consacré par l'hérédité à réunir le combustible nécessaire à l'entretien d'une flamme constante, il est certain que ce feu commença une fois de réchauffer le foyer glacé de la nature, qu'un cœur fut donné à l'humanité, et qu'alors fut accomplie la tâche la plus étonnante du passé.

La douce pression d'une main rugueuse, le regard humain lancé par un œil presque animal, la tendresse dans une voix inarticulée, autant de choses jugées insignifiantes. Pourtant, c'est en cet imperceptible éveil qu'est cachée l'espérance de la race humaine.

« Dès les anciens temps, nous avons entendu cet avertissement : A moins que vous ne deveniez comme de petits enfants, vous n'entrerez point dans le Royaume des Cieux. Or, la science contemporaine nous montre maintenant, — en un sens très différent, c'est vrai, — que si nous n'avions été petits enfants, les phénomènes moraux qui donnent toute leur valeur à l'expression de *Royaume des Cieux*, n'auraient point existé pour nous. Sans les conditions créées par l'enfance, nous aurions pu devenir formidables parmi les animaux, par notre force ou une intelligence aiguisée; mais nous n'aurions jamais saisi le sens de mots tels que ceux-ci : sacrifice de soi et dévouement. Les phénomènes de la vie sociale auraient manqué à l'histoire du monde, et, avec eux, les phénomènes de la morale et de la religion[1]. »

[1] Fiske, *Cosmic Philosophy*, Vol. II, p. 363.

CHAPITRE IX

L'ÉVOLUTION D'UN PÈRE

Nous avons suivi la belle expérience de la nature formant les mères. Nous avons vu comment le nombre des jeunes d'une portée fut réduit graduellement, jusqu'à ce que l'affection pût se concentrer sur un objet unique; comment les délais de la naissance de cet objet furent prolongés afin de lui donner une ressemblance et de le rendre présentable; comment des liens physiques l'attachèrent à sa mère pour des années, afin de donner à la sollicitude maternelle le temps de s'épanouir en amour. Nous avons vu, ce qui était encore plus instructif, que la nature, arrivée à ce degré de perfectionnement, renonça à faire de nouveaux animaux; qu'il y a des raisons physiologiques à la survivance de cette classe d'êtres pourvue de meilleures mères, laquelle dominera dorénavant le monde par une aptitude purement physiologique.

Mais une tâche restait à accomplir, comme couronnement du tout. Le monde commençait à se remplir de mères, mais les pères manquaient encore. Pendant ce long processus, le père n'avait pas même été nommé. Presque rien de ce qui précède ne le concerne ni ne le touche. Il suit son propre chemin, vit en dehors de tous ces changements, et pendant que la nature modèle une mère humaine et un enfant humain, il erre dans la forêt, âme sauvage et maudite.

Néanmoins, ce temps n'est pas perdu pour lui. Il est à l'école à sa manière, prenant des leçons dont l'humanité aura plus tard un égal besoin. Les vertus viriles sont aussi nécessaires au caractère humain que celles qui acquièrent leur douceur auprès d'un berceau ; et ces éléments plus rudes : force, courage, virilité, endurance, confiance en soi-même, ne pouvaient se conquérir que bien loin des soucis domestiques. Mieux que cela, il n'était pas nécessaire de faire passer le père par la même filière que la mère. Tout ce que celle-ci gagnait devait être transmis à ses fils aussi bien qu'à ses filles, et avec la loi d'hérédité pour régler les comptes, les deux grandes moitiés de l'humanité n'étaient pas tenues aux mêmes placements. L'une acquérant un ordre de vertus, l'autre un différent, le mélange ne sera que plus riche au compte final ; et, sans gâter l'individualité éternelle de chacun, la mesure de perfection sera plus rapidement atteinte pour la race. Cependant, avant que l'hérédité pût faire son œuvre sur le père, une base solide devait être posée. Grâce à ses habitudes originelles, il eût gaspillé les gains héréditaires au fur et à mesure de leur acquisition, et à moins d'un changement introduit dans son mode de vivre, le vieux sang sauvage coulant dans ses veines aurait paralysé l'influence plus douce de la mère et rendu vaine toute son œuvre. Ainsi la nature devait poursuivre un autre processus, long et difficile, pour réformer le caractère du père sauvage.

L'évolution d'un père ne constitue pas un processus aussi beau que celui de l'évolution d'une mère ; mais y travailler, c'était s'attaquer à un problème également formidable. Autant que nous pouvons en juger, il était d'une importance équivalente à celui de l'éducation de la mère ; et, bien qu'il commençât plus tard, il exigeait, dans la nature, un ou deux changements aussi remarquables que tous ceux qui avaient précédé.

Quand le labeur commença, le père était, en ce qui touche la vie familiale, dans une condition bien pire que celle de la mère. Si la maternité n'était montée qu'à un faible niveau dans les couches inférieures de la nature, la paternité n'existait pas. Chez les invertébrés, le mâle avait un souci passager de l'œuf; mais l'intérêt paternel ne trouve pas d'expression réelle avant qu'on soit au sommet de l'échelle animale. Chez les oiseaux, les parents s'unissent généralement pour la construction du nid, le père se chargeant du travail le plus pénible, la recherche de la mousse et des brindilles. Quand les œufs sont pondus, le mâle couve aussi à son tour; il apporte la nourriture et monte la garde; il s'attarde dans le voisinage du nid aussi longtemps qu'il le faut pour protéger les oisillons. Quand nous passons des oiseaux aux mammifères, nous trouvons, à notre grand étonnement, que les pères sont presque des rétrogrades. Beaucoup sont non seulement indifférents à leurs petits, mais hostiles; chez les carnivores, les mères doivent fréquemment cacher leurs jeunes de peur que le mâle les dévore.

Nous avons un autre grief, plus sérieux, contre la paternité primitive. Si l'amour du père pour l'enfant était rudimentaire, l'état des choses, dans les relations du père et de la mère, était infiniment plus grave. Nous avons probablement tous admis pour assuré que maris et femmes se sont toujours aimés. Mais l'évolution ne tient rien pour assuré. L'affection conjugale est de toutes les formes incommensurables de l'amour, la plus belle, la plus constante, la plus divine; mais jusqu'ici nous n'avons pas constaté son existence. Les résultats acquis de l'évolution nous apparaissent si naturels, vus d'aujourd'hui, que nous ignorons constamment les difficultés qu'elle a rencontrées et oublions que chaque pas en avant ne fut fait qu'après une lutte victorieuse. Le mieux informé des naturalistes n'a probablement jamais crédité la nature de la millième partie du travail qu'elle a accompli, ni dessiné plus qu'une superficielle esquisse des séries considérables de problèmes qu'elle dut résoudre. Il faut l'avouer, dans la nature inférieure le mâle et la femelle ne s'aiment pas, et dans les couches les plus basses de l'humanité, le mari et sa femme ne s'aiment pas davantage. Dans quelques nations exceptionnelles, et seulement pendant les quelques dernières heures de l'histoire du monde, maris et femmes se sont aimés fidèlement ; mais pour la grande masse de l'espèce humaine, l'amour conjugal était sans doute inconnu pendant les âges infiniment longs qui précédèrent les temps historiques.

Nous avons ici un problème intéressant pour l'évolution. De sauvages sans loi, elle avait à faire sortir à la fois de bons maris et de bons pères. A moins que ce problème soit résolu, le progrès supérieur du monde ne se réalisera pas. L'opinion mûrie de tous ceux qui ont réfléchi à l'histoire universelle, c'est que la vie familiale est de la plus haute importance pour tous les temps et pour toutes les nations. Quand la famille fut instituée, et seulement alors, l'évolution supérieure du monde put être assurée. De là la valeur exceptionnelle du développement du père. Son apprivoisement, sa domestication, sa discipline morale sont d'importance vitale, puisqu'il s'agit ici de la seconde moitié de l'arche sur laquelle tout le monde supérieur est édifié. Il était dans la nature des choses que cette grande opération fût entreprise de bonne heure par l'évolution.

La première mesure transitoire devait être d'attacher le père à la mère d'une façon définitive et permanente. Il y avait ici un formidable obstacle initial à surmonter. Dans le monde animal, l'indifférence du mari pour la femme, qui lui reste étrangère, est radicale et universelle. On n'y voit presque rien qui ressemble à une vie conjugale. En anthropologie, le mariage n'est pas un terme qui s'applique à l'occasion, mais bien à l'état. A vrai dire, ce n'est pas l'union consacrée, mais la vie commune du mari et de la femme tout au travers de la vie.

Quand l'homme émergea de la création animale, cette institution de la vie conjugale n'était pas prête. Le mariage a lentement évolué, comme toutes les autres choses ; et jusqu'à ce qu'il le fût, jusqu'à ce que mari et femme eussent appris à demeurer continuellement ensemble, il n'y avait aucune chance de voir l'amour mutuel croître entre le mâle et la femelle. Dans la nature, la saison de l'accouplement n'est généralement qu'un incident. Il ne dure qu'un temps très court, et pendant le reste de l'année, sauf de rares exceptions, les sexes demeurent séparés. Il ressort des investigations de Westermarck, qui apporta récemment à la sociologie les meilleures contributions que nous ayons sur l'évolution du mariage, que très probablement les ancêtres primitifs de l'homme avaient aussi leur saison d'accouplement, et que les jeunes naissaient à une certaine saison de l'année et jamais à une autre. Tous les animaux qui se rapprochent le plus de l'homme ont une saison de ce genre, et nous ne connaissons guère que l'éléphant et quelques espèces de baleines qui n'en aient point. La brièveté de cette période, en ce qui touche le père, ne pouvait permettre le développement d'une affection réelle. S'il doit s'échapper peu de jours après la naissance de l'enfant, il sera soustrait à toute la discipline du foyer ; et comme cette discipline est essentielle, comme elle constitue la seule voie qui permette d'arriver à l'amour ou au développement de l'amour hérité, il fallait une méthode pour étendre la période de la vie domestique pendant laquelle elle peut agir.

Voyons comment cela se fit. Le problème étant de donner du temps à l'amour, la solution devait se trouver en quelque mesure dans un changement des circonstances qui limitent à une période spécifique la saison d'accouplement, d'abolir en fait cette saison pour l'homme, et de prolonger le temps de la vie conjugale. Et comme cette méthode fut réellement adoptée, nous devons nous demander premièrement quelles étaient ces circonstances spéciales. Pourquoi les animaux devaient-ils avoir des périodes spécifiques ? La réponse se trouvera dans un examen sérieux des dates et des raisons de les choisir qu'avait la nature. Quelque sage principe doit être à la base, ou ce choix ne serait pas la règle universelle que nous constatons. Pour les oiseaux, chacun le sait, la saison de l'accouplement est le printemps ; pour les reptiles également. Mais chez les mammifères, chaque espèce a une saison qui lui est propre, le mois spécial auquel tous ses membres se tiennent invariablement. « La chauve-souris s'accouple en janvier et février ; le chameau sauvage, dans le désert situé à l'orient du lac Lob-Nor, du milieu de janvier à la fin de février ; le chien azarac et le bison indien en hiver ; la belette en mars ; le kulan de mai à juillet ; le bœuf musqué à la fin d'août ; l'élan des Provinces Baltiques à la fin d'août, et celui de la Russie d'Asie en septembre et octobre ; le yak sauvage du Thibet en septembre ; le renne de Norvège à la fin de septembre ; le blaireau en octobre ; la chèvre des Pyrénées en novembre ; le chamois, le daim musqué, l'antilope orongo, en novembre et décembre, et le loup de la fin de décembre au milieu de février[1]. » On peut croire que nulle loi ne fixe ces dates différentes ; mais leur variété même est la preuve d'un principe directeur. En effet, ces dates montrent que chaque animal, en chacun de ces pays particuliers, choisit précisément le moment de l'année qui permet aux jeunes de naître avec les meilleures chances de survivre, c'est-à-dire quand le climat est le plus doux, la nourriture la plus abondante, en somme quand les perspectives de vie sont les plus favorables. C'est ainsi que la marmotte met bas en août, quand les noix commencent à mûrir, et que le jeune daim voit la lumière juste avant l'heure où verdit la première herbe. Ceux qui naissaient en cette saison spéciale survivant, les

[1] Westermarck. *History of Human Marriage*, p. 26.

autres périssant, les dates s'imprimèrent probablement dans la mémoire des espèces par l'effet de la sélection naturelle, et ne purent être changées que sous l'action du climat.

Mais quand l'évolution de l'homme eut progressé, quand la sollicitude maternelle fut arrivée à maturité, il n'exista plus de raison impérieuse pour que l'enfant naquît seulement à la saison du soleil et quand les fruits étaient mûrs. Les parents pouvaient faire dorénavant des provisions pour les jours d'intempéries et de disette. Ils pouvaient couvrir d'habits leurs enfants pendant les nuits froides ; ils pouvaient construire des granges et des greniers pour les temps de famine. Leurs jeunes étaient en sûreté sous tous les climats et par tous les temps, et les vieilles saisons de mariage, avec les désertions subséquentes, purent être rayées du calendrier humain. Ainsi s'éleva, ou au moins fut inaugurée, la vie familiale, le premier et le dernier nid des sympathies supérieures, le foyer de tout ce qu'il y eut plus tard de saint dans le monde. On ne pourrait trouver d'exemple plus simple de la souveraineté croissante de l'esprit sur les puissances de la nature. Une cause aussi lointaine que l'inclinaison de l'axe terrestre et les changements de saisons qui en sont la conséquence, détermine l'époque des mariages de presque toute la création animale ; tandis que l'homme, et quelques autres formes de vie peu nombreuses dont le milieu est exceptionnel, peuvent seuls se soustraire à de tels arrêts. C'est quand l'esprit de l'homme devint capable de se prémunir contre les mauvais temps et les récoltes insuffisantes, que la possibilité d'une paternité et d'une maternité fut obtenue, que la famille fut réalisée.

Les partisans de l'hypothèse de la promiscuité ont essayé de démontrer, ce qui serait la conséquence presque obligée de leur théorie, que les enfants des temps primitifs appartenaient à la tribu. Mais il n'est pas probable qu'il en fût ainsi. L'hypothèse même de la promiscuité, n'en déplaise à ses partisans

Mc Lennan, Morgan, Lubbock, Bastian, Post et autres, a probablement reçu son coup de mort, et l'ancienneté de la famille aussi bien que l'institution du mariage, sont toutes deux corroborées par les faits récemment établis. « Partout, écrit Westermarck, nous trouvons les tribus ou clans composés de plusieurs familles, les membres de chaque famille étant unis plus étroitement entre eux qu'avec le reste de la tribu. La famille composée des parents, des enfants, et souvent des petits-enfants, est une institution universelle parmi les peuples vivants. Il semble extrêmement probable que, parmi nos ancêtres humains primitifs, la famille formait, sinon la société elle-même, au moins son noyau. Naturellement, je ne nie pas que le lien qui unissait les enfants à leur mère fût plus intime et plus durable que celui qui les unissait au père ; mais il me paraît que le seul résultat auquel nous conduise un examen critique des faits, c'est que, selon toute probabilité, il n'y a pas eu de stade du développement humain où le mariage n'existât pas, et que le père a toujours été, dans la règle, le protecteur de sa famille [1]. »

Mais le processus n'est pas encore achevé. En vivant plus longtemps ensemble, le père et la mère peuvent bien apprendre à se connaître, à s'appuyer l'un sur l'autre en quelque mesure ; mais le temps est encore trop court pour engendrer une affection profonde, et il reste à enlever un ou deux obstacles sérieux. En vérité, à moins de quelques pas de plus, ce premier progrès aboutira à la faillite. En fait, il y a souvent abouti, et il existe encore des tribus ou des nations où l'amour conjugal est inconnu. Des autorités nous assurent que, chez les Hovas, l'idée de l'amour entre mari et femme « aborde à peine l'esprit » ; qu'à Winnebah, « l'apparence même d'une affection mutuelle n'existe pas » ; que chez les Beni-Amer,

[1] *Op. cit.*, p. 42 à 50.

« on considère qu'il est honteux pour une femme de montrer de l'affection à son mari » ; que les tribus de Chittagong Hill « n'ont aucune idée de la tendresse ni du dévouement chevaleresque » ; que les Esquimaux « traitent leurs femmes avec une grande froideur et les négligent ». La cruauté sauvage avec laquelle les aborigènes d'Australie maltraitent leurs compagnes laisse des traces sur leurs armes de guerre. Les noms de « servante et d'esclave » par lesquels le Brahmane appelle sa femme, et ceux de « Maître et Seigneur », qui leur répondent, symbolisent l'abîme existant entre les conjoints. Il y a des exceptions, c'est vrai, et parfois des exceptions touchantes. Les voyageurs citent, chez les peuplades sauvages, des cas de constance qui touchent au romanesque. Il n'y eut probablement jamais un temps, ni une race, où quelques traces de sympathie ne se découvrissent entre mari et femme. Mais quand nous considérons tous les faits, il est impossible de douter que le mari et la femme sauvages ne fussent des étrangers l'un pour l'autre dans le domaine des affections supérieures.

Qu'est-ce donc qui manquait pour renforcer le lien domestique, et comment l'évolution réussit-elle à le fortifier? Nous avons déjà vu les méthodes employées par la nature pour faire sortir, dans la création animale, une plus grande part de sollicitude d'une petite, pour faire croître une sympathie constante d'une autre de courte durée. La concentration, voilà la première méthode ; la seconde, c'est la prolongation des époques. En donnant à la mère un ou deux jeunes à soigner au lieu de cent, elle rendit la sollicitude praticable, et en prolongeant la période de l'enfance, en la faisant passer des heures aux années, elle la rendit inévitable. Ces méthodes sont celles également qui permettront le perfectionnement de l'amour conjugal. En abolissant la saison d'accouplement, elle allongeait le temps où l'amour pouvait croître ; perfectionner l'objet de cet amour, voilà quel devait être le degré suivant. En effet, on trouve ici le même genre d'obstacle au plein épanouissement de l'amour, que dans le règne animal. Aux jours primitifs, une mère animale ne pouvait aimer vraiment parce qu'elle avait cent ou mille rejetons ; l'homme ne pouvait aimer alors parce qu'il avait une douzaine de femmes. Son amour était trop dispersé pour arriver à un résultat précis. L'évolution devait donc tendre avant tout à ce qu'on pourrait appeler une quintessence. En d'autres termes, la polygamie, l'amour dispersé sur plusieurs, devait être changé dorénavant en monogamie, l'amour concentré sur une seule. Et ce changement fut introduit graduellement. Quelques peuplades polygames, très peu d'entre elles d'abord, devinrent monogames. Le nouveau système s'affirma pourtant, s'étendit, et fut adopté finalement par ces nations supérieures qu'il aida lui-même à créer. Nous avons là, précisément, un exemple de la lenteur avec laquelle un changement radical pénètre les grandes masses de l'humanité. En effet, le vieux système, mis pourtant au ban de l'évolution, subsiste encore dans l'Europe moderne. Mais il y a des signes, chez les non civilisés eux-mêmes, d'une disparition graduelle de la polygamie. Elle est inconnue dans quelques tribus presque sauvages ; elle est interdite chez d'autres. Même dans une communauté polygame, ceux qui ont plusieurs femmes sont généralement en minorité ; partout où la pluralité est en pleine vigueur, la tendance à la monogamie — l'évolutionniste dirait la transition — est nettement marquée : parmi les femmes d'un individu, en effet, il y en a une, habituellement, qui est la favorite et qui prend le rang d'épouse. L'accent mis sur les avantages éthiques de l'état monogame en contraste avec le polygame, ne fait ressortir naturellement qu'un côté de la question ; ils peuvent être négligés par le pur naturaliste. Mais si le physiologiste abordait le même domaine, il pourrait donner le tableau de développements parallèles et montrer, sur le terrain simplement physiologique, que la transition à la monogamie et le progrès de la famille marchent de pair d'une façon presque inévitable. Il est certain, à tout le moins, que pendant les époques récentes de l'évolution sociale où la monogamie prévalut, le changement a été favorable aux meilleurs intérêts physiques des parents, de la progéniture et de la société.

Cet obstacle écarté, l'évolution n'en a pas fini avec l'autre, la brièveté de la vie commune du mari et de la femme. Nous avons vu comment la nature écarta partiellement cette difficulté en abolissant la saison d'accouplement. Mais ceci demandait des mesures supplémentaires. Ce n'est pas assez d'accorder du temps pour faire mutuellement connaissance et s'aimer *après* le mariage. La nature doit enrichir le résultat en l'étendant à l'époque qui *précède* le mariage. Aux temps primitifs, il n'y a rien qui ressemble à une cour faite à la jeune fille. Les hommes s'assuraient de leurs femmes par trois moyens encore en usage chez les peuples non civilisés. Chez les barbares, le mariage n'est pas une affaire d'amour, mais de capture; chez les semi-barbares, c'est une affaire de marché, et chez les presque civilisés, parmi lesquels nous devons trop souvent nous compter nous-mêmes, c'est une affaire de convention. Le second système, celui de l'achat, une forme à peine évoluée du mariage par capture, fut probablement universel; des reliques en existent toujours dans la dot et dans d'autres symboles chez les nations qui, depuis longtemps, ont abandonné la coutume d'acheter les femmes. En dégradant l'objet du marché au rang de bien mobilier, ce système est un obstacle à l'affection supérieure. Dans la plupart des cas, la barrière est encore surélevée par l'impossibilité de cette cour préliminaire qui conduit à la connaissance mutuelle et à l'affection consciente. Dans les cas extrêmes, le fiancé et la fiancée se rencontrent en personnes totalement étrangères l'une à l'autre; et, bien que l'affection puisse germer plus tard, les divergences de tempéraments inconnus, jointes à la destruction du respect pour la femme —

provenant de ce qu'elle fut traitée en article de commerce — rendent bien minimes les chances d'épanouissement de la fleur d'amour.

Avec ses perceptions nettes et ses émotions vives, une cour est, pour l'évolution, une occasion très favorable. Aussi l'un de ses derniers efforts, et des plus élevés, fut d'instituer et d'allonger une période si riche en impressions. En fait, donner du temps à l'amour, c'était le moyen suprême de l'établir sur la terre ; elle y a travaillé constamment et avec une étonnante variété de moyens. Cette importante leçon de la nature est malheureusement apprise bien lentement, même par les nations qui ont son livre tout grand ouvert sous les yeux. Dans quelques-uns des pays civilisés les plus considérables, une réelle connaissance mutuelle des jeunes gens des deux sexes est impossible ; les mariages s'y font par une forme plus relevée d'achat, et ce qui constitue le fait suprême de la vie est tenu dans l'ombre. Quelque sûreté que puisse offrir cette méthode, elle ne saurait être définitive, et ces nations-là ne s'élèveront point à une hauteur sociale vraiment supérieure, ni à la grandeur morale, à moins qu'un changement n'intervienne. Il a été donné spécialement à une nation de conduire le monde à l'assaut contre cette coutume barbare, et de démontrer à l'humanité qu'une sauvegarde plus forte réside dans les relations simples et naturelles des jeunes gens que dans la politesse de convention inventée par la société. Le peuple américain a prouvé qu'il est possible de confondre les deux courants de vie de familles différentes, par les relations sociales, les récréations, et, ce qui est plus original, par la coéducation des sexes, et que cela peut se faire librement, joyeusement, sans rien sacrifier du respect de l'homme pour la femme, ni du respect de la femme pour elle-même. Des foyers sacrés et heureux, qui sont la plus sûre garantie du progrès moral d'une nation, doivent surgir de plus en plus de ces vies naturellement mêlées. Aussi longtemps que le premier souci d'un pays sera celui des foyers, peu importe ce qu'il recherchera en deuxième et troisième rangs. Longtemps avant que l'évolution montrât l'intérêt scientifique de ce premier agrégat social, et le proclamât point stratégique de tout progrès moral, la poésie, la philosophie et l'histoire assignèrent la même place importante à la vie de famille. En vérité, s'il y a une chose que tous ceux qui fouillent le passé proclament, dans laquelle tous les prophètes se rencontrent et où toutes les sciences s'unissent avec enthousiasme, de la biologie aux sciences morales, c'est la foi dans les potentialités impérissables que renferme cette institution pourtant si simple.

Ces obstacles enlevés, on pourrait croire le processus achevé. Mais nous rencontrons ici une de ces surprises que l'évolution ménage. Tous ces arrangements sont pris pour activer la flamme de l'amour; mais l'amour n'est engendré par aucun d'eux. L'idée que l'existence des sexes entre pour quelque chose dans sa propre existence est erronée. Dans les races primitives, nous l'avons vu, le mariage n'a rien de commun avec l'amour. Chez les peuples sauvages, nous observons partout le phénomène de la vie conjugale sans une parcelle d'amour. Celui-ci n'est donc pas l'accompagnement obligé des relations des sexes; ce n'est point un rejeton de la passion. L'amour est lui-même; il l'a toujours été, et jamais quelque chose d'inférieur. D'où vient-il donc? Si ni le mari ni la femme n'ont apporté au monde ce don magnifique, de qui vient-il? D'un petit enfant. Jusqu'à ce qu'il parût, l'affection de l'homme n'existait pas; celle de la femme demeurait figée. L'homme n'aimait pas la femme, ni celle-ci l'homme. Mais un jour, un enfant fit surgir, du cœur même de sa mère, comme d'un coffret scellé au mari, et qu'elle ignorait presque autant que lui, le premier frais bouton d'amour. Ce n'était pas de la passion ni un sentiment égoïste, mais un parfum de son auteur, dont les émanations suaves ont sanctifié le monde dès cette heure. Plus tard, longtemps après, l'âme du père fut touchée par le même intermédiaire, infime et inconscient. Un jour enfin, le père et la mère se rencontrèrent dans l'amour d'un petit enfant.

Que ce soit la vraie généalogie de l'amour, que celui-ci ne descende pas des maris et des femmes, c'est ce que prouve la plus simple étude de la vie sauvage. L'amour pour les enfants y précède toujours l'amour entre le père et la mère, et il est bien plus fort. Quoique souvent exagérée par l'anthropologie, l'indifférence du mari pour sa femme n'est que trop manifeste; dans de vastes régions, la femme n'aime pas son mari; elle n'a devant lui que de la crainte. En revanche, les deux ont presque toujours de la tendresse pour leur enfant. Les voyages de découverte nous ont révélé l'universalité de l'amour maternel. Même parmi les cannibales, où les maris traitent leurs femmes d'une façon trop souvent abominable, on entend rarement parler de cruautés commises sur les enfants par leurs mères, exception faite de l'infanticide, qui a sa raison propre. La situation des enfants, si elle n'est pas idéale, n'en forme pas moins un contraste frappant avec l'état général, moral et social. On doit en conclure qu'ils ont été inconsciemment les maîtres de morale du monde. Si l'institution de la famille avait dépendu du sexe et non de l'affection, elle n'aurait probablement jamais duré. Le sexe est transitoire; l'amour est éternel. Les manifestations effrénées de la sexualité dans des natures individuelles, ses fureurs aveugles, quand elle est contrariée, ont donné une idée exagérée de son pouvoir. Mais elle devient si menaçante pour l'ordre social sous toutes ses formes de déportements que, si elle ne se détruit pas elle-même, elle est comprimée par la communauté et obligée par elle de suivre un cours légal. La seule force qui puisse supporter le lourd fardeau de l'ordre social et s'adapter à chaque changement et à toute exigence nouvelle, c'est celle de l'amour, résistante et élastique à la fois.

C'est pourquoi le soin et la culture de l'amour devint dorénavant la première et grande tâche de l'évolution. Tout ce qui lui faisait obstacle dut être écarté, et tout ce qui pouvait faciliter sa carrière fut adopté graduellement. Les changements fréquents qui transformèrent bientôt les sociétés humaines ne paraissent aujourd'hui que des phases d'une grande conspiration en vue de hâter son règne définitif.

La sélection naturelle prit immédiatement soin de maintenir et de prolonger une paternité protectrice dès qu'elle eut fait son apparition dans le monde. Les enfants ayant des pères qui luttaient pour eux croissaient, les autres étaient tués ou mouraient de faim. La prolongation de la période de vie commune du père et de la mère signifiait une double protection pour les enfants: plus tous deux se tenaient rapprochés pendant les premiers jours ou les premières semaines, plus le père contribuait à la défense de la mère et de l'enfant, plus aussi les chances finales de vie étaient grandes pour les trois. La peinture de Koppenfells montrant la femelle du gorille et son jeune à demi cachés dans un nid construit sur un arbre, à la naissance des branches, tandis que le *père* gorille assis au pied reste toute la nuit le dos au tronc, les protégeant contre les léopards, est une excellente leçon de choses. C'est le premier stade dans l'évolution du père, celui de protecteur. Cependant quand l'homme passa, comme il le fit probablement, du régime frugivore au carnivore, le père eut en outre la responsabilité de fournir d'aliments sa famille. Il n'eût pas été possible à la mère de chasser le gibier et de veiller en même temps sur son enfant. Pendant longtemps, les jeunes eux-mêmes ne pouvaient être d'aucune utilité à la chasse et dépendaient entièrement de la générosité de leurs parents. Mais ceci signifie déjà une promotion du père: il n'est plus seulement protecteur, mais pourvoyeur. Il est impossible de croire que l'accomplissement de cette tâche ne lui apportât, au cours du temps, quelques satisfactions à lui-même; que la seule vue de son rejeton bien nourri ne lui procurât un certain plaisir. Si le plaisir ne fut causé au premier abord que par l'absence de l'ennui qu'auraient provoqué les clameurs du besoin, il n'en devint pas moins un stimulant à l'action, et conduisit finalement aux formes rudimentaires de la sympathie et de l'oubli de soi.

Une fois établi dans le monde comme une force conquérante, l'amour ne pouvait céder qu'à une force supérieure, et il n'y en a point. Il poursuivit donc sa carrière, dirigé par la sélection naturelle. Quels que fussent les agencements physiologiques à l'œuvre à la surface, ce sont les facteurs éthiques qui déterminèrent désormais l'extinction ou la survivance. « Mauvais parents » signifiait « enfants affamés », et les enfants affamés sont remplacés dans la lutte pour l'existence par les enfants bien nourris; encore une ou deux générations, et les parents sans amour n'existeront plus. D'autre part, l'enfant qui a bu le plus abondamment à la source d'amour du père ou de la mère, vit pour transmettre à la race à venir ce qu'il aura épargné. Que l'affection ainsi transmise soit grande ou petite cela importe peu, car l'hérédité travaille avec un puissant microscope; elle voit et saisit l'invisible. Chez un second enfant élevé par ses parents avec un degré de plus d'amour, cette infime parcelle croîtra, et chacune des familles qui se succèdent sur cette route royale sera plus riche que la précédente de ces éléments qui font le progrès.

Quand nous atteignons la famille humaine, nous trouvons que cette simple combinaison était déjà assez forte pour devenir le noyau de la vie sociale et nationale du monde. A ce moment, les nouvelles forces de sympathie, de fraternité, de désintéressement, ou d'amour, commencèrent d'agir parmi les unités isolées qui formèrent l'homme primitif, et la composition et le caractère de l'agrégat se modifièrent. Tôt ou tard, au cours des nécessités de l'existence sauvage, l'occasion d'agir en commun dut s'offrir aux membres de la première combinaison, du petit groupe du père, de la mère et des fils. Quelque indigne que fût ce groupe primitif du nom de famille, il y avait là, ce qui était d'importance capitale à cette heure, les éléments de la force physique. Celui qui était seul autrefois à lutter pour l'existence se trouvait maintenant appuyé par les membres d'un cercle intime. Ceux qui, placés hors du cercle, voulaient d'aventure offenser un membre du groupe, ou lui nuire, devaient compter maintenant avec toute la famille. Des résultats qu'un seul individu, membre de la tribu, n'aurait pu obtenir, étaient acquis par la nouvelle alliance. Que celle-ci fût conclue en vue d'échapper au désastre ou de s'assurer d'une proie, l'avantage était dorénavant en faveur du groupement. Quand on se souvient que, grâce à l'égalité relative des compétiteurs dans les conflits de l'existence sauvage, le plus léger avantage pour un parti déterminera la satiété ou le dépérissement, la survivance ou l'extinction, il faut reconnaître l'importance du premier et faible effort vers la fédération. « Coude à coude », voilà le mot d'ordre du développement national tout au travers de l'histoire. La famille — et non pas l'individu — doit avoir été, presque dès le commencement, l'unité de la vie tribale ; à mesure que les familles se définirent mieux, elles devinrent les piliers reconnus de la structure sociale et donnèrent une première stabilité à la race humaine.

Mais quelque grands que soient les avantages physiques de la famille, ses utilités éthiques placent cette institution, même aux débuts de son existence, à la tête de toutes les créations de l'évolution. Car la famille est non seulement sa création la plus grande, mais son suprême instrument pour une création ultérieure. Les changements éthiques commencent presque aussitôt après sa formation. Ainsi, un de ses effets immédiats fut d'enlever des épaules de l'individu isolé le poids constant de la lutte pour la vie. La famille doit parfois lutter en tant que

« bloc » compact ; mais les responsabilités et le devoir sont maintenant répartis, et ceux qui étaient auparavant préoccupés uniquement de la lutte personnelle jouissent d'un répit qui leur permet d'occuper leur esprit d'autres choses. L'attention ainsi distraite des ennemis environnants, les membres de la famille ont le loisir de se découvrir les uns les autres. De nouvelles relations se nouent entre eux ; de nouvelles adaptations se créent à la présence même et aux besoins des uns et des autres, et dès lors des éléments inconnus du caractère font graduellement leur apparition. La vie commune amène nécessairement le désintéressement sous une forme encore fruste : un homme ne peut être membre d'une famille et demeurer un égoïste invétéré. Ses intérêts sont forcément divisés, et quoique le groupe familial n'offre que peu d'espace à la formation et à la pratique du désintéressement, rien de plus grand n'avait été tenté jusque là. Or l'évolution ne court jamais les risques d'un développement trop rapide ou d'un effort inconsidéré. Avec l'incorporation de la famille dans le clan ou la tribu, le champ d'action dut s'étendre et la nécessité se faire plus impérieuse d'un contrôle serré de l'intérêt personnel ou de sa perte dans l'intérêt général. Mais la discipline moins compliquée de la famille était indispensable pour préparer le sentiment altruiste à une abnégation si grande. La place qu'occupent les querelles de familles et la puissance des grandes maisons dans l'histoire ancienne et moderne montrent avec évidence l'action de l'altruisme, encore qu'imparfait, et combien fortement les intérêts et l'aide mutuels cimentèrent les éléments de ces familles. Un exemple frappant en existe dans la *vendetta*. Dans les pays qui la pratiquent, venger une insulte est un devoir sacré pour tous les membres du petit groupe, et même le dernier survivant fait volontiers le sacrifice de sa vie pour restaurer l'honneur familial. Mais parfois la puissance de certaines familles est devenue si formidable que l'exercice de l'altruisme en faveur de la nation y était menacé, et que les intérêts plus généraux s'y oubliaient absolument. La famille devenait une ennemie de l'État. Rien ne montre plus clairement le pouvoir énorme de développement renfermé dans le cercle familial, la solidité à laquelle il peut atteindre, que ceci : au cours de l'histoire, l'État a dû, à maintes reprises, employer toutes ses forces pour le réduire et le briser.

Parmi d'autres éléments de la nature humaine dont la famille favorise la croissance, il y en a un qui offre un intérêt exceptionnel. L'essai a été tenté de montrer que le sens du devoir a surgi d'abord des relations inévitables de la vie familiale primitive. Ce sujet est trop grand, trop compliqué, trop difficile pour être abordé dans les limites de nos recherches, limites qui nous interdisent de faire appel à la société, à la religion, et même à la conscience de l'homme supérieur. Mais nous devons au père, dont nous retraçons l'évolution, de mentionner au moins la part qui lui est attribuée par quelques autorités dans ce processus.

Il ressort avec évidence, de la simple dérivation du mot, que la moralité a son rôle à jouer dans les relations des gens entre eux. *Mores*, c'est en premier lieu les *coutumes*, la manière d'être des hommes en société. Or la famille est le premier organisme d'importance où nous les trouvions réunis. Et comme il y en a non seulement plusieurs dans une famille, mais d'âges et de sexes différents, il y aura nécessairement une certaine variété dans leurs relations mutuelles, dans les habitudes qui stéréotypent les actions répétées le plus souvent en raison de ces relations, dans l'humeur ou les dispositions d'esprit qui les accompagnent. Laissant de côté les différences entre frères et sœurs, considérons les influences plus divergentes, et certainement plus dominantes, du père et de la mère. Nous avons suffisamment marqué ce que les relations de l'enfant avec sa mère ont, en quelque sorte, cristallisé : la dépendance directe, dont le produit est l'amour. Mais l'influence du père est toute différente. Quelle attitude l'enfant prendra-t-il devant cette présence plus austère ; quelles manières d'agir, quelles habitudes, *mores*, moralité, s'introduiront-elles dans l'esprit de l'enfant ? La position reconnue du père dans les tribus primitives est celle du chef de famille. Il représente l'autorité aux yeux des enfants et même généralement à ceux de la mère. Il est le chef des enfants. Bachofen nous a familiarisés avec l'idée d'un matriarcat, d'une famille maternelle ; mais encore que, par exception, quelques tribus aient donné la suprématie à la mère, la règle c'est l'autorité laissée au père. Son affaire donc était, en sa qualité de chef, d'édicter les lois de la famille. Sans doute la mère prescrivait aussi ; mais le père imposait l'obéissance avec toute la sévérité d'un personnage terrible, et ses lois en acquéraient une force qui manquait aux autres. Faire ce qui lui plaisait était une nécessité aux yeux de ses enfants, et sa faveur ou son déplaisir devenaient pour eux les signes du « bon » ou du « mauvais ». Quelque médiocre que fût cette règle de conduite, — crainte ou faveur d'un père sauvage, — c'était un commencement de justes *mores*, de bonne conduite, de manières convenables. Mettez dans l'esprit ou évoquez en lui l'idée d'agir d'une façon donnée dans une demi-douzaine de mêmes incidents quotidiens, quand ils se passent en présence d'un individu revêtu d'autorité, et l'évolution aura trouvé un germe à développer. Si les enfants n'ont pas encore reçu les dix commandements, ils en ont entendu au moins six. Étendez la demi-douzaine d'ordres obéis à la douzaine complète, puis à la vingtaine et à la centaine, et amenez les enfants à en faire l'objet d'une obéissance habituelle. L'exécution ponctuelle des ordres reçus recommandera celui qui s'y soumet à l'approbation d'une personne unique ; mais il s'attirera bientôt celle d'autres, si leur idéal de conduite est le même. Que la bonne conduite achète la faveur ou fasse simplement éviter le châtiment, cela importe peu tout d'abord. Ce qu'il faut, quelles que soient les conséquences, c'est qu'une notion du bon et du mauvais s'affirme. Naturellement, il n'y a pas ici un sentiment du devoir, aucune loi générale et parfaite, mais un code purement personnel et local. Pourtant le sens du mot devoir est au moins partiellement conçu, et, sous une forme grossière, le père devient une sorte de conscience externe pour ceux qui sont au-dessous de lui.

Voilà la théorie d'essai des avocats de l'évolution de la morale. Qu'elle rende compte ou non de la formation du sentiment de l'obligation, il est certain qu'elle n'explique pas le processus tout entier. En l'exposant, on n'a pas encore répondu à la question qui se pose : pourquoi cette chose particulière devait-elle sortir des circonstances décrites. En essayant de retracer sa naissance, rien de son origine rationnelle ne nous apparaît : toutes les preuves de son évolution posent en fait son existence antérieure. Un principe latent est devenu actif ; une chose invisible s'est faite apparente. En un sens, une relation a été créée ; en un autre, une qualité s'est révélée dans cette relation. Une nouvelle expérience a été tentée sur la nature humaine, et, le résultat, c'est une nouvelle découverte de ses propriétés.

D'autre part, il est certain que ces éléments moraux doivent avoir eu un commencement quelque part dans l'espace et dans le temps. Le présent du père, la justice, n'est pas moins nécessaire au monde que le don jumeau de la mère, l'amour. Et si, presque avant la naissance de l'âme, l'ombre à peine esquissée d'un ordre moral passe dans l'histoire, les phases et les sanctions postérieures ne perdent rien de leur qualité, ne sont que plus merveilleuses et plus divines pour se rencontrer dans le passé lointain avec ces ébauches de moralité. Si les enfants venus sur le tard ont eu leurs dix commandements d'une certaine manière, pourraient-ils en vouloir aux enfants primitifs d'avoir reçu leurs deux ou trois d'une manière différente, laquelle d'ailleurs, si nous connaissions tout, nous apparaîtrait sans doute comme un autre moment du même procédé ?

Mais il est impossible d'apercevoir les traces de l'évolution de la moralité avant d'avoir conduit l'homme quelques pas plus haut dans sa marche ascensionnelle. Ce n'est qu'en atteignant le niveau social, quand il devient partie intégrante du clan, de la tribu, de la nation, que se pose le problème. Pour le moment, il nous suffira d'avoir observé son arrivée dans la famille humaine, le point de départ et le seuil de la vraie vie morale.

En tant que cercle, il est vrai, celui de la famille fut longtemps incomplet. Le mécanisme doit évoluer lui-même avant qu'évoluent ses produits. A peine définis, brisés aussitôt que formés, les cercles primitifs tendaient toutes leurs forces pour se détruire presqu'au moment de leur génération. Mais les murs s'élèvent à mesure que se déroule l'histoire ; la désagrégation diminue. Avec l'ère chrétienne le mécanisme est complet, le cercle est finalement refermé ; il devient un sanctuaire clos où se poursuit la culture de tout ce qui est saint et beau. Le sentier conduisant à cette fin idéale ne monte pas en droite ligne, nous l'avons vu, et l'intégrité de l'institution n'a pas toujours été respectée dans les siècles postérieurs. La difficulté d'une réalisation de l'idéal peut être mesurée au petit nombre de nations actuellement vivantes qui l'ont atteint, et à la multitude de peuples et de tribus qui ont disparu de la terre avant d'y parvenir. Pour avoir manqué de remplir telle ou telle des conditions requises, peuples après peuples, nations après nations, ne sont venus que pour se disperser, sans laisser derrière eux d'autre héritage que la leçon, rarement comprise, des causes de leur faillite. Mais il importe peu que la route soit droite ou contournée. La seule chose qui vaille, c'est qu'elle monte.

Nous avons atteint un degré de l'évolution où les gains physiologiques sont préservés et renforcés, sinon dans un intérêt moral, au moins par des facteurs éthiques qu'utilise la sélection naturelle. Désormais l'affection sera une puissance dans le monde, et comme les perfectionnements physiologiques poursuivent leur cours, ce sont les familles les plus étroitement unies qui auront les meilleures chances de survivre et de transmettre aux générations suivantes leurs caractères moraux. L'achèvement de l'arche qu'est la vie familiale forme peut-être le plus grand des événements historiques. Si les mammifères sont le couronnement de l'évolution organique, la famille est celui des mammifères. Physiquement, psychiquement et éthiquement, la famille est le chef-d'œuvre de l'évolution. Création de l'évolution, elle devait devenir l'instrument et l'allié les plus actifs que celle-ci ait jamais eus. Quelle est donc sa valeur pour l'évolution ? Elle est créatrice et dépositaire des forces qui seules peuvent assurer le progrès moral et social du monde. C'est dans son sein que ces forces se rallient quand elles sont affaiblies; là que se contrebalancent leurs excès; c'est de là qu'elles rayonnent, affinées et renforcées, pour accomplir leur sainte tâche.

En observant bien simplement le côté dynamique de la question, on peut dire que la famille contient tout le mécanisme et presque toute la force nécessaire à l'éducation morale de l'humanité. Aux premiers chapitres de l'histoire de l'homme, on la voit remplir faiblement, mais néanmoins d'une façon adéquate, sa fonction de nourricière de l'amour, — mère de toute moralité —, et de la justice — père de toute moralité —, préparant ainsi un parentage à ces admirables enfants spirituels qui seront engendrés postérieurement. Si donc la vie doit se continuer, il faut que ce soit une vie meilleure, plus abondante, de plus d'amour. Cette prime accordée à l'amour signifie, si elle a un sens quelconque, que l'évolution prend dorénavant une direction éthique. Dès lors il n'est pas plus possible d'interpréter la nature physiquement, que d'expliquer une « sainte famille » de Raphaël par la structure matérielle de la toile et les qualités des couleurs. Qu'importe que la toile soit grossière ou fine, que les couleurs soient végétales ou minérales, qu'elles soient broyées avec la garance ou la terre, l'arsenic ou le plomb ! Il y eut un temps où ces choses furent importantes, celui où la nature les forma par des processus infiniment lents ; le peintre les a préparées avec un art subtil ; mais la « sainte famille » n'était pas en puissance dans le bouton de garance, ni dans le sol avec le plomb et l'arsenic, ni dans le laboratoire du peintre. Celui qui explique la nature par la matière et les forces physiques pense comme celui qui expliquerait la peinture par elles. Dans un sens beaucoup plus vrai que celui qui s'applique à la toile de Raphaël, la nature a produit une sainte famille. Celle-ci a survécu des millénaires et non pas seulement des siècles. Le temps ne l'a pas ternie ; aucun art nouveau ne l'emporte sur elle ; nul génie n'a découvert quelque chose de plus aimable, nulle religion quelque chose de plus divin. Les hommes tirent ce qu'ils appellent l'argument de la finalité de la cellule de l'abeille, de l'aile du papillon ; mais c'est dans les règnes qui vinrent sans être observés, dans ce grand ordre immatériel où la science commence à peine à pénétrer, que les buts de la création sont révélés.

CHAPITRE X

INVOLUTION

Il y a bien des années, on découvrit un fossile remarquable, nommé *stigmaria* par la science, dans l'argile qui sert partout de base aux lits de houille. Il est répandu abondamment et dans beaucoup de pays. A cause de ses ramifications étranges tout au travers de l'argile, on supposa qu'il était quelque variété disparue d'une herbe aquatique gigantesque. Un autre fossile fut découvert, mais dans la veine de houille, presque aussi abondant et beaucoup plus beau. Il reçut le nom de *sigillaria* en raison des dessins exquis ornant sa tige cannelée. Un jour, un géologue canadien qui étudiait le sigillaire sur place fit une nouvelle découverte. Ayant trouvé le tronc d'une de ces plantes qui s'élevait droit dans le lit de houille, il le dégagea jusqu'à l'argile de la base. A sa grande surprise, il finissait dans un stigmaria. Ce fossile ramifié dans l'argile n'était plus une herbe aquatique, mais la racine dont le sigillaire est la tige, et l'argile était le sol sur lequel crut un jour la grande plante carbonifère.

Jusqu'ici, et au travers de plusieurs chapitres, nous avons travaillé parmi les racines, souvent dans l'obscurité, empêtrés partout dans la marne. Quelles sont les plantes de ces racines?

A quel ordre appartiennent-elles? Quel fut le processus de leur croissance? Quels rapports ont-elles avec le domaine supérieur ou avec l'inférieur? Est-ce un monde de stigmaria ou un monde de sigillaires? Hier encore, la science ne les reconnaissait pas même pour des racines; elles étaient classées à part et ne conduisaient à rien. On ne connaissait aucun rapport organique entre la nature inférieure et le règne supérieur, entièrement distinct, le monde supérieur de l'homme, qui ne pouvaient être qu'antagonistes. Atomes, cellules, plantes, animaux étaient les produits matériels d'une création séparée, la terre d'où l'homme tirait son corps d'argile, et rien de plus. Le monde supérieur constituait un système à part. Il sortait de rien, ne reposait sur rien. L'argile où s'enfoncent les racines était le produit de forces inorganiques; la houille qui renfermait précieusement l'arbre était une création de la lumière solaire. Qu'y a-t-il de commun entre la lumière et les ténèbres? Quelles relations possibles peuvent exister entre le magnifique organisme qui s'élance dans la vie et ce qui gît dans la mort? Et pourtant, par un processus doublement vérifié, les rapports organiques des deux sont maintenant retrouvés. Travaillant en remontant dans l'argile, le biologiste s'aperçoit que ce qu'il prenait pour un organisme terrestre quitte son domaine et passe dans un monde supérieur, un monde auquel il n'avait prêté jusqu'alors qu'une attention distraite, et où il ne peut le suivre avec les instruments dont il se sert. Au contraire, travaillant de haut en bas dans le monde supérieur, le psychologue, le moraliste, le sociologue, contemplent le spectacle, encore plus merveilleux, de choses qu'ils avaient estimées appartenir exclusivement au monde supérieur, s'enfonçant de plus en plus, sous des formes atténuées, dans l'argile de dessous. Que faire de cette découverte? Encore une fois, avons-nous ici un monde de sigillaires ou de stigmaria? Le biologiste doit-il fausser compagnie à son argile ou le moraliste à son règne supérieur? L'esprit, la morale, les hommes doivent-ils être interprétés d'après les racines, ou bien les atomes et les cellules seront-ils jugés par les fleurs et les fruits de l'arbre?

Le premier résultat de la découverte doit être que chacun explore avec un nouveau respect le monde de l'autre, et, au lieu de se complaire à souligner leurs contrastes, s'efforce de magnifier leurs harmonies infinies. Quelque vieille que soit pour le monde la vision d'un Cosmos, quelque universel qu'ait été son rêve de l'unité de la nature, ni l'un ni l'autre ne furent jamais évoqués dans toute leur ampleur devant son imagination. La poésie sentit, sans le savoir jamais, que l'univers est un; la biologie perçut la subtile balance chimique entre le règne organique et l'inorganique, mais rien de plus; la physique, découvrant la corrélation des forces, construisit un univers de son choix; par la loi de gravitation, l'astronomie nous lia aux étoiles, mais d'une façon toute mécanique. Il était réservé à l'évolution de provoquer la révélation finale de l'unité du monde, d'enclore toutes choses dans une grandiose généralisation, de tout expliquer par une finalité merveilleuse. Son œil omniprésent surprit chaque phénomène et chaque loi. Elle rassembla ce qui est et ce qui fut dans un tout ultime, un tout dont la perfection consiste à distinguer à l'infini les choses qu'elle unit.

La crainte exprimée souvent que l'évolution atténuât des distinctions vitales n'est pas fondée. Le stigmaria ne pourra jamais être autre chose qu'une racine, et le sigillaire ne sera jamais moins qu'une tige. Montrer leurs relations, ce n'est pas confondre leurs propriétés. Plus on accentue les distinctions de leurs propriétés, plus on exalte la pensée qui les unit, et plus on trouve rationnel et opulent le Cosmos qui les embrasse. Effectivement, « l'unité que nous voyons dans la nature est cette espèce d'unité que l'esprit reconnaît comme le résultat d'opérations similaires aux siennes. Non pas une unité qui consisterait dans la simple identité de matériaux ou de composition, dans une simple uniformité de structure ; mais une unité provenant de la subordination de toutes ces choses à des buts semblables plutôt qu'à des principes similaires d'action ; c'est-à-dire consistant dans les mêmes méthodes pour soumettre quelques forces élémentaires en vue d'exercer des fonctions spéciales et de produire un tout harmonieux par voie d'adaptation[1]. »

Mais revenons au sigillaire. Est-il sorti du stigmaria ? L'esprit, la morale, les hommes ont-ils évolué de la matière ? Assurément, si l'un est l'arbre et l'autre la racine de cet arbre, et si l'évolution signifie le passage de l'une à l'autre, on ne peut échapper à cette conclusion, et en même temps au matérialisme le plus grossier. Si c'est la vraie situation, l'inférieur doit inclure le supérieur et l'évolution n'est après tout qu'un processus de l'argile. Cette inférence, tirée d'une manière très commune de formuler la théorie de l'évolution, est fréquente, naturelle, et néanmoins sans fondement. Elle vient d'une conception erronée de la nature des racines. Parce qu'on voit une racine à la plante, on estime que celle-ci en est sortie et qu'elle doit conséquemment appartenir à l'ordre des racines. Mais ce n'est pas conforme à la nature. Le tronc, les branches, les feuilles, les fleurs, les fruits d'un arbre, sont-ils des racines ? Appartiennent-ils à l'ordre des racines ? Non. Toute leur morphologie est différente, ainsi que toute leur physiologie ; leurs réactions sur le monde environnant ne sont pas les mêmes. Mais ne doit-on pas admettre au moins qu'ils sont contenus dans la racine ? Aucun d'eux n'est dans la racine. Alors, dans la terre ? Pas davantage. Mais puisqu'ils croissent de la terre, n'en sont-ils pas faits ? Ils ne croissent pas de la terre et n'en sont pas faits. Il est étonnant de voir combien ceux qui s'aven-

[1] Duc d'Argyll, *The Unity of Nature*, p. 44.

turent à critiquer les processus biologiques semblent peu connaître parfois leurs phénomènes les plus simples. Remplissez de terre un pot à fleurs et plantez-y une bouture. Au bout de quatre ans, elle est devenue un petit arbre; celui-ci a deux mètres de haut; il pèse cinq kilogrammes. Mais la terre est toujours dans le pot, non plus en son entier, c'est vrai, quoi qu'elle n'ait diminué que d'une quantité à peine appréciable. Sauf cette petite quantité, elle n'a pas passé dans l'arbre; l'arbre n'a pas vécu de terre, ni d'aucune force qui soit dans la terre. Il ne peut avoir crû de la bouture, car celle-ci ne pesait pas plus d'un gramme pour chaque demi-kilogramme que pèse aujourd'hui l'arbre. Il ne peut pas avoir crû de la racine, puisque la racine est encore là, qu'elle n'a rien perdu en faveur de l'arbre, qu'elle a bien plutôt gagné de l'arbre, et qu'au début elle n'était pas plus là que l'arbre lui-même.

Ainsi le sigillaire, représentant de l'ordre éthique, ne sortit pas du stigmaria, représentant de l'ordre organique et matériel. Non seulement les arbres n'évoluent pas de leurs racines, mais des classes entières de plantes, les herbes aquatiques, par exemple, n'ont pas de racines. S'il existe une relation possible entre les deux, elle est exactement l'opposé : c'est la racine qui évolue de l'arbre. Il est bien plus vrai d'affirmer que les arbres enfoncent leurs racines, que de dire que la racine pousse un arbre hors de terre. Cependant, ni l'un ni l'autre ne représente toute la vérité. La vraie fonction de la racine, c'est de donner de la stabilité à l'arbre et d'offrir un intermédiaire pour lui amener du dehors de la matière inorganique. Et nous voici enfin dans le vrai. L'arbre et les racines — la semence étant mise à part — trouvent leur explication non pas l'une dans l'autre, ni dans quelque chose qu'ils contiennent, mais surtout dans quelque chose d'extérieur à eux. Bref, le secret de l'évolution est caché dans l'environnement, le milieu. C'est dans l'environnement où les êtres vivent et se meuvent, qu'est le secret de leur être et tout spécialement de leur devenir. Et qu'est-ce donc que ce milieu où les êtres existent, vivent et se meuvent? C'est la nature, le monde, le Cosmos, — et quelque chose de plus, quelqu'un de plus — une intelligence infinie et une volonté éternelle. Tout ce qui vit, vit en vertu de ses correspondances avec cet environnement. L'évolution ne se déroule pas du dedans, elle s'enroule du dehors. La croissance n'est pas le simple développement d'une racine, mais la prise de possession d'un environnement toujours plus étendu, ou d'une emprise exercée par lui, une continuelle assimilation du visible et de l'invisible, une incessante redistribution d'énergies affluant de l'univers enveloppant dans l'organisme en évolution. En tout développement, le facteur suprême c'est l'environnement. La moitié des erreurs qui règnent au sujet du processus de l'évolution, et la moitié des objections qui lui sont faites, proviennent du fait que l'on considère l'objet évoluant comme un tout se suffisant à lui-même. Produisez un organisme, plante, animal, homme, société, qui évolue dans le vide, *in vacuo*, et vous aurez raison de dire que l'arbre est dans la racine, la fleur dans le bouton, l'homme dans l'embryon, l'organisme social dans la famille d'un singe anthropoïde. Si un organisme doit être jugé d'après le milieu immédiat de ses racines, l'arbre est un arbre d'argile; mais s'il doit l'être par la tige, les feuilles, les fruits, il n'est plus un arbre d'argile. Si l'organisme moral ou social doit être jugé d'après le milieu ambiant de ses racines, l'organisme moral et social est un organisme matériel ; mais s'il doit être jugé d'après les influences supérieures qui entrent dans la composition de sa tige, de ses feuilles et de son fruit, il n'est pas un organisme matériel. Tout ce qui vit, et chaque partie de tout ce qui vit, entre en relation avec différentes parties de l'environnement et avec différentes choses dans l'environnement; à chaque pas de son ascension, il touche à de nouvelles séries dans le milieu;

il est soumis à leur action ou agit sur elles d'une autre façon qu'il subit l'action ou qu'il agit lui-même au degré précédent.

Il est essentiel avant tout de rappeler, en effet, que non seulement le milieu est le facteur primordial dans le développement, mais qu'il s'élève lui-même parallèlement à toute évolution d'une forme quelconque de la vie. Regarder l'environnement comme une quantité et une qualité fixes, c'est, à côté de la faute qui consiste à ignorer le facteur altruiste, l'erreur cardinale de la philosophie évolutionniste. A chaque pas nouveau d'un grimpeur sur le flanc d'une montagne, son milieu change. A quatre cents mètres, l'air est plus léger et plus pur qu'à cent, et, comme les effets varient avec la cause, toutes les réactions de l'air sur son corps sont différentes au niveau plus élevé. Son pouls s'accélère, son esprit prend des ailes ; les énergies du monde supérieur affluent en lui. Tous les autres phénomènes diffèrent également : les plantes sont alpines, les animaux d'une race plus robuste ; la température baisse ; le monde qu'il laisse derrière lui revêt une autre physionomie. A mille mètres, les causes, les effets et les phénomènes, changent de nouveau. L'horizon est plus étendu, la lumière plus intense, l'air plus froid, le sommet plus rapproché ; les yeux ne perçoivent plus qu'indistinctement le monde d'en bas. Achevons notre image pour en extraire tout ce qu'elle a de réalité. A deux mille mètres, le voyageur entre dans la région des neiges. Un court espace franchi d'une manière toute naturelle amène un changement qui confine à une révolution. Encore quatre cents mètres et voici une nouvelle révolution : il est entré dans le domaine des nuées. Quatre cents mètres de plus et le maximum des transformations est atteint. Le voyageur se tient au sommet, et le soleil l'éblouit de sa clarté. Aucune des choses rencontrées au cours de son ascension ne sont nouvelles. Ce sont les phénomènes naturels de l'altitude : les scènes, les énergies et les correspondances naturelles aux hautes régions. En s'élevant, il n'a créé aucune de ces choses ; elles n'étaient pas en puissance dans les plaines ou au pied de la montagne. Il les a simplement rencontrées en s'élevant, quelques-unes pour la première fois — nouvelles ainsi pour lui, — d'autres qu'il a connues jadis, mais qui le pénètrent maintenant avec une telle intensité, ou entrent en relations si nouvelles entre elles ou avec l'être changé qu'il est devenu, qu'elles aussi sont réellement une nouveauté pour lui.

Dans son long pèlerinage, l'homme passe de l'argile au travers de régions d'un caractère toujours varié. Chaque aspiration de ses poumons, utilisée pour monter d'un pas, le met en rapport avec un air partiellement supérieur, avec un monde partiellement différent. Les nouvelles énergies qu'il reçoit là sont mises en œuvre, et, grâce à elles, il s'élève sur un troisième, puis sur un quatrième plan. Comme dans le règne animal les sens s'ouvrent un à un — l'œil progressant du simple discernement de la lumière et de l'obscurité à l'image confuse des choses rapprochées, puis à une vision nette des choses plus éloignées ; l'oreille passant de la sensation assourdissante des vibrations à la distinction croissante des sons les plus délicats — ainsi les sens s'élèvent et s'avivent dans le monde supérieur, moral et spirituel, jusqu'à ce qu'ils embrassent des qualités inconnues auparavant, inaccessibles aux facultés limitées de la vie antérieure. L'homme donc atteint les hautes altitudes, non par une tendance innée au progrès, ni par les énergies inhérentes à la cellule protoplasmique d'où il est sorti, mais par un processus extérieur constamment alimenté et renforcé ; de la sensation du monde au pied de la montagne, il s'élève, avec des facultés ennoblies et ennoblissantes, jusqu'à la vue éblouissante du soleil.

Quel est l'environnement de l'arbre social ? Il est formé de toutes les choses, de toutes les personnes, de toutes les influences et de toutes les forces avec lesquelles il entre en relations à chaque étape du progrès. Cet environnement s'étend inévitablement à mesure que s'étend l'arbre social et que se multiplient ses relations. Au stade sauvage, l'homme embrasse un cercle de relations; au stade social rudimentaire, un autre, un troisième au stade civilisé, et chacun a ses réactions propres. Les forces sociales, morales et religieuses, descendent sur tout être social, dans l'ordre où ses aptitudes se développent pour elles, et dans la mesure de ses capacités. Et de quelle source ultime viennent-elles ? Il n'y a dans le monde qu'une source unique pour toutes, pour elles comme pour le gaz acide carbonique, l'oxygène, l'azote et la vapeur d'eau qui, du monde extérieur, entrent dans la plante en croissance. Ceux-ci également pénètrent la plante dans l'ordre où ses capacités se développent pour eux et suivant la mesure de ces capacités.

Le fait que les principes supérieurs viennent du même environnement que ceux de la plante n'implique pourtant point qu'ils soient identiques. Ils sont physiques dans la plante, spirituels dans l'homme. S'il y a quelque chose d'impliqué ici, ce n'est pas que les énergies spirituelles sont physiques, mais que les énergies physiques sont spirituelles. Nommer les choses du monde physique « matérielles », ne nous rapproche en rien du naturel, ni ne nous éloigne du spirituel. Les racines d'un arbre peuvent sortir de ce que nous appelons un monde physique, les feuilles peuvent être baignées par des atomes physiques, même l'énergie de l'arbre peut être de l'énergie solaire ; mais l'arbre est *lui-même :* une pensée, une unité, un tout rationnel, et la matière n'est que le médium de leur expression. Appelons tous ces éléments, matière, énergie, arbre, une production physique, aurons-nous atteint sa réalité vraie ? Sommes-nous même sûrs que ce que nous appelons un monde physique soit bien un monde physique? Une pensée prépondérante de la science contemporaine est qu'il ne l'est pas. On nous dit que le terme même de monde matériel est un faux nom ; que le monde est un monde spirituel, employant simplement la matière pour sa manifestation.

En tout cas, il y a là un sophisme. Ce que nous appelons forces sociales, n'est-il pas l'effet de la société au lieu d'être sa cause? La société ne dut-elle pas engendrer ces forces avant qu'elles pussent régénérer la société ? C'est exact; mais engendrer ce n'est pas créer. La société est un mécanisme, un intermédiaire pour la transmission de l'énergie ; mais elle n'est pas plus un intermédiaire pour sa création que la machine à vapeur ne l'est pour la création de son énergie. D'où viennent donc les énergies sociales ? La réponse sera la même que celle donnée à cette question : D'où viennent les énergies physiques? La science n'a qu'une réponse : « Considérez la position où nous a mis la science. Par la logique scientifique nous sommes conduits à un invisible, et par l'analogie scientifique à la spiritualité de cet invisible. Notre dernière conclusion, c'est que l'univers visible a été déployé par une intelligence résidant dans l'invisible [1]. »

Il y a maintenant une seule théorie prédominante de la création, c'est l'évolution ; mais aussi il y a une seule théorie prédominante des origines, c'est la création. Au lieu de supprimer une main créatrice, l'évolution la réclame. Au lieu d'être opposées à une création, toutes les théories d'évolution commencent par la supposer. Si la science ne l'affirme pas formellement, elle n'affirme jamais moins. « La doctrine de l'évolution, écrit Huxley, n'est ni théiste ni anti-théiste. Elle n'a pas plus affaire au théisme que le premier livre d'Euclide. Elle n'entre pas même en contact avec le théisme considéré comme une doctrine scientifique. » Mais quand elle touche la question des

[1] Balfour Stewart and Tait, *The Unseen Universe*, sixième édition, p. 221.

origines, elle est ou théiste ou muette. « Derrière les forces coopérantes de la nature, visant un but, dit Weismann, nous devons admettre une cause... inconcevable en son essence, de laquelle nous ne pouvons dire avec certitude qu'une seule chose, c'est qu'elle est d'ordre théologique. »

La fausseté de la théorie d'évolution simplement quantitative est évidente. Interpréter un organisme d'après ce seul organisme, c'est omettre le principal agent de son évolution, et conséquemment, laisser le processus inexpliqué, scientifiquement et philosophiquement. C'est comme si l'on devait édifier la théorie de la carrière d'un millionnaire sur l'argent de poche qui lui était accordé comme écolier. Négligeons le fait qu'on lui donnait davantage à mesure qu'il montait d'une classe dans une autre ; que la somme fut encore augmentée plus tard ; qu'étant devenu homme il sut la dépenser plus sagement ; qu'étant sage il plaça son argent de manière à lui faire rendre un intérêt, et que l'intérêt et le capital furent placés et replacés au cours des ans, — négligeons tout cela, nous ne pourrons donner aucune raison valable de l'accroissement de sa fortune. On pourrait tout aussi bien expliquer ce millionnaire par l'or que ses premiers dix sous contenaient en puissance — dix sous qui ne sortirent jamais de sa poche — qu'édifier une théorie de l'évolution de l'homme sur la cellule protoplasmique à l'exclusion de son environnement. Ce n'est qu'interprétée d'après l'environnement — et un environnement de plus en plus approprié, quantitativement et qualitativement, à chaque nouvelle étape du progrès — qu'une théorie solide est possible, ou que la vraie nature de l'évolution peut apparaître.

Un enfant ne se développe pas d'un bébé par un processus spontané. Celui-ci s'alimente du dehors. Le corps s'assimile la nourriture, l'esprit s'assimile les livres ; la nature morale compte sur les affections ; les facultés religieuses nourrissent l'être supérieur d'idéals. Le temps n'apporte pas seulement plus de choses, mais de nouvelles choses ; la nature supérieure inaugure la possession d'un ordre plus élevé ou sa prise de possession par lui. « Il est dans la vraie nature des choses que la forme primitive de ce qui vit et se développe soit le moins adéquate à sa nature, et, conséquemment, que nous ne puissions en obtenir que les indications les moins claires sur le principe interne de cette nature. Ainsi donc, expliquer un être vivant par son commencement, ce serait simplement omettre presque tout ce qui le caractérise et supposer que nous avons dans ce qui reste le secret de son existence. En réalité, ce n'est pas l'expliquer, mais éloigner son explication. D'après cette méthode, nous réduisons nécessairement à un minimum ce qui le distingue, et ce qui en reste semble à son tour réductible à une chose où le principe en question ne se manifeste aucunement. Si nous ramenons l'animal au protoplasme, nous pouvons croire possible de l'expliquer comme un composé chimique. De la même manière, par le même procédé, il semble facile de réduire la conscience en sa forme la plus simple, à la sensation, et celle-ci, à son tour, en sa forme la plus simple, à quelque chose qui n'est pas essentiellement différent de la vie nutritive des plantes. On peut ainsi faire usage du sophisme des sorites pour voiler tous les changements qualitatifs sous les additions et les diminutions quantitatives, et pour passer le niveau sur toutes les différences par l'idée de la transition graduelle. Si, comme le pratiquait la vieille école des étymologistes, nous sommes libres d'intercaler autant d'anneaux qu'il nous plaît, il devient aisé d'imaginer que les choses les plus hétérogènes sortent l'une de l'autre. Alors que l'hypothèse d'un changement graduel — changement procédant par degrés infiniment rapprochés et se fondant l'un dans l'autre, de manière que l'œil ne découvre ni la fin de l'un ni le commencement de l'autre — rend la transition plus facile pour *l'ima-*

gination, elle ne fait rien pour diminuer sa difficulté ou son merveilleux pour *la pensée*[1]. »

La valeur de la critique philosophique appliquée à la science est rarement apparue avec plus de précision que dans ces mots du maître de Balliol. Le passage suivant de Martineau nous le montrera mieux encore : « Une illusion transparaît chez un bon nombre de transformistes, c'est qu'avec le temps tout peut sortir de ce qui confine au néant. Accordez-nous, semblent-ils dire, le plus faible degré de force, si près de zéro qu'elle en soit négligeable, accordez-lui la moindre tendance à un mouvement infinitésimal, et nous vous montrerons comment le Cosmos est sorti de ces infimes commencements, sans un pas digne d'une mention, sans rien qui constitue un plan. Cet argument est un simple appel à l'incompétence de l'imagination humaine, permettant de traiter comme n'existant pas les valeurs qui échappent à la conception, et de mettre simultanément sur pied d'égalité, dans un agrégat de produits inappréciables, la cause estimée à *zéro* et l'effet égal à *l'ensemble des choses*. Nous avons manifestement besoin de la même cause, qu'elle soit concentrée dans un moment ou répartie sur des âges incalculables. Seulement il est plus facile de la « subtiliser » logiquement en détail qu'en gros. Vraiment, c'est un objet peu digne d'un philosophe de comprimer la cause jusqu'à l'épaisseur d'un cheveu, de la placer à intérêts composés pour tous les temps, puis de désavouer la dette[2]. »

Nous ne disons pas que le tableau du cours de l'évolution ici présenté soit réel de tout point. Nous avons recouru à des illustrations bien plus pour éclairer certaines difficultés que pour établir une théorie. Le temps n'est pas encore venu de découvrir à nos imaginations un tableau, même partiel, de ce qu'a pu être le processus transcendental. Pour le présent, nous

[1] Edw. Caird, *The Evolution of Religion*, vol. I, p. 49-50.

[2] Martineau, *Essays, Philosophical and Theological*, p. 141.

ne pouvons prendre nos idées de croissance que des choses qui croissent autour de nous ; et d'après cette analogie, nous n'avons tenu aucun compte du fait essentiel, la semence. Nous n'avons pas non plus affirmé, même si ces illustrations ont paru l'indiquer, que le cours de l'évolution ait été ininterrompu, constamment ascensionnel. En somme, il a été ascensionnel; mais on ne prouvera peut-être jamais qu'il fut sans soubresaut, sans rupture ni arrêt, ou — ce qui est plus probable — qu'il a progressé par rythmes, pulsations et ondulations, ou encore — ce qui nous semble improbable — par cataclysmes et sauts désordonnés.

Il y a des esprits respectueux et chercheurs explorant sans relâche le champ de la nature et les livres des savants pour trouver des lacunes qu'ils s'empressent de remplir avec Dieu. Comme si Dieu vivait dans les recoins ! Ils doivent avoir une singulière idée de la nature ou de la vérité ceux qui ne s'intéressent dans la science qu'à ce qu'elle ignore et non à ce qu'elle explique, qui sont ravis des aveux d'impuissance et non pas des découvertes, qui craignent constamment de voir l'horizon s'éclairer, et qui commencent à trembler pour « le lieu de son habitation » lorsque les ténèbres se dissipent sur un point ou sur un autre ! Chez ces âmes sincèrement jalouses de la gloire du Très Haut, c'est leur conception de la nature et de Dieu tout à la fois qui doit se modifier. La nature est l'Écriture de Dieu et ne peut dire que la vérité. Dieu est lumière, et il n'y a point en lui de ténèbres.

Si, par une accumulation d'évidences irrésistibles, nous sommes conduits à accepter l'évolution comme la méthode divine de création, il serait de mauvaise politique, en revanche, de triompher chaque fois qu'elle ne peut rendre compte d'une chose. Si tant d'hommes refusent d'accepter les vues nouvelles apportées par l'évolution sur la manière dont tout fut fait, c'est qu'ils craignent, sans raison d'ailleurs, qu'à le découvrir on ne diminue sa divinité. C'est dire que nous concevons comme naturelles, et sur le même plan que l'homme, les choses connues, et que nous appelons divines celles qui nous échappent, comme si notre ignorance des choses posait sur elles le sceau du divin. Si Dieu ne doit être trouvé que dans ce qui dépasse notre savoir, que ferons-nous quand ces lacunes seront comblées? Si elles sont jamais remplies, ne faut-il chercher Dieu en ce monde que dans ce qui échappe à l'ordre? Ceux qui cèdent à la tentation de réserver un lieu, ici et là, pour une intervention divine spéciale, sont bien près d'oublier qu'ils excluent Dieu virtuellement du reste du processus. Si Dieu paraît périodiquement, il disparaît aussi périodiquement. S'il apparaît sur la scène aux moments critiques, il en est absent dans l'intervalle. Quelle est la théorie la plus noble, celle du Dieu-Tout, ou celle du Dieu-Occasion? Au point de vue positif, l'idée d'un Dieu immanent, qui est le Dieu de l'évolution, est infiniment plus grandiose que celle du thaumaturge occasionnel qu'est le Dieu d'une ancienne théologie. Au point de vue négatif, cette conception vieillie a non seulement moins de valeur, mais elle est discréditée par la science. Quant aux faits, le miracle quotidien d'une fleur, le cours des astres, le maintien et la conservation jour par jour du vaste monde palpitant, ont besoin d'une volonté vivante autant que la création des atomes au début. Nous savons que la croissance est la méthode de la nature pour faire les choses, et nous n'en connaissons point d'autre. Nous ne savons pas s'il n'y en a pas d'autres; mais s'il y en a, nous ne les connaissons pas. Dans les cas où nous ignorons s'il y a eu croissance, nous pouvons au moins le supposer puisque nous ne savons pas qu'il y ait ¡eu autre chose. Parce qu'un objet nous apparaît en croissance, l n'en est pas moins miraculeux pour cela. Un miracle n'est pas nécessairement quelque chose de foudroyant. La manière dont les choses furent faites peut nous sembler bien éloignée du miracle ; néanmoins, c'est un miracle qu'elles aient été faites.

Après tout, le miracle de l'évolution ce n'est pas le processus, mais le produit. A côté de la merveille du résultat, le problème du processus est un simple objet de curiosité pour la science. Quelle est la raison du produit ? Ce n'est pas la montagne et la vallée, le ciel et la mer, la fleur et l'étoile, ce monde de gloire et de beauté dans lequel le corps de l'homme trouve son foyer. Non pas même le don divin de l'esprit, ni le Cosmos si bien ordonné où ses forces illimitées ont un champ de nobles exercices. C'est ce qui s'impose, plus que toute autre chose dans l'univers, à la raison et au cœur de l'humanité, ce qui s'impose avec une autorité croissante à mesure que le temps passe, l'amour. L'amour est le résultat final de l'évolution ; c'est ce qui ressort dans la nature comme la création suprême. L'évolution n'est pas le progrès de la matière. La matière ne peut progresser. Mais il y a un progrès dans l'esprit, dans ce qui est sans limites, dans ce qui est à la fois le plus humain, le plus rationnel et le plus divin. Que les controverses fassent rage en ce qui concerne les facteurs de l'évolution, que le mystère enveloppe ses pas, aucun doute n'existe sur son point d'arrivée. Des grandes régions que nous avons traversées — et nous ne sommes encore qu'à mi-chemin de l'ascension — chacune pour soi et toutes ensemble ont déclaré que le cours de la nature est rationnel et que sa fin est morale.

A l'extrême limite du temps, dans le protoplasme lui-même, nous avons vu le point de départ des deux grands courants qui, par leur action et leur réaction, en tant qu'égoïsme et désintéressement, devaient conditionner la vie morale d'une façon toujours plus accentuée. En suivant leur mouvement ascensionnel au travers du règne organique, nous avons été les témoins des résultats de plus en plus élevés de tous les deux ; et bien que ce que nous appelons le mal veille comme un sinistre cerbère pour empêcher le progrès, la balance du bien l'emporte chaque fois que le compte est bouclé. Puis est venu le dernier grand acte du processus organique, l'acte qui révéla à la téléologie sa fin jusqu'ici mal définie, l'organisation des mammifères, le règne des mères. Cette simple création contient tant de choses en puissance que l'on peut déduire des seuls mammifères le caractère de l'évolution. Comme nous l'avons vu, par son côté biologique, l'évolution des mammifères signifie l'évolution des mères, par son côté sociologique l'évolution de la famille, par son côté moral l'évolution de l'amour. Comment devons-nous caractériser un processus qui permet à de pareils fruits de mûrir? Nous dirons que le règne animal lui-même a pour fin et pour couronnement une classe d'animaux redevables à l'altruisme de leur nom, de la place qu'ils occupent, de toute leur existence; que, par ces mères, la société a été fournie d'une institution pour la génération, la concentration, la purification et la distribution de l'amour sous toutes ses formes durables; qu'ainsi le perfectionnement de l'amour n'est pas un incident dans la nature, mais partout la plus grande part de sa tâche, débutant aux premières palpitations de la vie, se développant sans relâche, quantitativement et qualitativement. Ou bien tout ceci ne fut lu dans la nature que par notre imagination, ou bien c'est la révélation d'un plan de bienveillance et d'un Dieu dont le nom est amour.

On nous rappelle quelquefois que le scepticisme a présenté des objections presque irréfutables aux théistes fondés sur la doctrine de l'évolution. Le théiste, de son côté, peut soumettre au sceptique les problèmes suivants: Comment se fait-il que ce qui s'est produit ait eu les qualités que nous savons? Comment ces mammifères ont-ils eux-mêmes apparu? Pourquoi cette classe devait-elle être reliée à la vie de l'homme comme elle le fut? L'homme n'a-t-il pas vécu parce qu'il aima, et ne vit-il pas pour aimer? Pour toutes les théories, sauf une seule, ce sont là d'insolubles problèmes.

Empêchés que nous sommes de suivre l'évolution de l'amour dans les domaines supérieurs de l'histoire et de la société, nous nous permettons une courte excursion sur un terrain très inférieur, tellement au-dessous du niveau de la plante et de l'animal que nous n'avons pas osé l'aborder jusqu'ici. Est-il concevable que quelque chose nous rappelle, dans la nature inorganique, au milieu des bases matérielles du monde, l'apparition de l'arbre de la vie? Naturellement, ce serait commettre un anachronisme que d'attendre ici, ne fût-ce que l'ombre d'une chose possédant des caractères éthiques. Et cependant il vaut la peine de rappeler ce qui suit :

La première image que la science nous permette de nous faire du globe, c'est celle d'une masse incandescente de matière nébuleuse. La seconde consiste en celle d'innombrables myriades d'atomes similaires, grossièrement esquissés dans une sphère en fusion, déchirée, tournant avec une rapidité inconcevable dans l'espace. Par quels moyens cette masse put-elle être dissociée, dissoute ou transformée en une terre solide? Par l'attraction et l'affinité chimique. A l'heure où les conditions de température permirent à deux atomes de se combiner dans cette nébuleuse en train de se refroidir, la cause de l'évolution terrestre fut gagnée. En effet, cette paire d'atomes est chimiquement plus forte qu'aucun des atomes de son environnement immédiat. Graduellement, par attraction ou affinité, la paire primitive d'atomes — comme la première paire de sauvages — absorbe un troisième atome, un quatrième, un cinquième, jusqu'à ce qu'elle forme une famille d'atomes possédant des propriétés et des forces absolument nouvelles, en vertu desquelles main mise est obtenue sur toutes les unités environnantes. De ce centre grandissant, l'attraction rayonne de tous côtés, jusqu'à ce qu'un agrégat important s'élève, groupe de familles, tribu, constituant un centre particulier plus puissant. La force de la combinaison s'accroît avec chaque atome ajouté, de même que sa complexité. Avec le progrès du processus, les changements se font moins nombreux. Après des vicissitudes sans fin — répulsions et rapprochements, — le conflit des masses s'apaise et les éléments ayant traversé divers états aqueux se combinent finalement suivant l'ordre de leurs affinités, se déposent dans l'ordre de leurs densités, et la terre ferme est achevée.

Souvenons-nous maintenant des noms des acteurs dirigeants dans cette transformation fantastique. Il y en a deux, attraction et affinité chimique. Remarquons ces mots : attraction, affinité. Remarquons que les grandes forces de l'évolution physique ont des noms psychiques. Il est oiseux de discuter s'il y a ou s'il peut y avoir identité entre les choses représentées dans les deux cas. Apparemment, elle n'existe pas. L'intérêt de l'analogie demeure néanmoins. Nous ne savons pas actuellement, il est vrai, ce qu'il faut entendre par attraction dans un domaine ou dans l'autre, et nous n'avons pas même les moyens d'arriver à son approximation. Pour Newton lui-même, en dépit de sa puissance mentale, la conception d'un atome ou d'une masse attirant un autre atome ou une autre masse à travers l'espace vide restait confuse. Quant au terme affinité, la chimie la plus récente le trouvant insondable borne maintenant ses investigations à la recherche de ses modes d'action. La science ne sait pas ce que sont les forces, il lui suffit de les classer. Ici, comme dans toutes les profondeurs de la nature physique, nous sommes en présence de ce qui est métaphysique, de ce qui barre la route impérieusement, à chaque tournant, à toute interprétation matérialiste du monde. Or, le nom et la nature des forces étant réservés, quelle ressemblance, même éloignée, quelle affinité, même grossière, aurait-on soupçonnées entre l'agrégation graduelle d'unités matérielles dans la condensation d'un astre tournoyant et la lente agrégation d'hommes dans l'organisation des sociétés et des nations? Quelque divers qu'en soient les agents, ne peut-on pas supposer que ce sont là les différentes étapes d'un processus uniforme, les différentes époques d'une grande entreprise historique, les différents résultats d'une seule loi d'évolution?

Envisagé de son point de départ, de sa racine, cet interminable processus peut être défini par un mot emprunté à la science des racines — un mot du monde de l'argile — l'évolution. Mais vu du sommet, ce terme d'évolution ne peut plus s'appliquer à lui. Il faut employer celui d'involution. Ce n'est pas un monde de stigmaria, mais un monde de sigillaires, un univers spirituel et non pas matériel. L'évolution est une *advolution*; mieux encore, c'est une révélation, l'expression phénoménale du divin, la réalisation progressive de l'idéal, l'ascension de l'amour. L'évolution est une doctrine d'une grandeur inimaginable: que l'homme discerne le prélude de sa destinée dans les voix des astres, que le cœur de la nature soit perçu comme un cœur humain et son entreprise éternelle comme dirigée par les idéals qui animent l'homme lui-même; que la raison qui préside aux transformations de l'univers d'au delà ait une si étrange parenté avec celle que l'homme appelle sienne; que celui-ci, un atome pourtant, ose se sentir chez lui dans cet univers, se tenir sans frayeur et sans en être écrasé à côté de l'immensité, de l'infini, de l'éternité! N'y a-t-il pas là de quoi le surprendre surtout d'en être si peu étonné?

Mais on peut juger de la valeur pratique de cette grande doctrine pour la vie individuelle et pour l'avenir de la race. L'évolution a fait lever sur le monde une nouvelle espérance. Le message suprême de la science à notre génération, c'est que toute la nature appuie l'homme dans ses efforts pour s'élever. Non seulement l'évolution, le progrès, le développement figurent sur son programme, ils le constituent entièrement. Toutes choses, en effet, s'élèvent: « tous les mondes, toutes les planètes, toutes les étoiles et tous les soleils. Il y a dans l'univers une énergie d'ascension, et tout se meut avec l'élan que donne la claire anticipation des choses. » L'aspiration de l'esprit et du cœur de l'homme n'est que la tendance évolutive de l'univers prenant conscience de lui-même. La grande découverte de Darwin, ou celle qu'il mit en évidence, c'est la découverte de Galilée : le monde marche ! Le prophète italien disait qu'il marche de l'ouest à l'est ; le philosophe anglais dit que c'est de bas en haut. Et ceci est la dernière et la plus splendide contribution de la science à la foi du monde.

La découverte d'un second mouvement de la terre est venue dans le monde de la pensée juste à temps pour le sauver du désespoir. Comme aux jours de Galilée, beaucoup de nos contemporains ne voient pas que le monde se meut ; pour eux la terre est une plaine sans fin, une prison fixée dans un univers de hasard, où des prisonniers attendent, sans interrogatoire, un sort inconnu. Ce n'est pas la monotonie de la vie qui exaspère les hommes, mais l'imprécision de son but ; ils peuvent supporter son poids, mais son apparente inconscience les écrase. Or la proclamation de la doctrine de l'évolution provoque dans le monde moral une révolution analogue à celle qu'accomplit dans le domaine de la physique la découverte du mouvement de rotation de la terre autour de son axe. Encore à son aurore, elle a fait resplendir sur la terre et le ciel une lumière soudaine et merveilleuse. L'évolution, en effet, est moins une doctrine qu'une lumière : c'est une clarté révélant dans le chaos du passé un ordre parfait en croissance, donnant un sens même à la confusion du présent, découvrant dans le désordre qui nous entoure les voies du progrès et lançant déjà ses rayons sur un but qui se rapproche. Les hommes commencent à voir un plan moral invariable dans ce monde matériel, un courant qui n'a jamais dévié et qui se hâte vers la perfection. Dans ce vaste mouvement de progrès de la nature entière, dans cette vision de toutes choses se mouvant de bas en haut, dès l'aube du temps, de l'incomplet au complet, de l'imparfait au parfait, la nature morale reconnaît l'éternel et intense besoin qu'on avait d'elle. La plénitude, la perfection, l'amour, furent toujours un besoin de l'homme ; mais ils n'ont jamais été proclamés auparavant, dans le monde naturel, par des voix si impératives, ni confirmés par des sanctions si grandes et si rationnelles.

La nature doit-elle donc devenir le maître de morale du monde ? La vie de l'homme sera-t-elle guidée par ses plans, inspirée par son esprit ? N'y aurait-il pas en elle un point de rencontre pour toutes les fois et toutes les croyances, ou mieux, la base d'une foi et d'une croyance définitives ? Tous les hommes, effectivement, ne doivent-ils pas discerner la pensée intime et les aspirations de l'ordre naturel, et la conséquence n'est-elle pas que nous trouverons enfin la religion universelle, une religion conforme à tout le passé de l'homme, une avec la nature et avec une croyance active que la science puisse accepter ?

La réponse est simple : Nous l'avons déjà. Il existe une religion qui a répondu par anticipation à toutes ces exigences, une religion exposée au monde depuis dix-huit siècles, dont la conformité à la nature et à l'homme soutient l'examen le plus approfondi. Jusqu'ici nulle parole n'a été dite pour réconcilier le christianisme avec l'évolution, ou l'évolution avec le christianisme. Pourquoi ? Parce que les deux ne font qu'un. Qu'est-ce que l'évolution ? Une méthode de création. Quel est son objet ? Perfectionner les êtres vivants. Qu'est-ce que le christianisme ? Une méthode de création. Quel est son objet ? Perfectionner les êtres vivants. Quel est l'agent de l'évolution ? L'amour. Quel est l'agent du christianisme ? L'amour. L'évolution et le christianisme ont le même auteur, la même fin, le même esprit. Aucune rivalité ne peut exister entre leurs processus. Le christianisme s'est introduit sans bruit ni heurt dans le processus évolutif ; il n'a rien renversé de ce qui fut fait ; il a pris tous les fondements naturels tels qu'il les trouva ; il adopta le corps de l'homme, son esprit et son âme au niveau exact où l'évolution organique les laissait ; il a poursuivi le travail par des modifications lentes et graduelles, et a mis la dernière main à l'ascension de l'homme par des processus que gouvernent des lois rationnelles.

Personne ne peut remonter les lignes de l'évolution sans arriver au christianisme du sommet. Ces lignes n'en sont pas les arcs-boutants. La science travaille avec les faits, avec tous les faits ; or, les faits et les processus qui reçurent le nom de chrétiens sont les prolongements de l'ordre scientifique ; ils sont les successeurs de ces faits et les continuateurs de ces processus, autant au moins que les faits et les processus biologiques sont ceux du monde minéral, les différences de plans et les nouveaux facteurs qui apparaissent avec chaque nouveau plan étant d'ailleurs pris en considération. Nous aboutissons ici, non par choix, mais par nécessité. Le christianisme — nous ne disons pas une forme particulière du christianisme — est la suite de l'évolution.

« La gloire du christianisme, écrit Jowett, n'est pas de ressembler le moins possible aux autres religions, mais d'être leur forme parfaite et leur accomplissement. » On pourrait ajouter : la divinité du christianisme n'est pas d'être aussi dissemblable que possible de la nature, mais d'être son couronnement, l'accomplissement de sa promesse, le point de ralliement de ses forces, le commencement non pas d'une nouvelle fin, mais d'une accélération des processus par lesquels la fin, éternelle dès l'origine, doit être dorénavant réalisée. Une religion amour et une nature amour ne peuvent être qu'un. L'exaltation infinie en qualité, c'est ce que la révélation progressive nous apprit dès l'origine à attendre. Le christianisme, il est vrai, a ses phénomènes propres, ses processus spéciaux, ses facteurs certainement uniques. Mais ceux-ci ne l'excluent pas de l'ordre de Dieu. Ils sont sur la même ligne que tout ce qui a précédé, la plus récente révélation de l'environnement. Étranges et nouveaux pour nous, miraculeux et supranaturels quand nous les regardons d'en bas, ils sont les phénomènes normaux de l'altitude, la révélation naturelle des hauteurs suprêmes. Si l'évolution ne dévie jamais de son cours, elle trouve de nouveaux développements à chaque degré de son ascension ; et ici, au dernier, au plus élevé, ces spécialisations, accélérations et modifications, sont les plus révolutionnaires de toutes. En effet, les produits évoluants ne sont plus la proie, ni l'instrument de la lutte pour l'existence, dynamique normale de la jeunesse du monde. L'appel de cette lutte n'est plus entendu par eux, sa force est dépensée ; une route plus directe a été trouvée conduisant au progrès. Ces produits ne sont plus poussés d'en bas par la lutte animale ; ils sont attirés d'en haut. Soustraits au joug de la haine ou de la faim, des rivalités ou de la crainte, ils se sentent obligés par l'amour, ils réalisent la dignité réservée à l'homme seul d'évoluer sous l'influence d'idéals. Ce développement d'ordre spécial et l'idéal parfait par lequel tous les autres sont évoqués, constituent le phénomène unique de l'acte final, unique non pour être sans relation avec ce qui a précédé, mais parce que les phénomènes du sommet sont différents de ceux de la plaine. Ceux-ci mis à part, non toutefois d'une manière absolue, puisque aucune chose dans le monde ne peut être séparée absolument d'une autre, tout ce qui constitue le christianisme est en germe dans la nature. Ce n'est pas une excroissance de la nature, c'en est l'efflorescence. Ce n'est pas un sentier d'à côté sur lequel un petit nombre d'enthousiastes poursuivent une vie d'imagination, basée sur des idéals irréalisables. C'est le courant principal de l'histoire et de la science, le seul courant creusé dès l'éternité pour le progrès du monde et le perfectionnement d'une race humaine.

Nous avons ouvert ces chapitres avec l'affirmation que l'évolution est de l'histoire, l'histoire scientifique du monde. Le christianisme est également de l'histoire, celle de quelques-uns des derniers pas de l'évolution du monde. Leur continuité est une continuité d'esprit : leurs formes sont différentes, leurs forces se confondent. Le christianisme ne commence pas avec l'ère chrétienne, il est aussi vieux que la nature ; il ne vint pas de l'éternité en coup de foudre, mais il était présent dans tous les temps.

Vouloir trouver un *alibi* pour le christianisme, montrer que celui-ci était réservé dans les cieux jusqu'au premier jour de l'ère chrétienne, c'est rendre son acceptation par la science bien difficile, sans rien apporter d'utile à la théologie apologétique. Ce qui émerge de la nature comme résultat final de la création, ce n'est rien d'autre que ce principe immuable, lequel, fortifié, est l'instrument et la fin de la nouvelle création.

D'autre part, la science fait montre ou d'ignorance ou d'affectation en feignant de négliger les dernières phases de développement qu'elle s'ingénie à décrire à leurs premiers degrés. Car qu'est-ce que cet altruisme que nous avons vu s'efforçant de s'exprimer lui-même tout au travers du cours de la nature? « L'altruisme est le nom nouveau, et un peu précieux, de choses vieilles et familières que nous appelons charité, philanthropie, amour[1]. »

C'est seulement en fermant les yeux que la science peut éviter de découvrir les racines du christianisme dans tous les domaines qu'elle aborde ; et quand elle les découvre, ce n'est qu'en changeant les termes qu'elle réussit à déguiser leur pa-

[1] Duc d'Argyll, *Edinburgh Review*, avril 1894.

renté. Accepter cette parenté n'est pas contraire à la science ; la mépriser l'est davantage. La volonté cachée derrière l'évolution n'est pas morte ; le cœur qui palpita sous la nature n'a pas cessé de battre. L'amour ne fut pas seulement, il est ; il agit, il se répand. Ignorer les phases dernières, les plus surprenantes, c'est manquer de voir ce qu'était réellement le processus primitif et laisser historiquement incomplète l'ancienne tâche de l'évolution. Ce développement chrétien, social, moral, spirituel, qui se poursuit autour de nous, est un mouvement évolutionniste aussi réel que tout ce qui l'a précédé, et au moins aussi susceptible d'une expression scientifique. Un système fondé sur le sacrifice de soi, dont le levain est le symbole le plus approprié, dont le développement organique a son analogie naturelle dans la croissance du sénevé, n'est pas une chose étrangère à l'évolutionniste, et le prophète du royaume de Dieu n'est pas moins le porte-parole de la nature quand il proclame que la fin de l'homme, « c'est ce que nous savons dès le commencement, c'est *d'aimer* ».

Dans un sens très profond, ceci est une doctrine scientifique. L'ascension de l'homme et de la société est liée dorénavant à l'intensité et à l'extension de la lutte pour autrui. C'est l'évolution future, la page d'histoire ouverte devant nous, l'acte final du drame humain. La lutte peut être courte ou longue ; mais le résultat est assuré si nous en croyons les analogies scientifiques. Tous les autres règnes de la nature furent achevés. L'évolution atteint toujours son but ; elle accomplit toujours son œuvre. Elle dépensa une éternité pour faire la terre, mais elle la fit. Elle travailla des millénaires à faire monter le règne végétal jusqu'aux plantes phanérogames, et elle y réussit. Elle ne s'est point reposée avant que les possibilités d'organisation du règne animal fussent épuisées dans les mammifères. Encouragé par ce passé, l'homme peut dire avec assurance : « J'arriverai. » La chaîne de succession ne peut être brisée.

L'évolution future doit se poursuivre ; le règne supérieur vient, d'abord l'herbe, que nous contemplons maintenant ; puis l'épi, que nous verrons demain ; enfin le blé tout formé dans l'épi, réservé aux enfants de nos enfants, et dont nos vies doivent hâter la venue.

TABLE DES MATIÈRES

ACHEVÉ D'IMPRIMER

le 14 novembre mil neuf cent huit

par

ATTINGER FRÈRES

à Neuchâtel

pour le

FOYER SOLIDARISTE

www.ingramcontent.com/pod-product-compliance
Ingram Content Group UK Ltd.
Pitfield, Milton Keynes, MK11 3LW, UK
UKHW020159250726
13967UKWH00003B/1151